U0039038

日本建筑集成

数寄屋门

林理薫光 编著

华中科技大学出版社
http://www.hustp.com

有书至美
BOOK & BEAUTY

中国·武汉

目录

数寄屋门 | 日本建筑集成

桂离宫……9
　御幸门……9

修学院离宫……12
　下离宫御成门……12
　下离宫东御门……14
　中离宫中门……16
　上离宫御成门……17

里千家……19

大桥邸……20

清流亭……22
　东门……22
　北门……25

伊藤邸……28

芦花浅水庄……30

和气邸……32

谷邸……34

山本邸……37

设计图详解（一）

桂离宫……42

修学院离宫……43

里千家……46

大桥邸……47

清流亭……50
　东门……50
　北门……53

伊藤邸……56

芦花浅水庄……59

和气邸……63

谷邸……65

山本邸……69

堀口邸……73

川中邸……74

市原邸……77

松井邸……80

随缘庄……84

细野邸……86

小峰邸……90

高田邸……92

樱木邸……94

坂本邸……96

北村邸…… 98

高田邸…… 102

看日庵…… 104

藤井邸…… 106

长濑邸…… 108

实践伦理宏正会逗子寮……110

设计图详解（二）

堀口邸……114

川中邸……116

市原邸……118

松井邸……120

随缘庄……124

细野邸……128

小峰邸……130

高田邸……132

樱木邸……134

坂本邸……136

北村邸……138

高田邸……141

看日庵……143

藤井邸……145

长濑邸……147

实践伦理宏正会逗子寮……150

片山邸……153

广田邸……154

锄柄邸……156

都酒店 佳水园……158

铃木邸……160

小泽邸……162

木下邸……164

山下邸……166

猪股邸……169

登原邸……172

川口邸……175

M氏邸……178

久保邸……180

杉本邸……182

柏冈邸……186

寺岛邸……188

辻井邸……190

东山庄……192

设计图详解（三）

片山邸……194

广田邸……196

锄柄邸……198

都酒店 佳水园……200

铃木邸……203

小泽邸……205

木下邸……207

山下邸……209

猪股邸……212

登原邸……214

川口邸……216

M氏邸……218

久保邸……220

杉本邸……222

柏冈邸……225

寺岛邸……227

辻井邸……230

东山庄……232

总论

数寄屋门的形式……234

在隔断空间中……240

数寄屋门的造型理念……244

数寄屋门的施工……248

门的各种形式……252

桂离宫

御幸门

桂离宫 御幸门 侧面

桂离宫 御幸门
上＝檐头的细部结构　下＝支柱上部

修学院离宫

下离宫御成门

修学院离宫 下离宫御成门
右上＝房顶瓦片　右下＝栏间（门上的间隔构件）
左上＝鬼板和悬鱼（均为顶部的构件名称）　左下＝门上的透雕

修学院离宫 下离宫东御门

修学院离宫 下离宫东御门
右上＝桁架和横梁　右下＝靠近屋顶直角的柱子上部
左上＝檐头的细部结构　左下＝门的一部分

修学院离宫 中离宫中门
上＝门的正面
下＝柱子和桁架

修学院离宫 上离宫御成门
上＝门的正面
下＝桁架和横梁

修学院离宫　上离宫御成门
上＝门的斜侧面　下＝栏间透雕

里千家

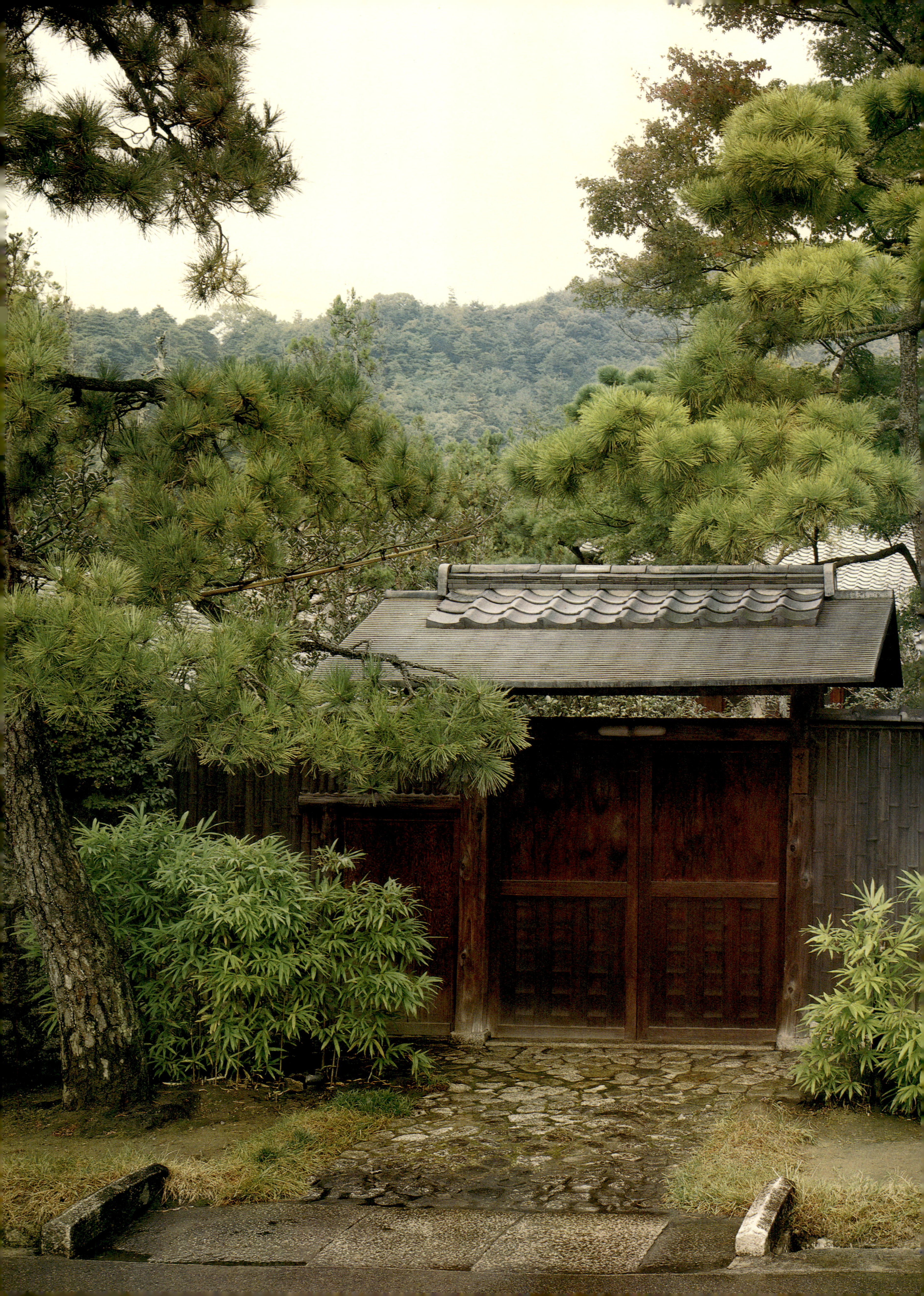

大桥邸

上＝装饰屋顶内侧　下＝门的一部分
左＝门的外观

清流亭
东门

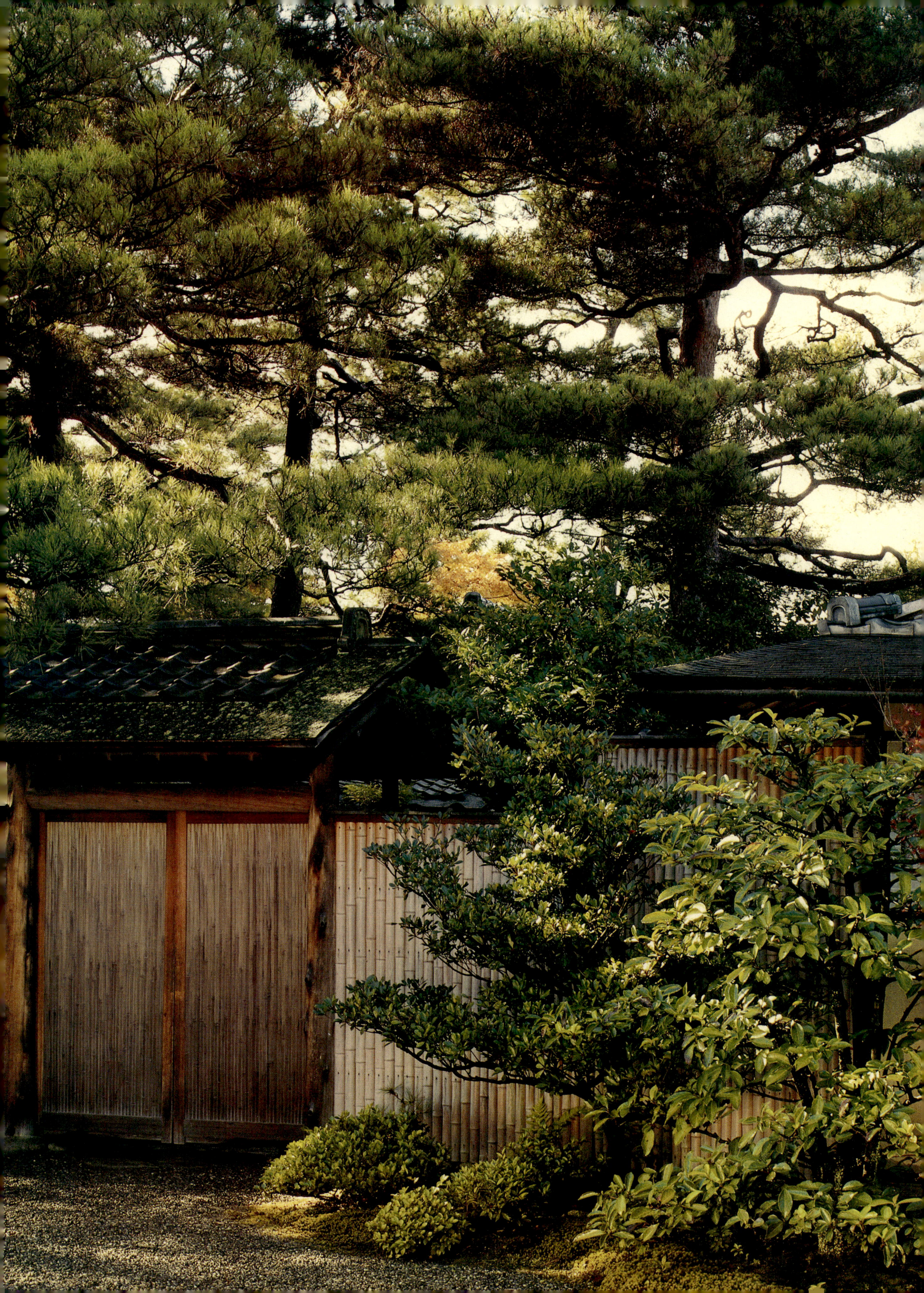

日本建筑集成　数寄屋门　　　24

清流亭 东门
上＝顶部细节　下＝围墙

清流亭 北门

日本建筑集成　数寄屋门　26

清流亭　北门
上＝歇山顶的外观　下＝柱子的上部
右＝门及其周边

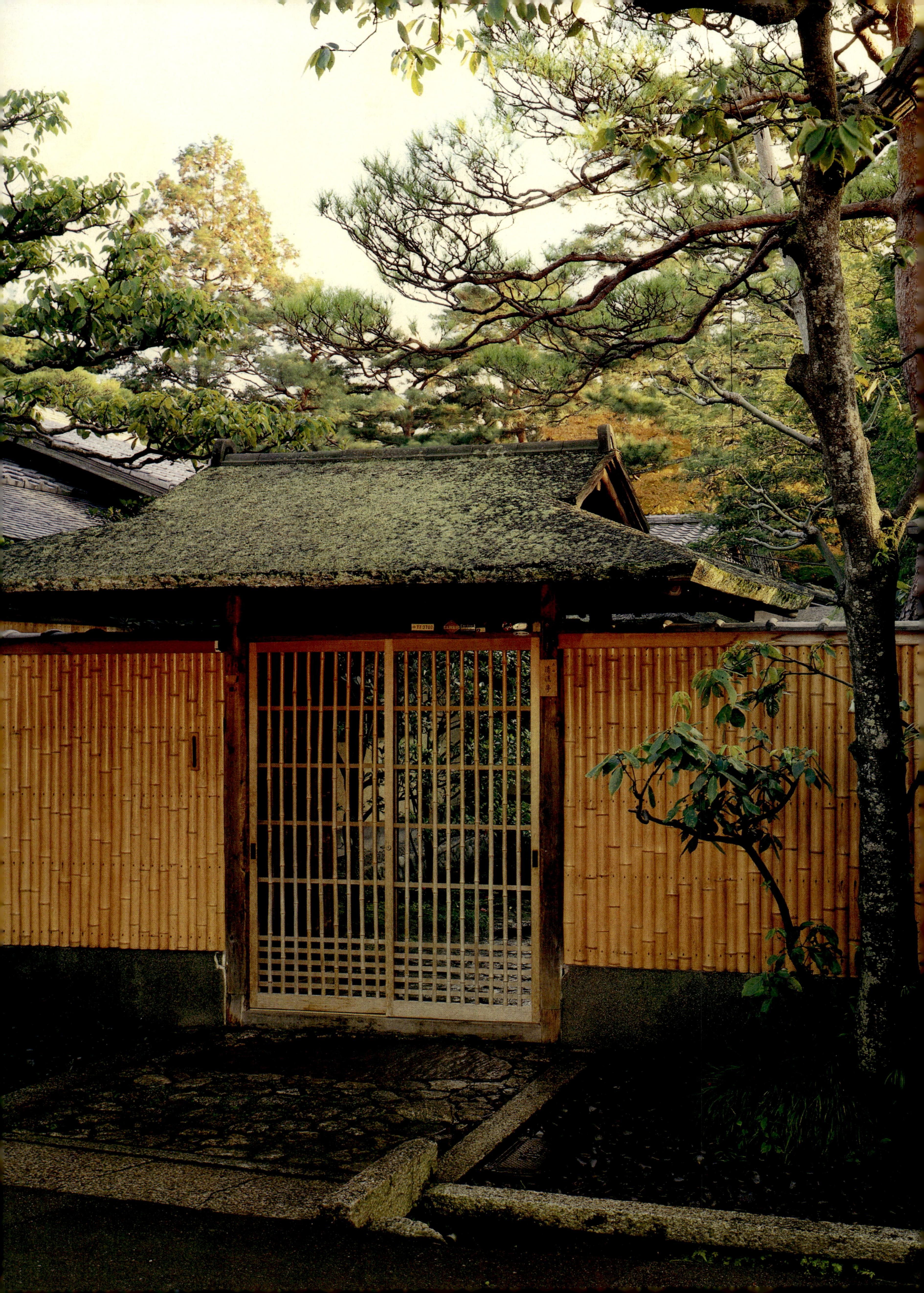

伊藤邸

伊藤邸　上＝门的侧面

日本建筑集成　数寄屋门

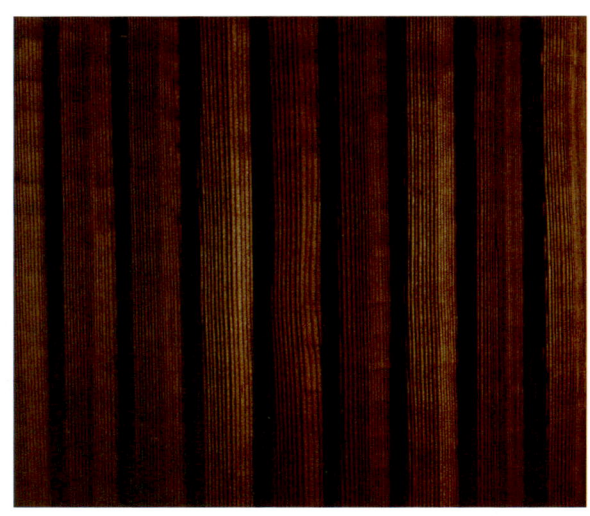

芦花浅水庄

上＝檐头角的内部　下＝门的一部分
右＝门的外观

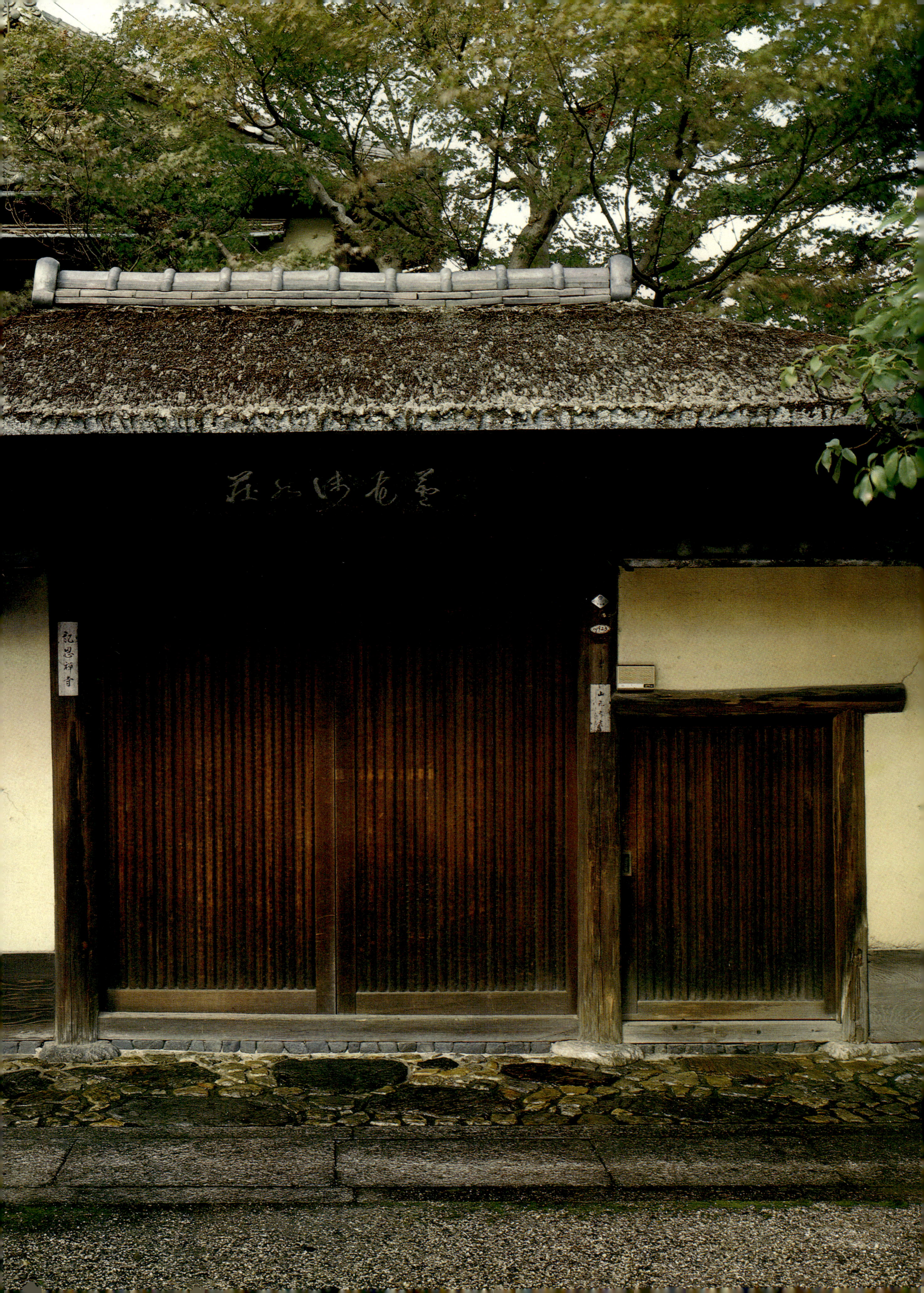

和气邸

上＝门打开的状态

和气邸
上＝门闭合的状态
右下＝桁架和横梁

日本建筑集成　数寄屋门

谷邸
上＝柱子的上部　下＝门上的透雕
右＝门的外观

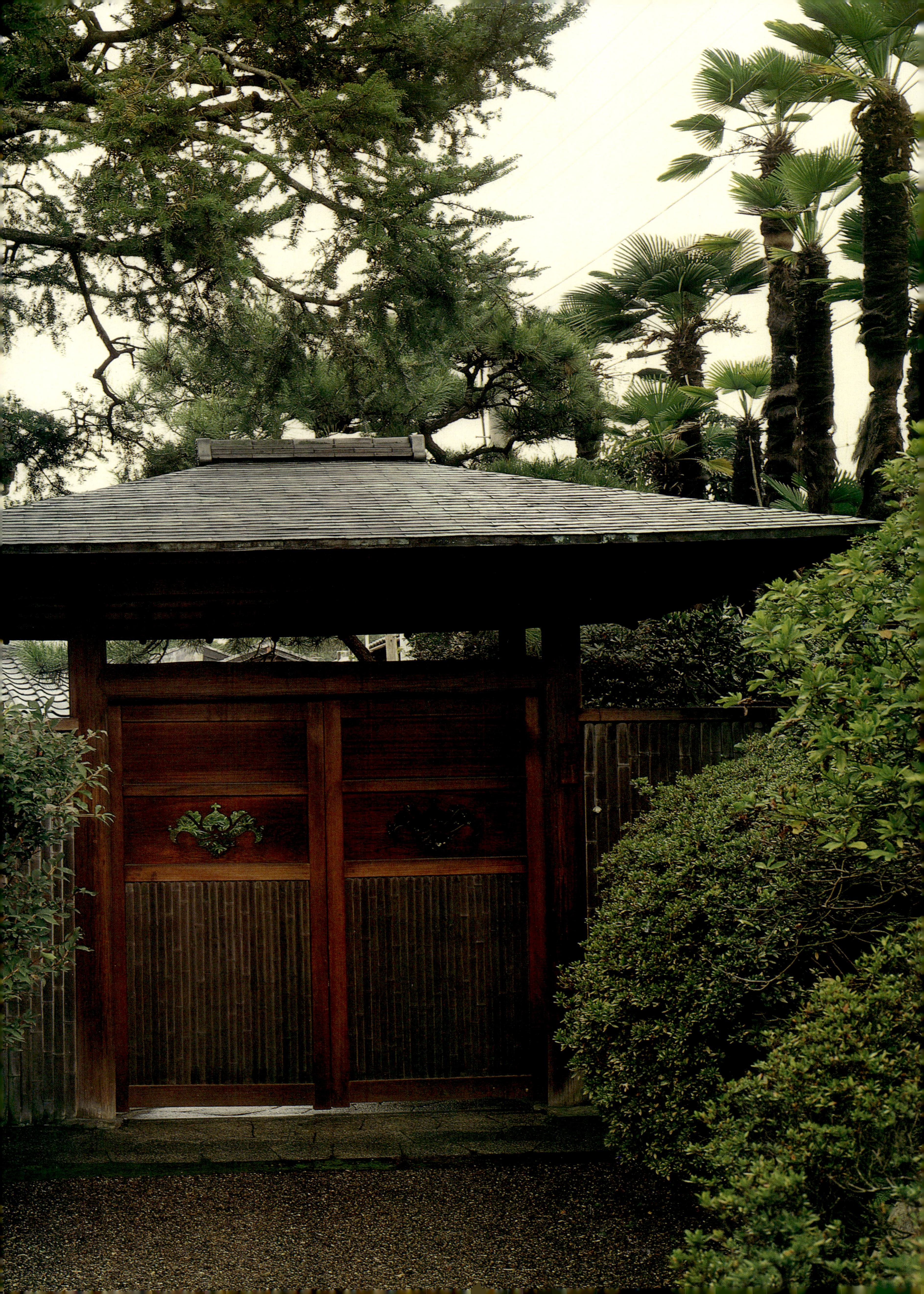

谷邸 门打开的状态

山本邸※

※又名"巨锦庄"。

山本邸，门打开的状态

山本邸　上＝前庭

山本邸 门楣上方的匾额

设计图详解（一）

桂离宫

管理者 宫内厅
所在地 京都市右京区
建造时间 17世纪中期

曾被称为"桂之里"的桂离宫建于元和六年（1620年），数年后人们又建造了御幸门。进入正门，穿过御幸门，就可以进入庭院。御幸门在庭院里占有非常重要的位置。

门的柱子用带皮的圆木，椽子用粗竹，风格粗犷。站在门前一看，竹子制作的门很简朴，树篱很柔和，与门的构造形成了鲜明的对比。柱子的工艺做得很细致，每一个细节都能看出工匠的技艺。像这样在豪放之中又注入了数寄屋精神的作品，可以说是数寄屋建筑的基础也不为过。

御幸门 檐头

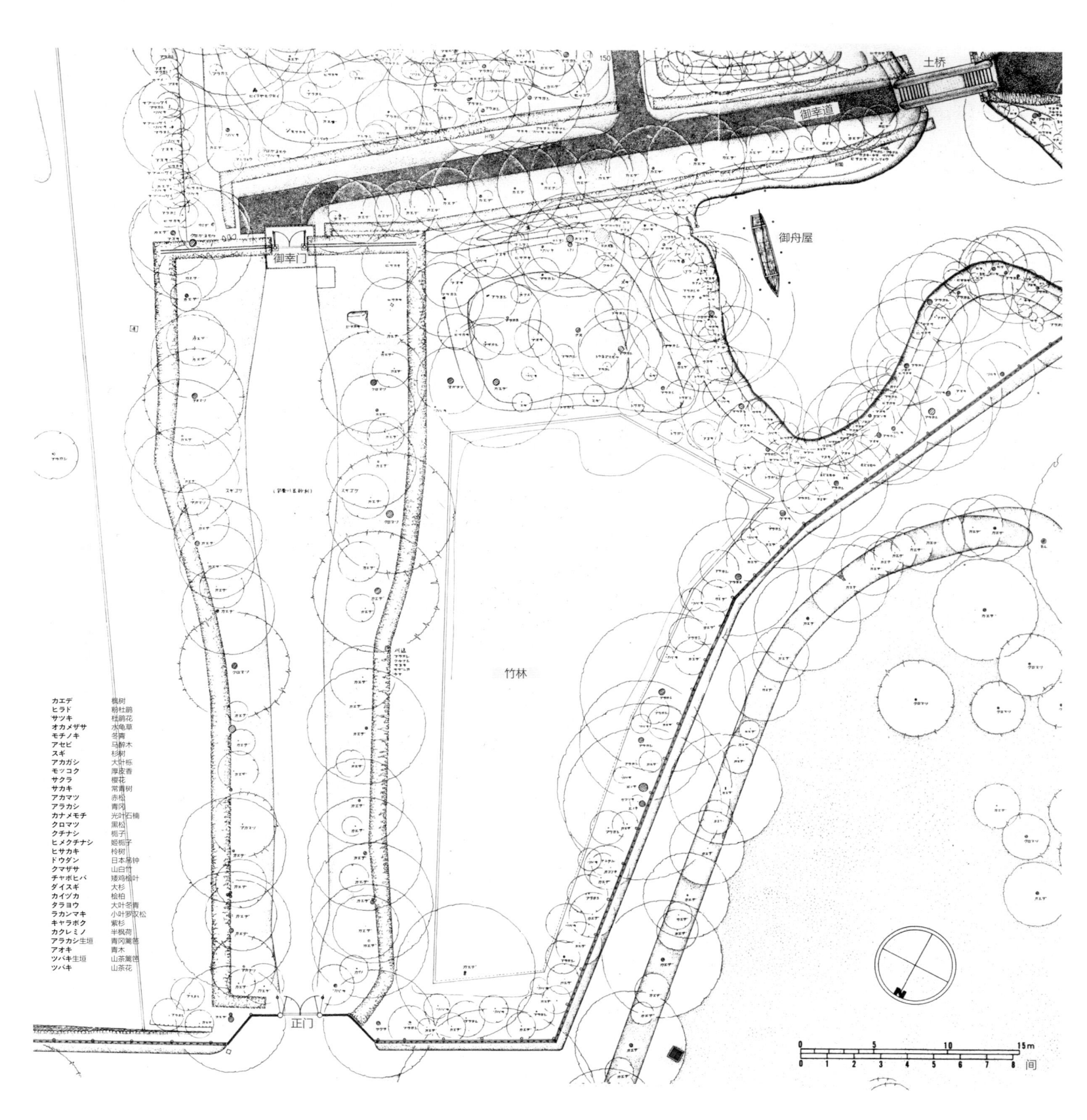

カエデ	槭树
ヒラド	粉杜鹃
サツキ	杜鹃花
オカメザサ	水龟草
モチノキ	冬青
アセビ	马醉木
スギ	杉树
アカガシ	大叶栎
モッコク	厚皮香
サクラ	樱花
サカキ	常青树
アカマツ	赤松
アラカシ	青冈
カナメモチ	光叶石楠
クロマツ	黑松
クチナシ	栀子
ヒメクチナシ	姬栀子
ヒサカキ	柃树
ドウダン	日本吊钟
クマザサ	山白竹
チャボヒバ	矮鸡桧叶
ダイスギ	大杉
カイヅカ	桧柏
タラヨウ	大叶冬青
ラカンマキ	小叶罗汉松
キャラボク	紫杉
カクレミノ	半枫荷
アラカシ生垣	青冈篱笆
アオキ	青木
ツバキ生垣	山茶篱笆
ツバキ	山茶花

桂离宫 实测图

注：设计图中的数字的单位为厘米

修学院离宫

管理者 宫内厅
所在地 京都市右京区
建造时间 17世纪中期

最开始建造时,位于低洼地的下离宫和位于高地的上离宫是一对的。中离宫原本属于林丘寺,由于最初修学院离宫与林丘寺关系密切,于1884年进行了移建。以前,上离宫、下离宫不像现在这样用围墙围起来,周围是田园,是开放的。

现在的上离宫、中离宫和下离宫的门是1884年前后翻修过的,与建造时的门多少有些不同,但仍保留着以前的模样,可以说是集数寄屋修缮技术之精粹的作品。

下离宫御成门 桁架和横梁

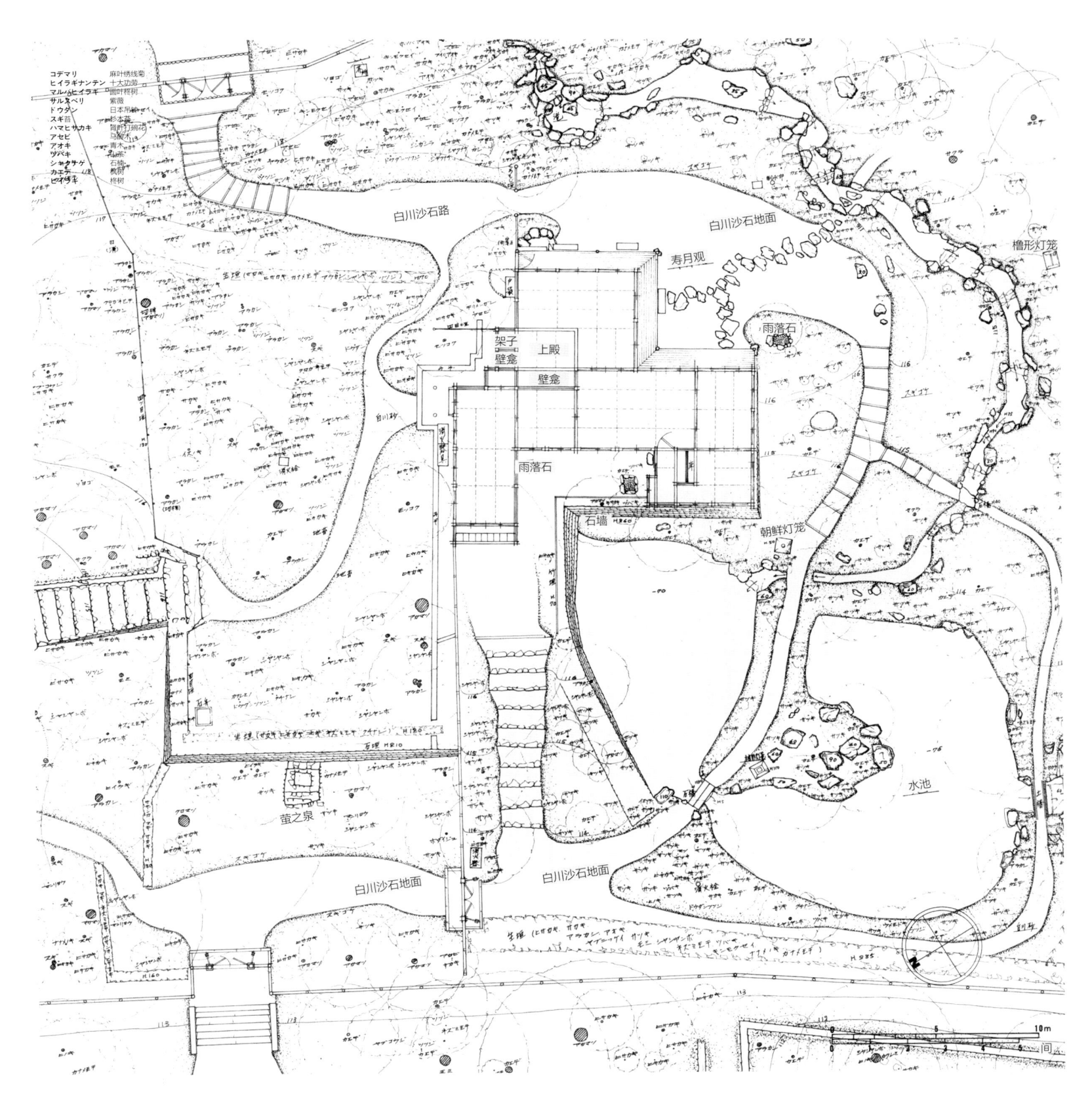

修学院离宫 实测图

中离宫中门 侧面　　下离宫东御门 侧面　　下离宫御成门 侧面

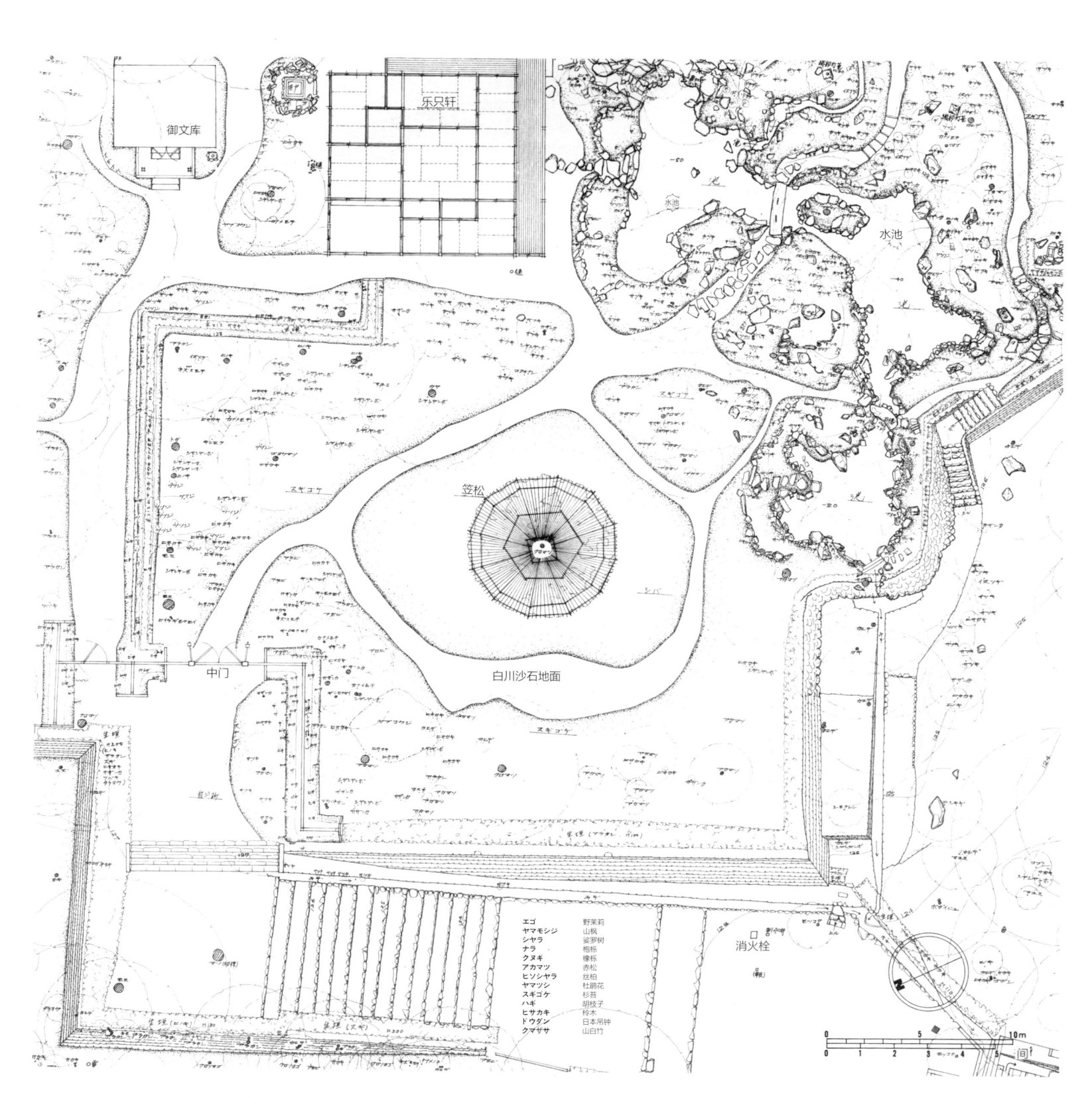

修学院离宫　实测图

中离宫中门 屋檐仰视图 　　　　中离宫中门 栋梁

ヒノキ　　　　扁柏
シャラ　　　　娑罗树
ヒラドツツジ　杜鹃花
ユキヤナギ　　雪柳
サザンカ　　　山茶花
キイチゴ　　　木莓
キンモクセイ　金木樨
モウソウチク　孟宗竹
ネズミモチ　　日本女贞
ベニカナメモチ　红叶石楠
リュウノヒゲ　沿阶草
シダレザクラ　垂枝樱树
オニシダ　　　鬼羊齿

修学院离宫　实测图

里千家

所有者 千宗室
所在地 京都市右京区
建造时间 19世纪中期

平唐门样式大多用丝柏皮盖顶，内侧嵌入的兜形的门叫兜门。最具代表性的是大德寺龙光院的正门，是桃山时代的建筑。

里千家今日庵的正门作为茶道世家的兜门可以说是非常杰出的。

门的构造与周围的植栽等形成了和谐的气氛，营造出一种宁静的氛围，颇有一种侘寂的风情。

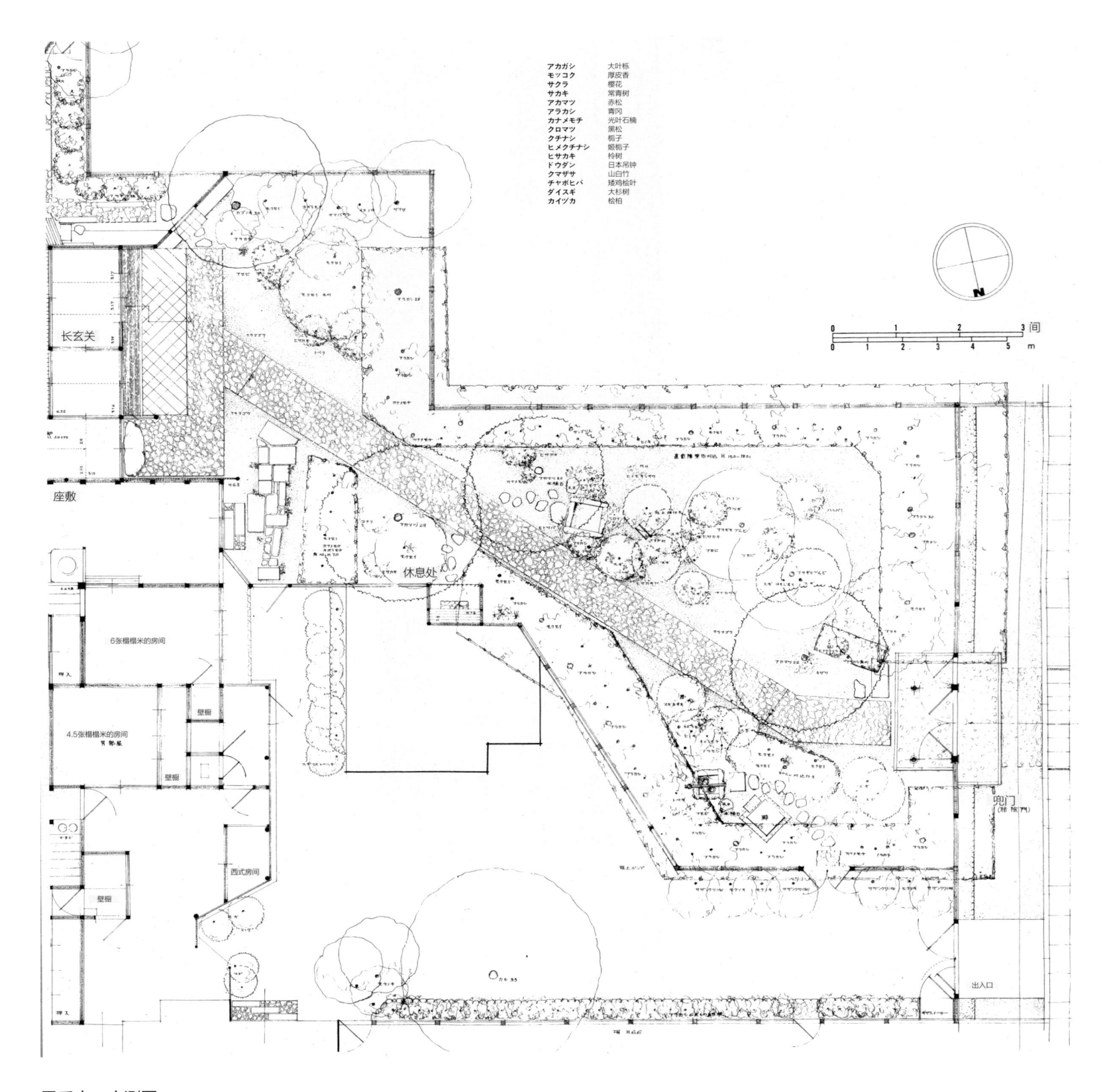

アカガシ	大叶栎
モッコク	厚皮香
サクラ	樱花
サカキ	常青树
アカマツ	赤松
アラカシ	青冈
カナメモチ	光叶石楠
クロマツ	黑松
クチナシ	栀子
ヒメクチナシ	姬栀子
ヒサカキ	柃树
ドウダン	日本吊钟
クマザサ	山白竹
チャボヒバ	矮鸡桧叶
ダイスギ	大杉树
カイヅカ	桧柏

里千家　实测图

大桥邸的门是具有茶庭的中门那种气氛的门。门的整体采用了闲寂的制作方法，只用丝柏材料，屋顶用钢板覆盖，在细节之处都做了精心的工作。两端的竹排做得非常结实，不像是明治时代做的，左右的围墙和石墙的栅栏显得很协调。

从道路穿过石桥到大门，虽然只有短短的一段距离，但却有着朴素的情趣。

大桥邸

所有者 千宗室
所在地 京都市右京区
建造时间 19世纪中期
设计、施工 不明

门窗隔扇等的尺寸和材料

	双开门	单开门
高度	5尺9寸	4尺5寸
宽度	2尺9寸	2尺7寸
厚度	1寸4分	1寸3分
竖框	2寸3分	固定，不开合的一侧1寸9分 开合的一侧1寸8分
上栈	2寸9分	2寸5分
下栈	2寸4分	2寸4分
横栈	2寸9分	
完成	表 上：杉笹板 　下：杉木板 里 杉木板竖板3张	表 杉笹光面板 里 杉木板竖板3张

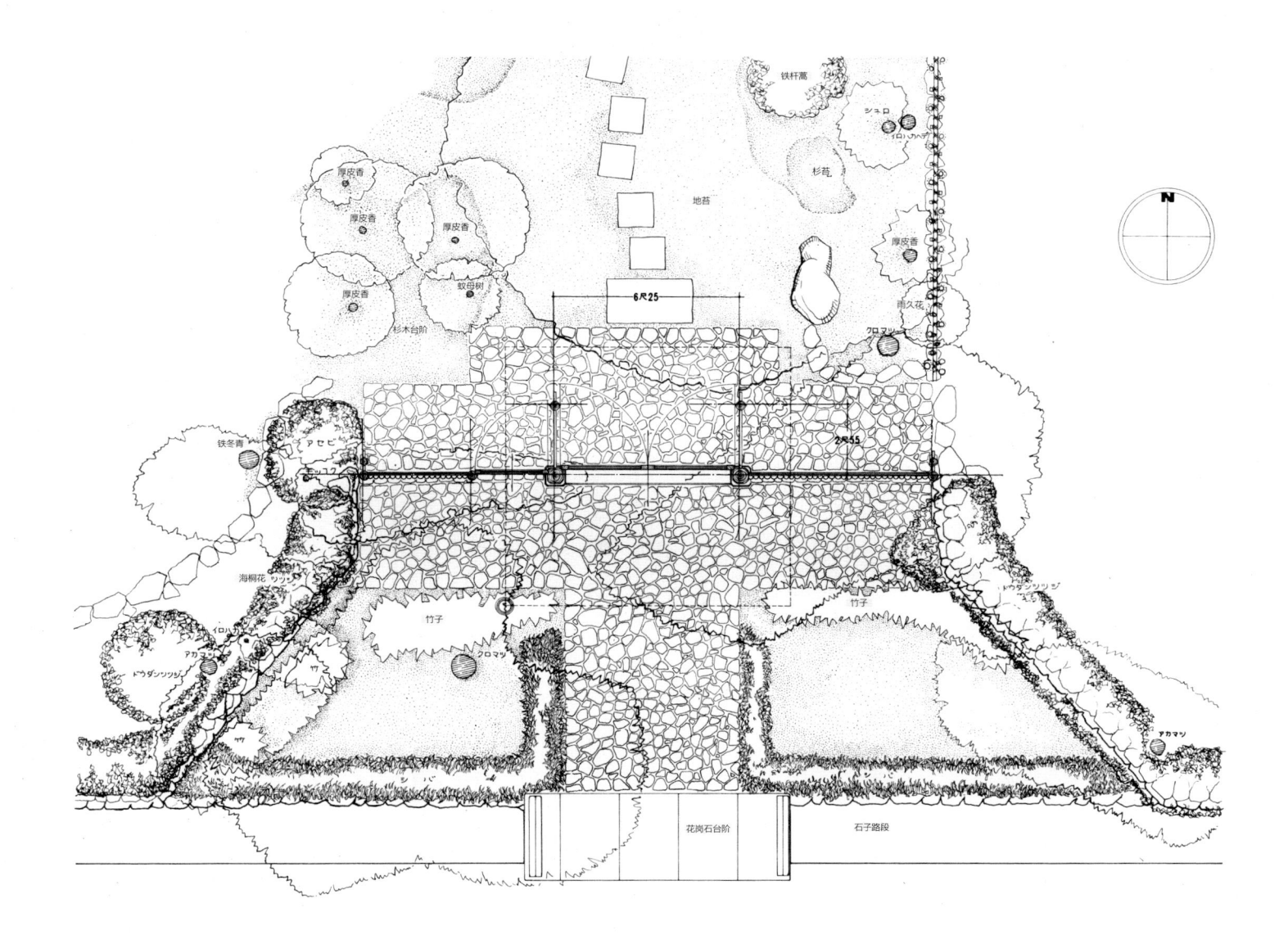

平面图　比例尺1:50

大桥邸　实测图

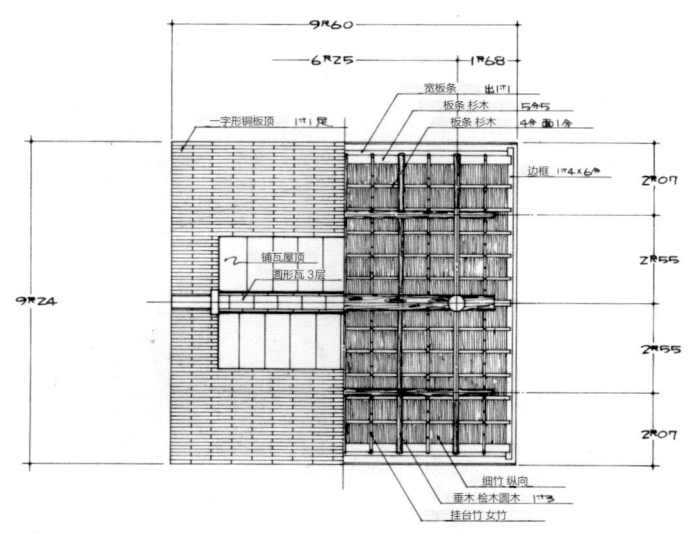

屋顶平面图　比例尺1:50　　　　　　　　　　天花板平面图　比例尺1:50

正面立体图　比例尺1:50

大桥邸　实测图

大门内侧　　　　　　　　　　栏间

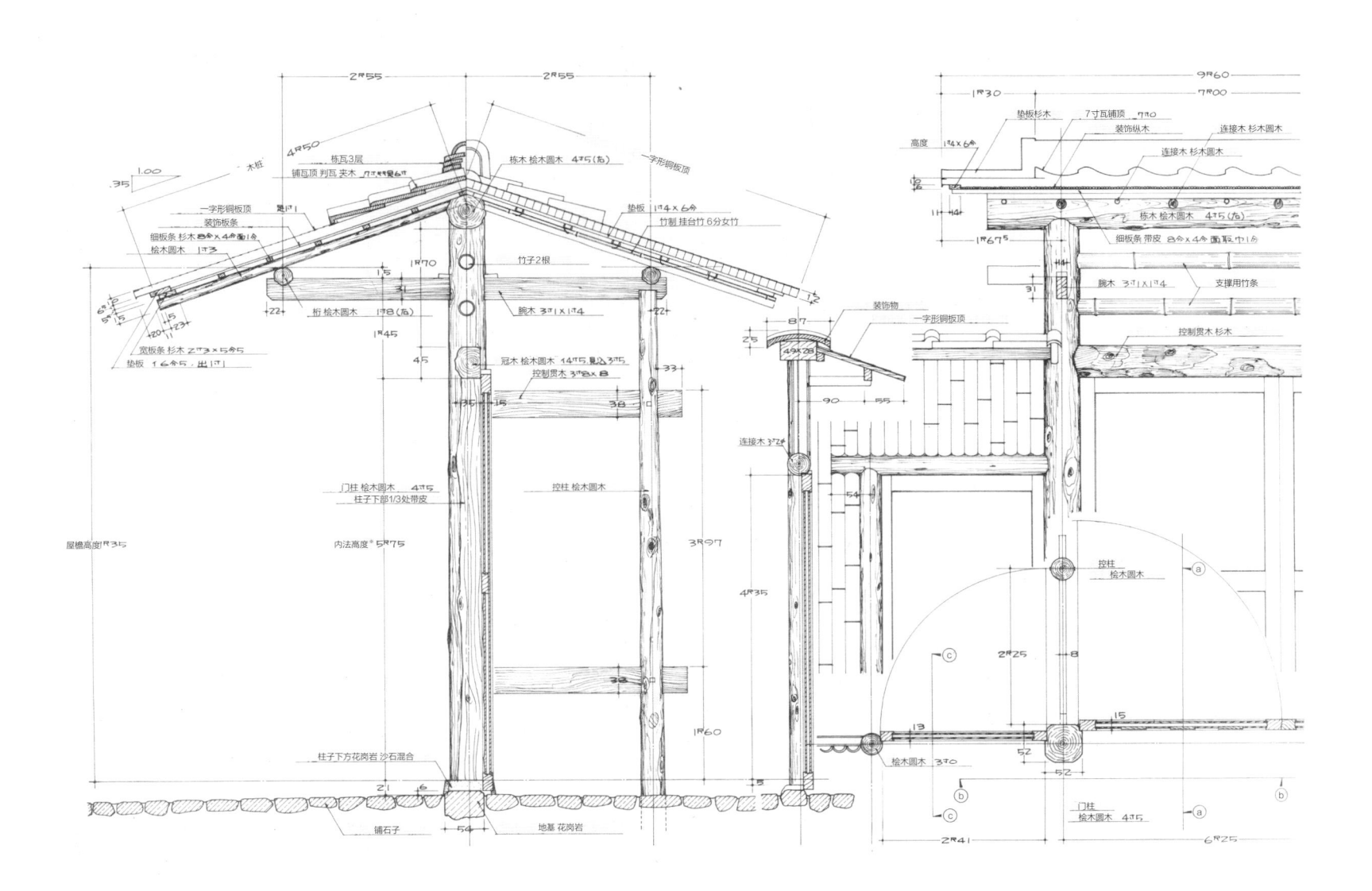

a-a断面详细图　比例尺1:20　　　　平面详细图及b-b断面详细图　比例尺1:20

※内法高度：净空高度。

大桥邸　实测图

清流亭 东门

管理者 京都大松株式会社
所在地 京都市左京区
建造时间 明治末期
设计、施工 北村舍次郎

通过仅仅用一点丝柏皮覆盖的门可以看到广阔的前庭。竹排的围墙和纤细的名栗木板的围墙左右展开，连续排列着几个数寄屋风格的小型建筑。这种有美感并且协调的高格调的门就像在画中看到的一样。

从屋顶内侧的木结构来看，门虽然装修得非常简朴，但却有着威严的感觉。

门窗隔扇等的尺寸和材料

双开门

高度	6尺3寸
宽度	3尺1寸
厚度	1寸4分
竖框	固定，不开合的一侧3寸 开合的一侧2寸1分
上栈	3寸4分
下栈	3寸4分
横栈	2寸2分
完成	竹排

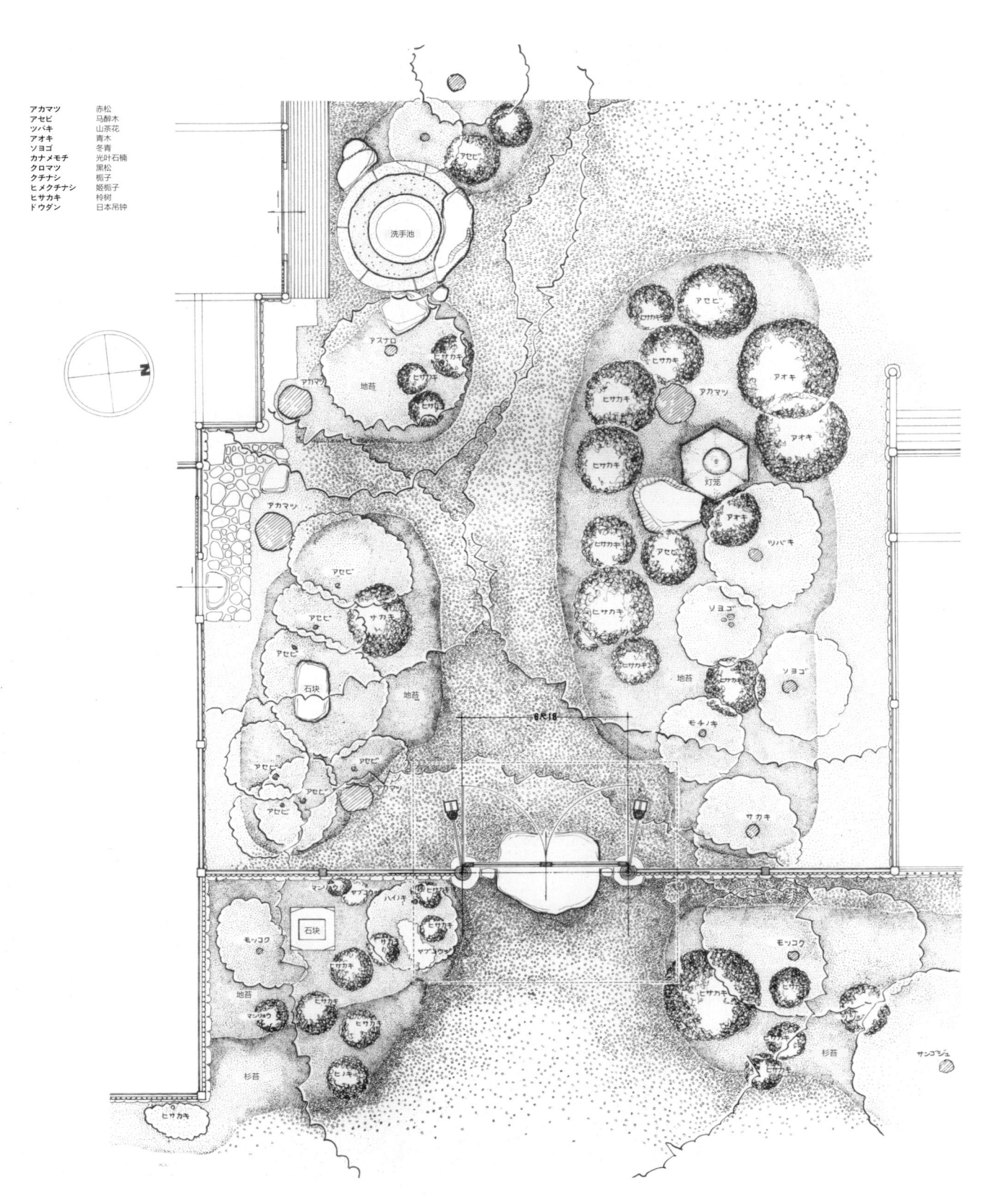

平面图　比例尺1:50

清流亭　实测图

东门 侧面　　　　　　　东门

屋顶平面图　比例尺1:30　　　　　　　天花板平面图　比例尺1:30

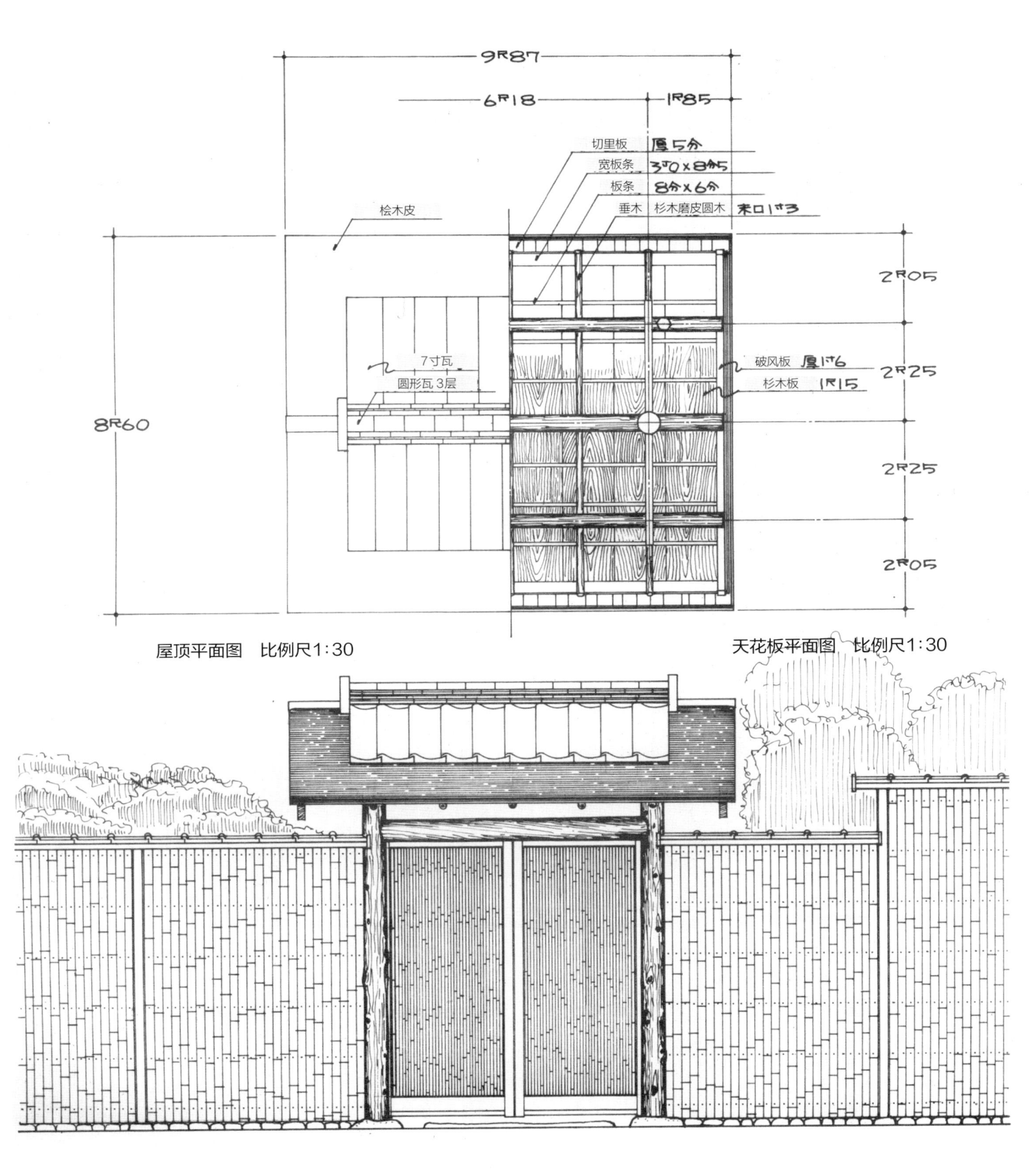

正面立体图　比例尺1:30

清流亭　实测图

日本建筑集成　数寄屋门

门柱

大门内侧　栏间

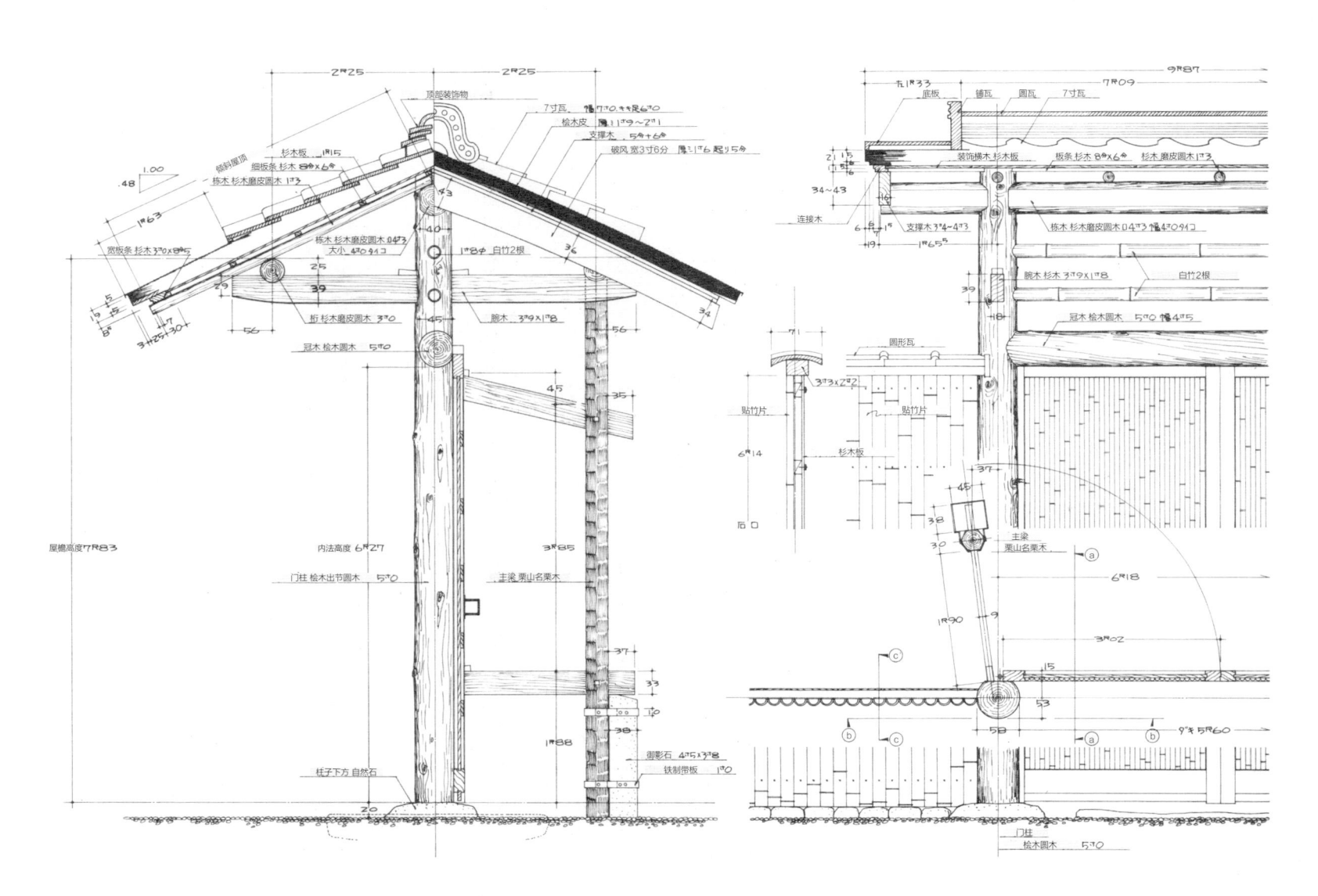

a-a断面详细图　比例尺1:20

平面详细图及b-b断面详细图　比例尺1:20

清流亭　实测图

清流亭 北门

管理者 京都大松株式会社
所在地 京都市左京区
建造时间 明治末期
设计、施工 北村舍次郎

这个歇山顶的门，虽然和前面提到的东门是同一个工匠的作品，但却是完全不同的风格。从整体来看，其高度较低，相对于东门的庄重严肃，北门的风格显得柔和，但同样不乏亮点。

与一般的歇山顶的门相比，北门的屋顶的正面宽度更大、更深，与造型优美的围墙相映成趣。

从细节部分来看，北门巧妙地利用了有节的材料，还使用了小圆木，可以说是尽显明治末期奢华的数寄屋建筑的代表作。

门窗隔扇等的尺寸和材料

	双开门	推门窗
高度	5尺8寸	5尺7寸
宽度	2尺3寸	2尺4寸
厚度	1寸4分	1寸
竖框	固定，不开合的一侧 开合的一侧2寸4分	不开合的一侧1寸4分 开合的一侧1寸4分
上栈	2寸9分	1寸4分
下栈	2寸4分	2寸3分
中栈	1寸9分	
横栈	2寸4分×5分	
舞良子	1寸6分×5分	
格子	直径6分　白竹贯7分×2分	
完成	表　竹排板 里　杉木板	

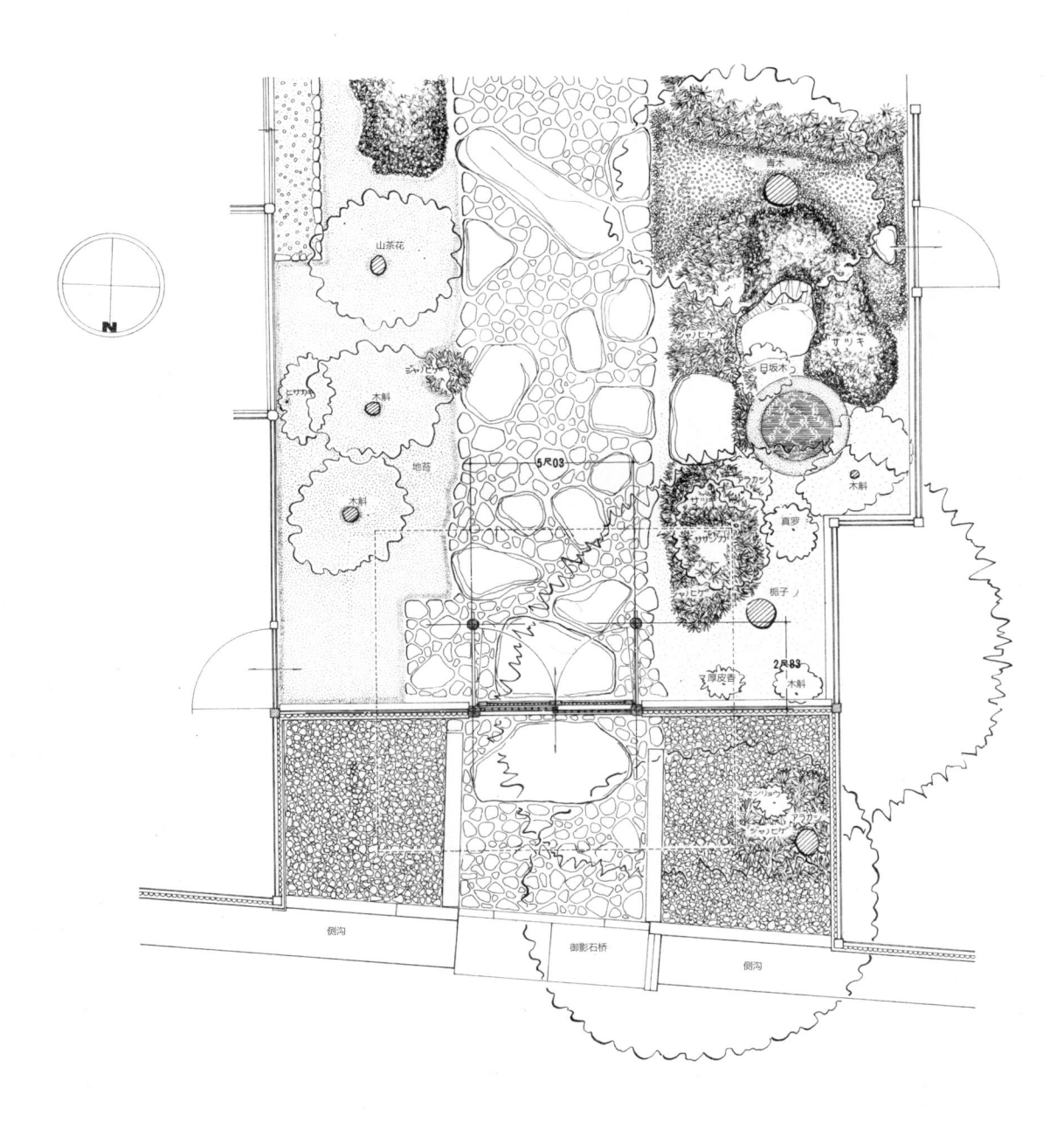

平面图　比例尺1:50

清流亭　实测图

屋顶平面图　比例尺1∶30　　　天花板平面图　比例尺1∶30

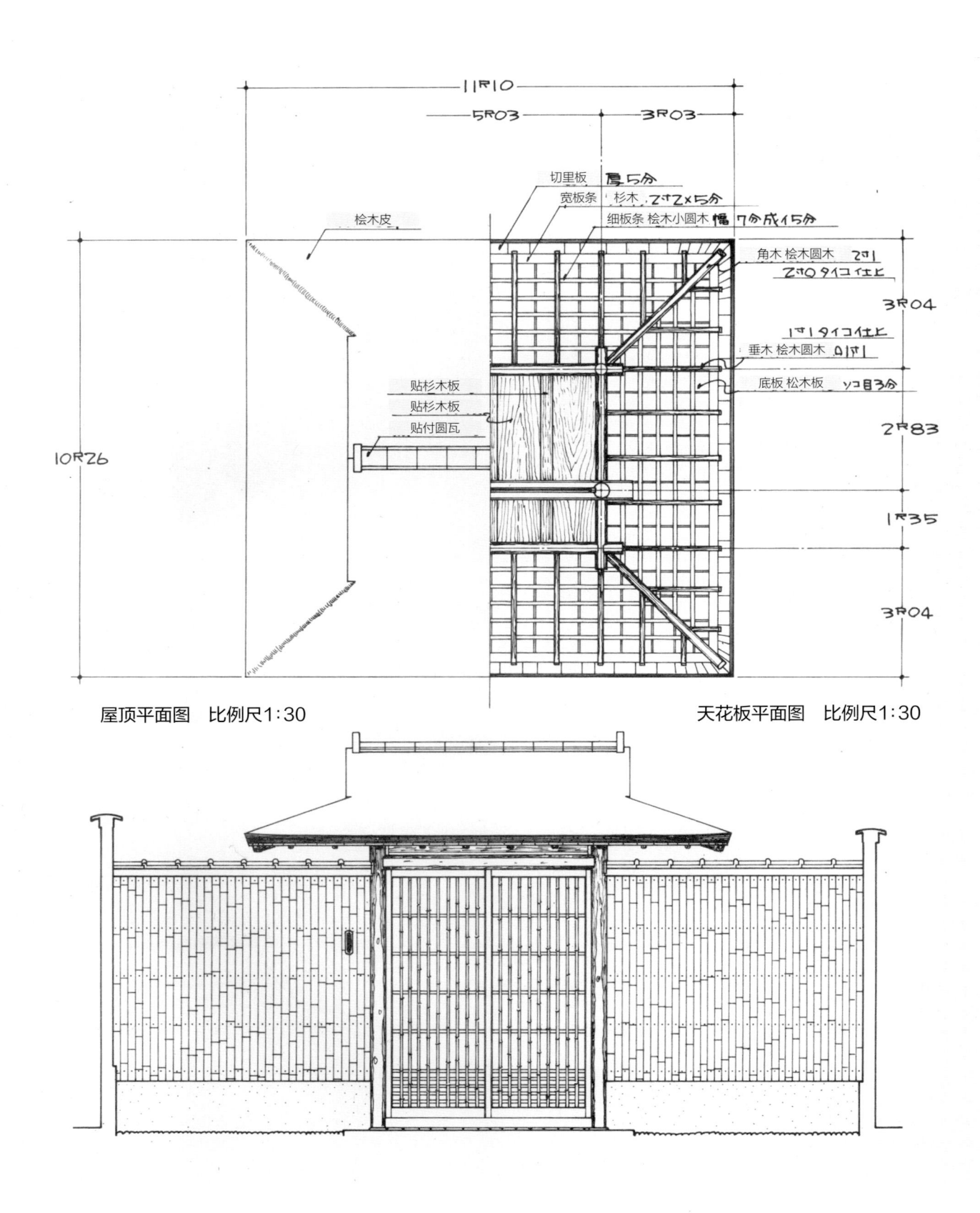

正面立体图　比例尺1∶30

清流亭　实测图

北门 隅木附近　　　　　　　　　　北门 屋顶内侧

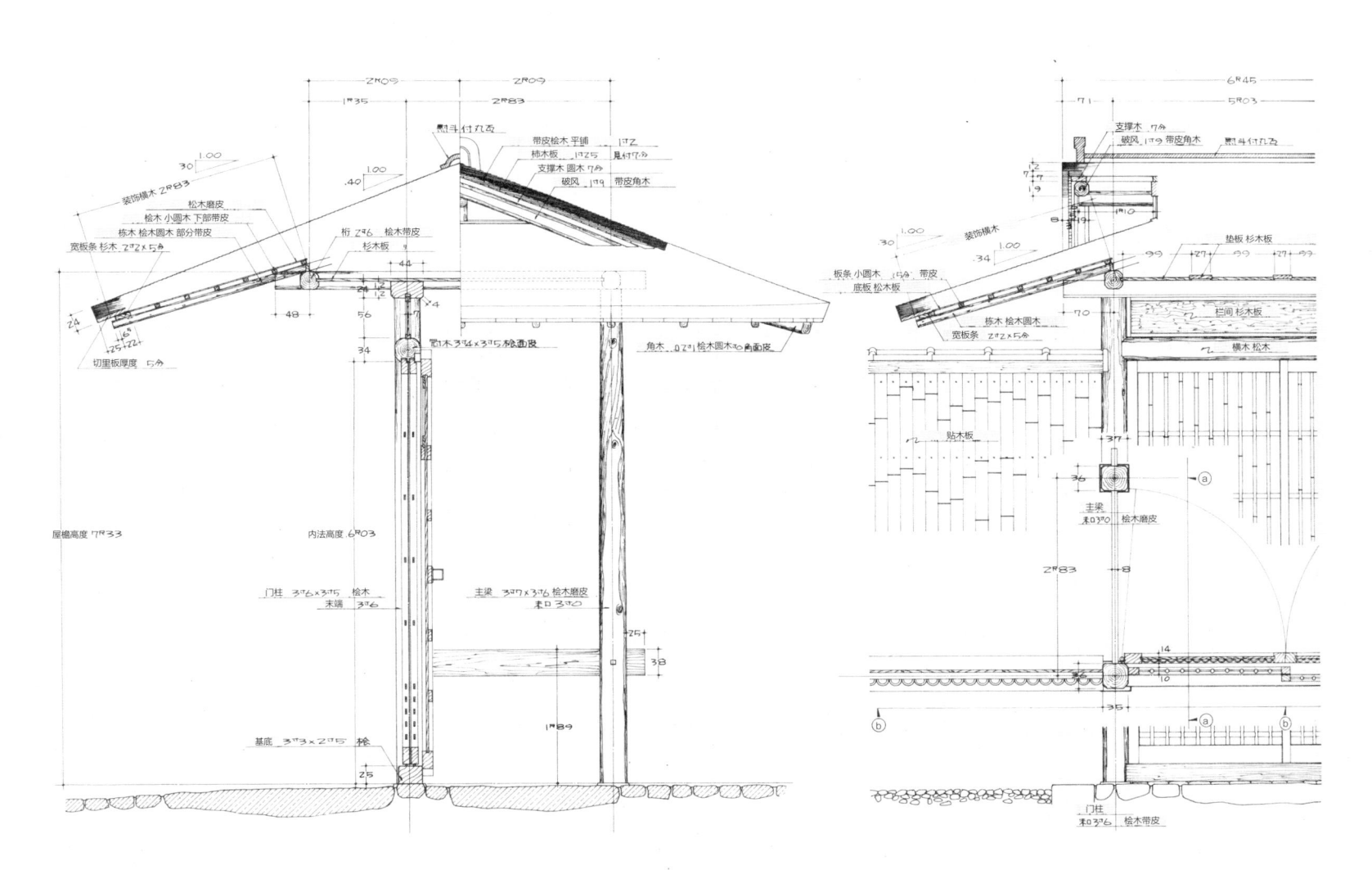

a-a断面详细图　比例尺1:20　　　　平面详细图及b-b断面详细图　比例尺1:20

清流亭　实测图

伊藤邸

所有者 伊藤美奈子
所在地 神奈川县镰仓市
建造时间 明治末期
设计、施工 不明

　这扇门属于露地门风格，门腰上贴着竹席，相当讲究。

　屋顶用杉树皮做装饰，用竹子搭成，风格典雅。屋脊装饰也很有趣，极具简约的韵味。

　初建成之时门左右两边都有与此门协调的围墙或树篱，当初应该是作为露地门使用的。但遗憾的是这种形式没有留存至今。

门窗隔扇等的尺寸和材料

双开门

高度	5尺6寸
宽度	2尺3寸
厚度	9分
竖框	竖框固定，不开合的一侧2寸 开合的一侧1寸8分
上栈	2寸9分
下栈	2寸9分
横栈	2寸5分
完成	表里共挂8块竹席

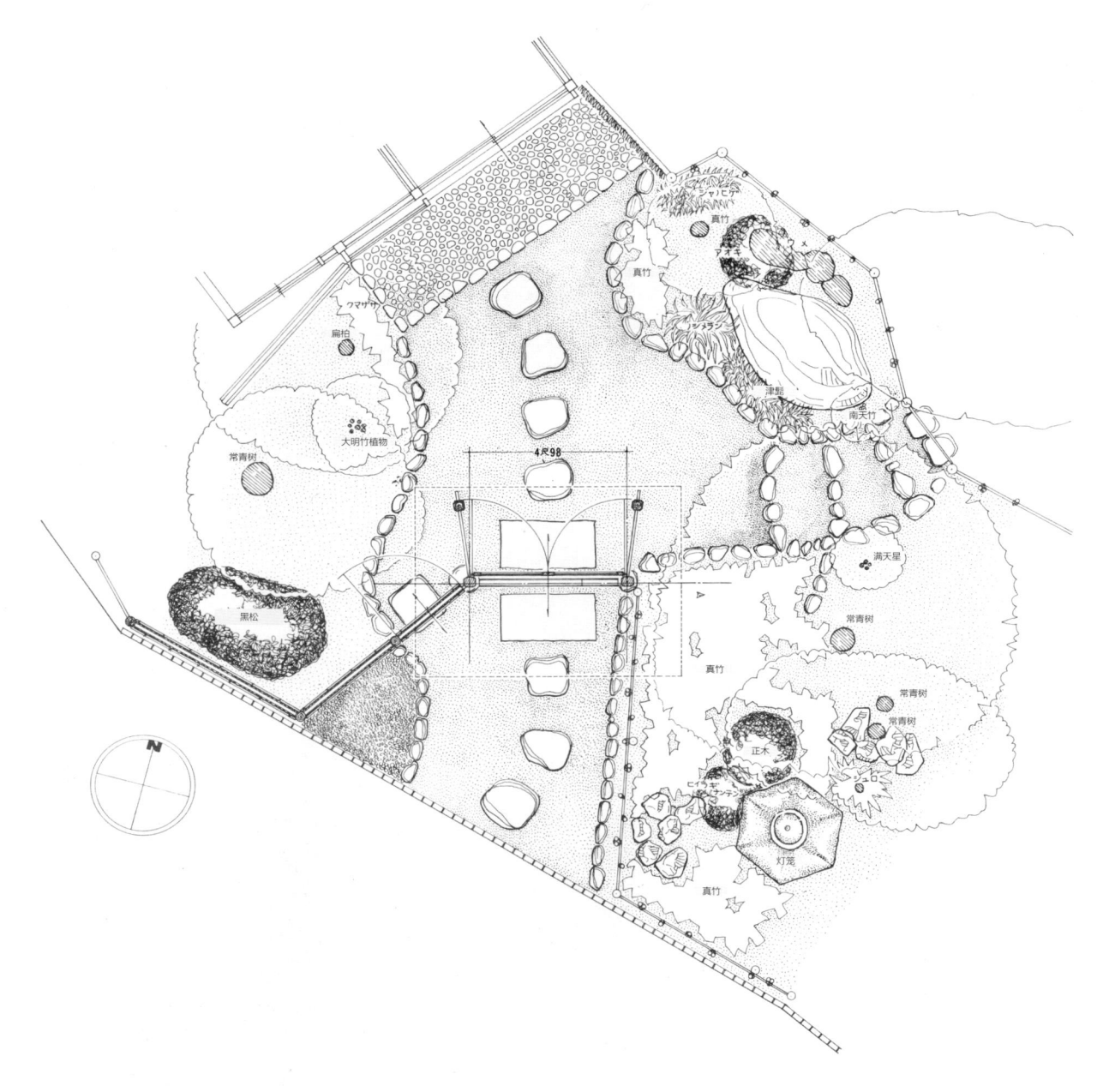

平面图　比例尺1:50

伊藤邸　实测图

屋脊装饰

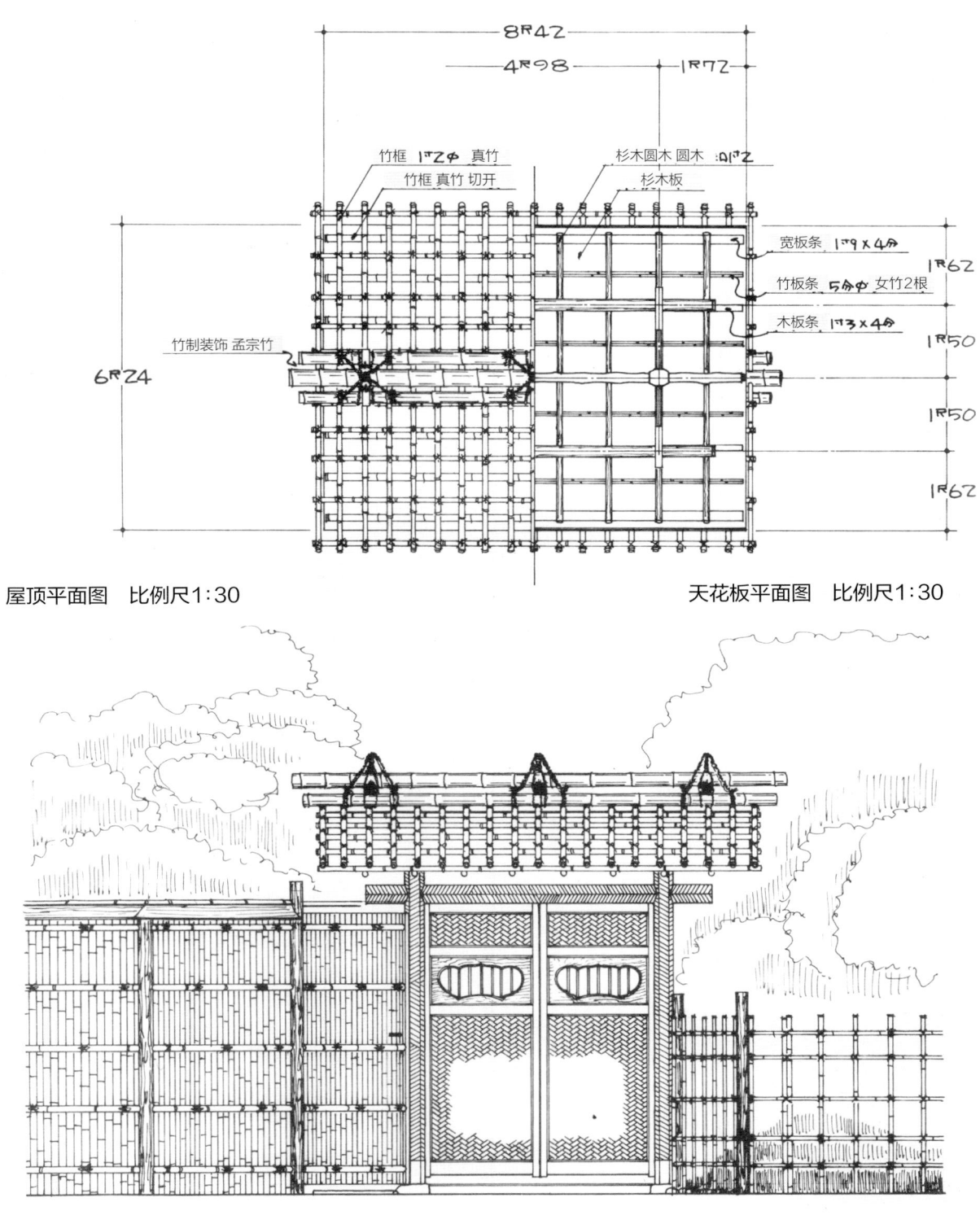

屋顶平面图　比例尺1:30　　　　天花板平面图　比例尺1:30

正面立体图　比例尺1:30

伊藤邸　实测图

日本建筑集成　数寄屋门　　　　　　　　　58

门的部分

柱子上半部

断面详细图2　比例尺1:20

断面详细图1　比例尺1:20

右侧面详细图　比例尺1:20

伊藤邸　实测图

芦花浅水庄

所有者 山元清秀
所在地 滋贺县大津市
建造时间 大正初期
设计 山元春挙
施工 桥本嘉三郎

本宅邸位于琵琶湖畔幽静的别墅地带,其中最引人注目的是与里千家正门同样式的兜门。

站在路上向大门望去,左右的石墙上修剪得跟人差不多高的树篱,让大门左右的围墙若隐若现,与低矮的房檐线条也协调得恰到好处。

门左右的土墙尤其引人注目。右手边的土墙和左手边的竹连子窗周围的土墙不对称,连同大门一起形成了极为有特色的结构,颇为有趣。

门窗隔扇等的尺寸和材料

	双开门	单开门
高度	6尺2寸	角下5分
宽度	3尺2寸	2尺7寸
厚度	1寸7分	1寸4分
竖框	固定,不开合的一侧2寸5分 固定,不开合的一侧2寸5分	开合的一侧2寸6分 开合的一侧2寸6分
上栈	3寸1分	2寸
下栈	3寸3分	2寸4
中栈	2寸6分	
横栈	2寸7分×8分	3寸2分×8分
完成	表 外框1寸3分名栗木21根 里 杉木板	表 外框1寸名栗木22根 里 杉木板

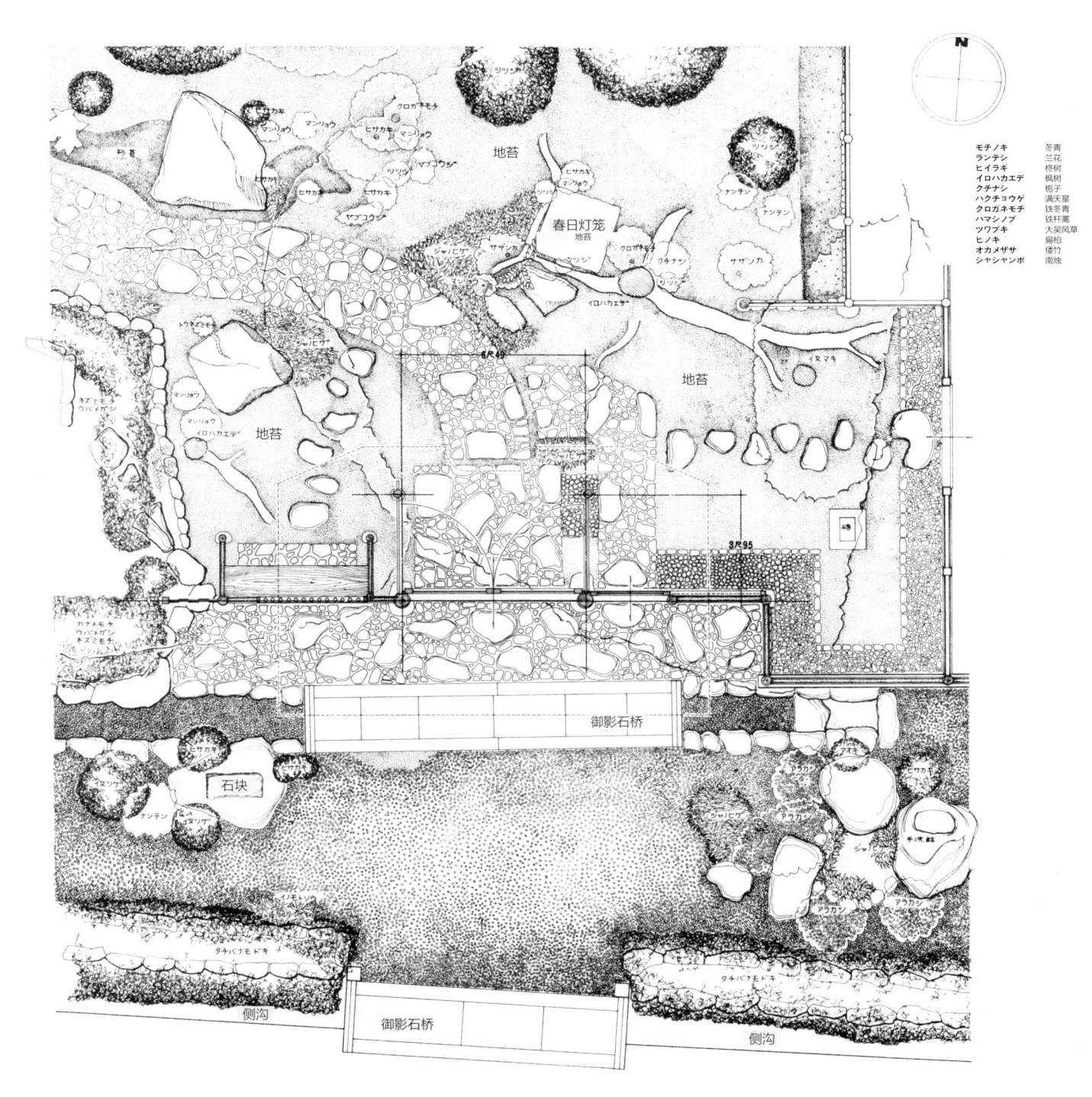

平面图 比例尺1:50

芦花浅水庄 实测图

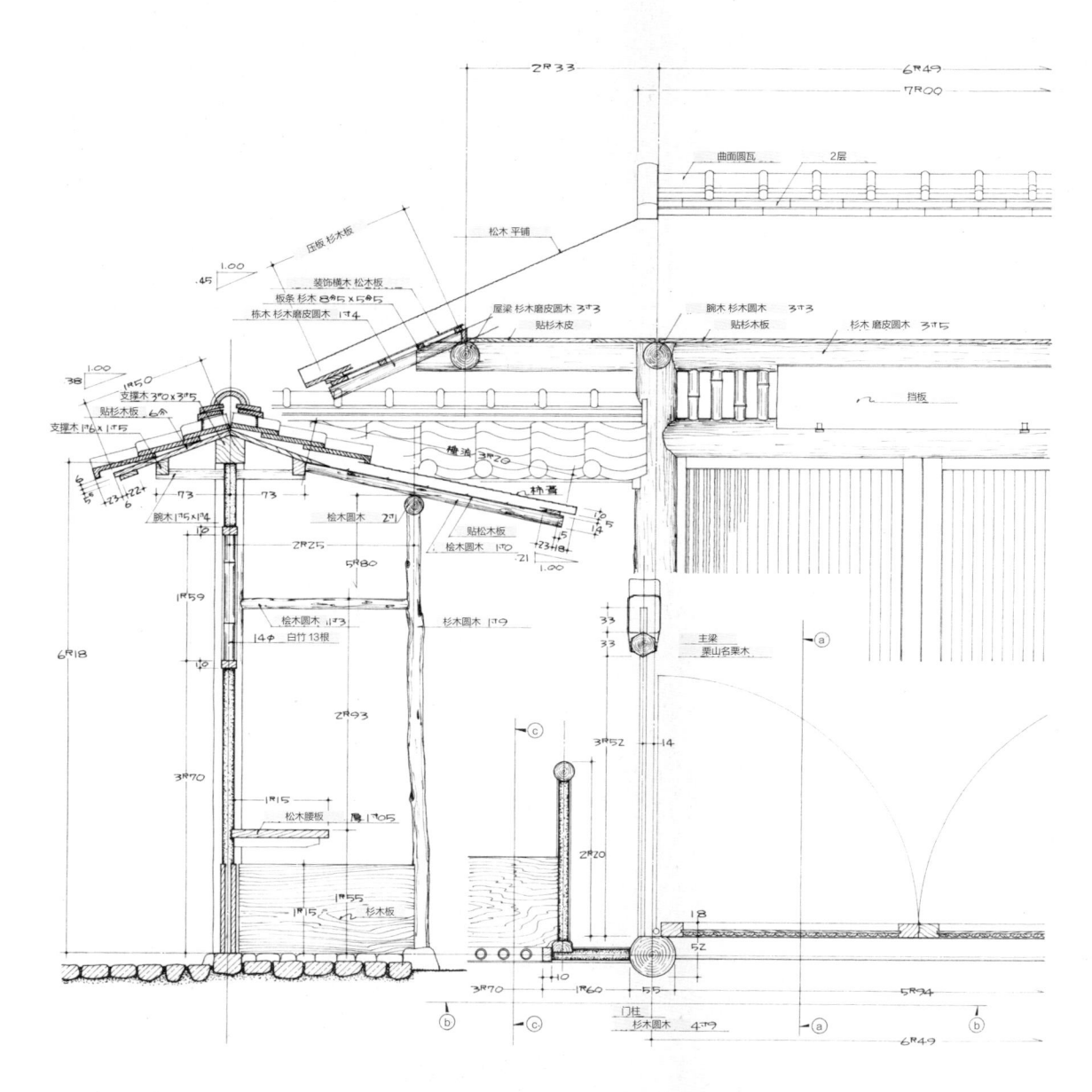

a-a断面详细图　比例尺1:20　　　　　　　　　　平面详细图及b-b断面详细图　比例尺1:20

芦花浅水庄　实测图

侧窗　　　　　　　　　　前庭

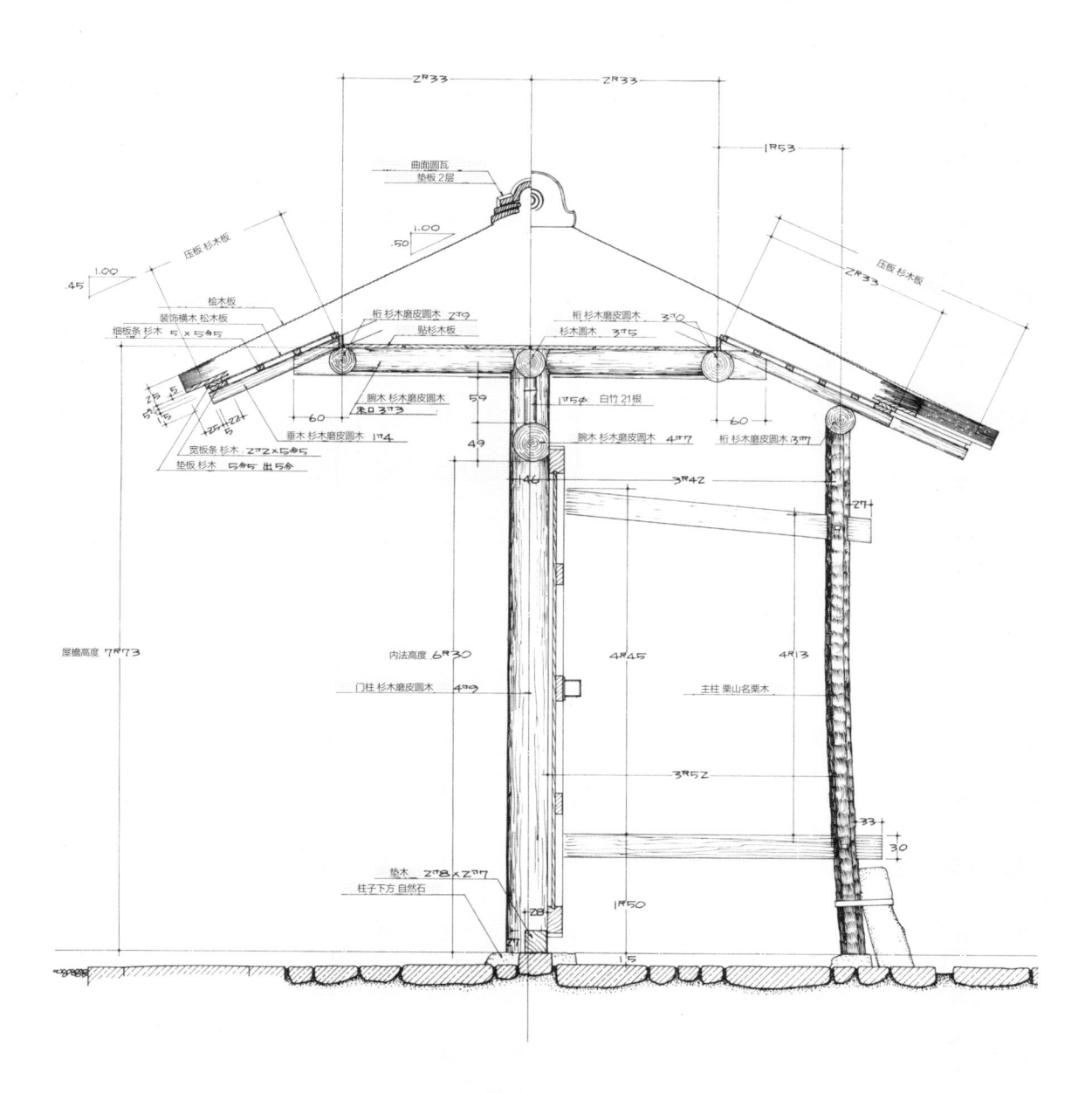

断面详细图　比例尺1:20

芦花浅水庄　实测图

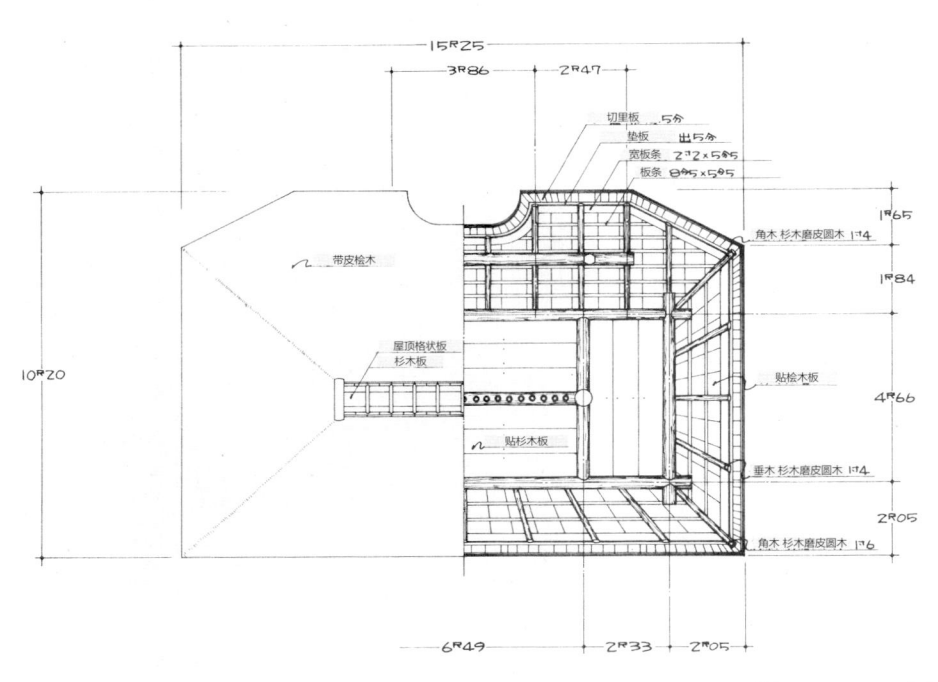

屋顶平面图　比例尺1:50　　　　　　　　　　　　天花板平面图　比例尺1:50

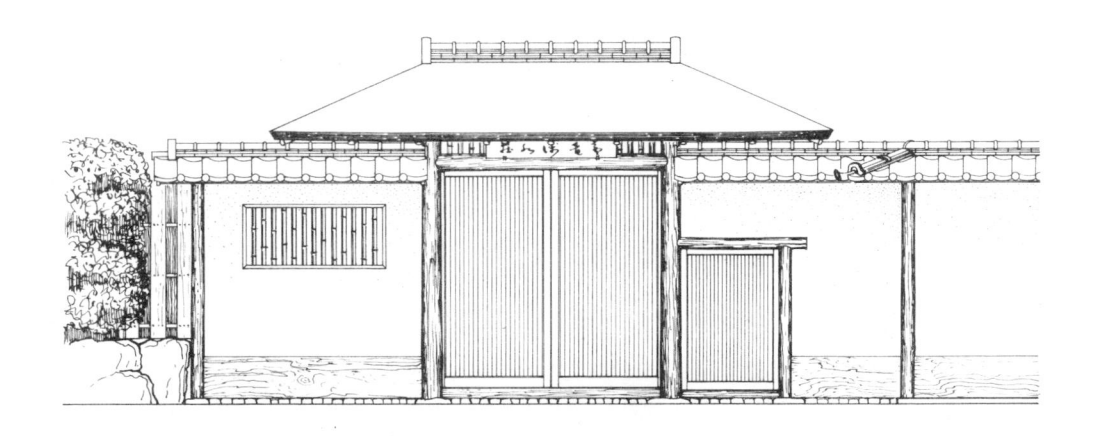

正面立体图　比例尺1:50

芦花浅水庄　实测图

该宅邸的门像被粗犷的石墙夹着一样立着。名栗木柱子和花纸绳将石墙的压迫感弱化，使整体氛围变柔和。屋顶内侧的支撑木使用了杉木，只使用两根，显得轻松随意，可消除严肃之感。

大门整体上的设计偏向书院造建筑，左右两侧显得厚重，细节处的设计则给人精致的感觉。

和气邸

所有者 和气录邸
所在地 兵库县西宫市
建造时间 不明
设计、施工 不明

门窗隔扇等的尺寸和材料

双开门

高度	6尺7寸
宽度	3尺1寸
厚度	2寸4分
竖框	内侧3寸5分 外侧4寸6分
上栈	4寸5分
下栈	6寸5分
中栈	2寸6分
表面	杉木板

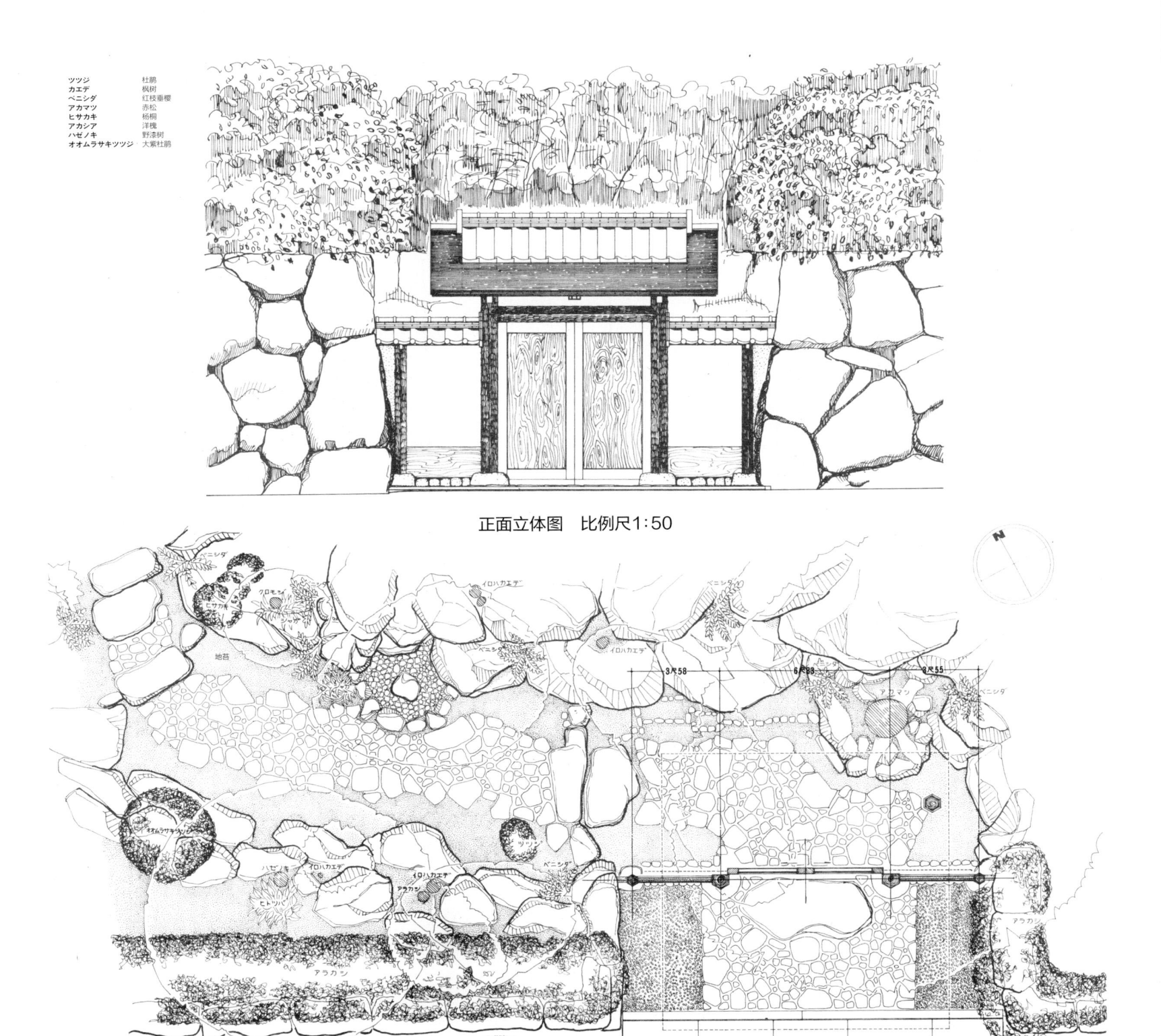

正面立体图　比例尺1:50

平面图　比例尺1:50

和气邸　实测图

门的表面

柱子和桁架

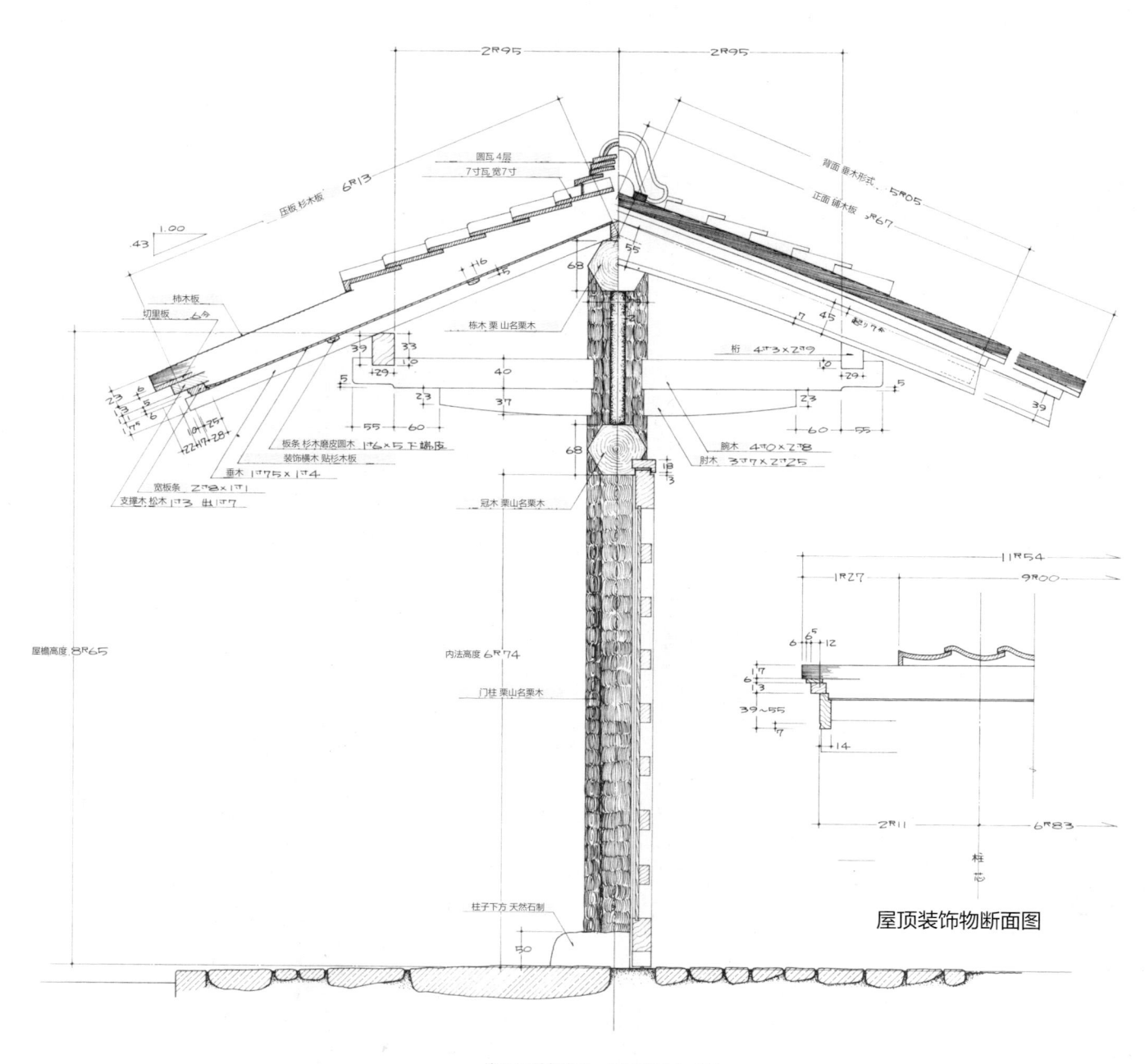

断面详细图 比例尺1:20

屋顶装饰物断面图

和气邸 实测图

所有者	谷政二郎
所在地	京都市左京区
建造时间	不明
设计、施工	不明

谷邸

单从尺寸上看，会觉得此门是不是过高？但实际看到的话，你会觉得它使整体景观的协调性变得非常好。不论是右侧的植株还是向左前方延伸的围墙，以及到门为止的弯曲的通道，它们与门形成了和谐的整体。

建造者用天然的粗杉木柱子和花纸绳，再加上水平交错的粗杉木，构成了鸟居状的构件，这是相当新奇的。门的框和栈的木条也很粗，让人觉得门的重心就在这里。

与之形成鲜明对比的是带树皮的椽子、钢板屋顶和短屋脊，这些细节体现了一种柔和的美感。

门窗隔扇等的尺寸和材料

双开门

高度	7尺9寸　角上5分 　　　　角下8分
宽度	3尺7寸
厚度	2寸1分
竖框	固定，不开合的一侧1寸5 开合的一侧2寸8
上栈	3寸9分
下栈	3寸9分
中栈	上2寸1分　下3寸
完成	表　腰竹排 里　杉木板

平面图　比例尺1:50

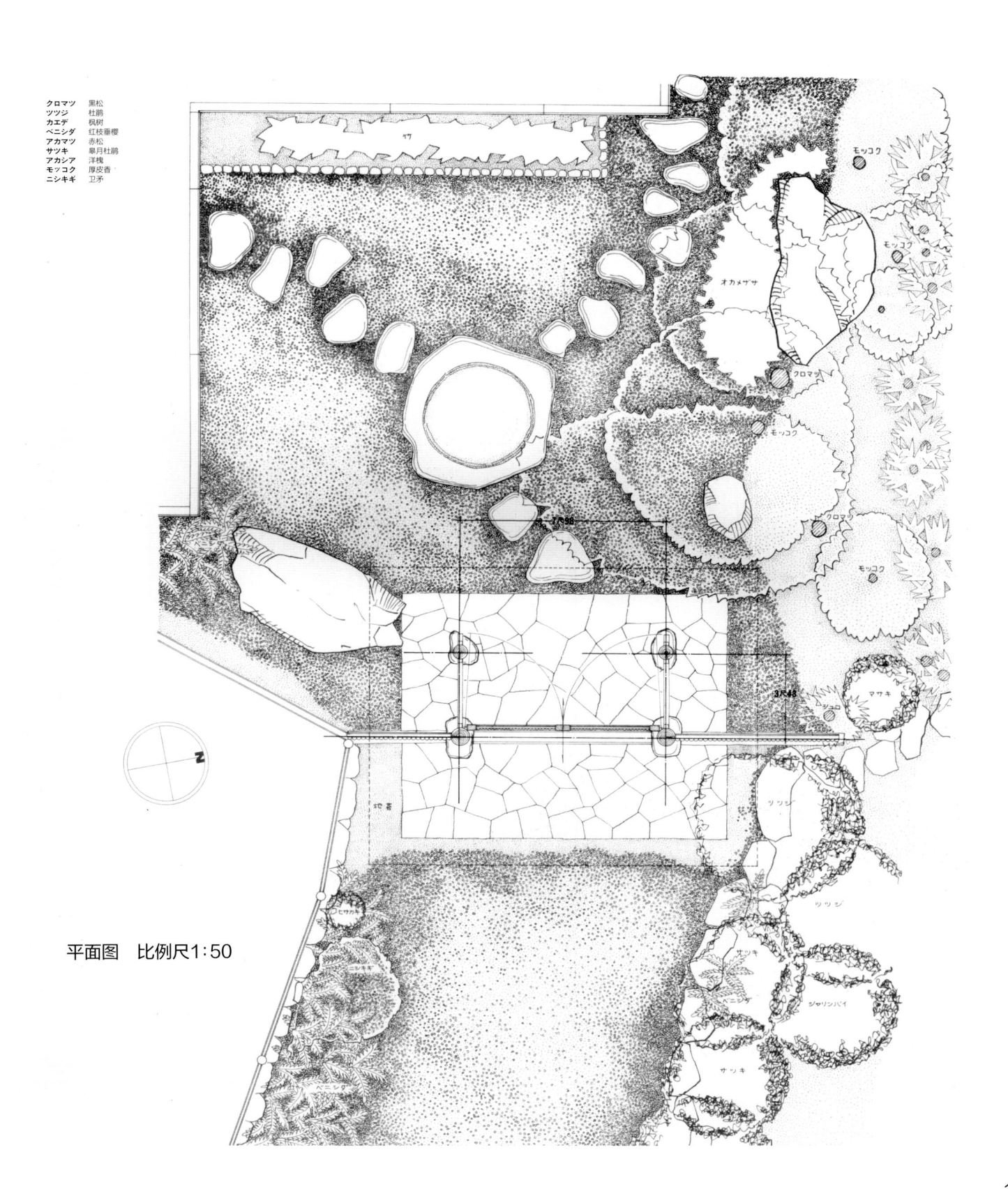

谷邸　实测图

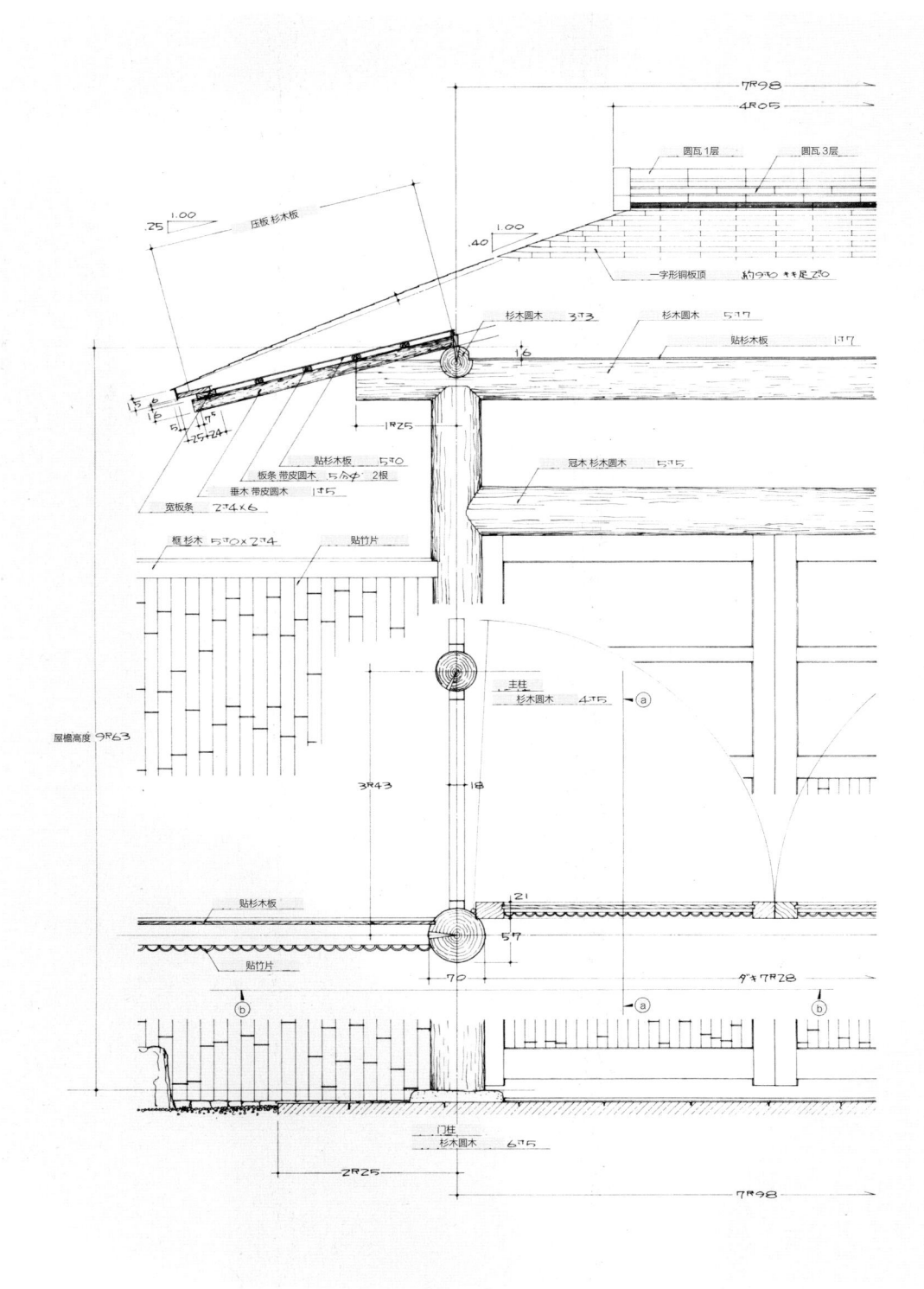

平面详细图及b-b断面详细图　比例尺1：20

谷邸　实测图

隅木附近  柱子上方

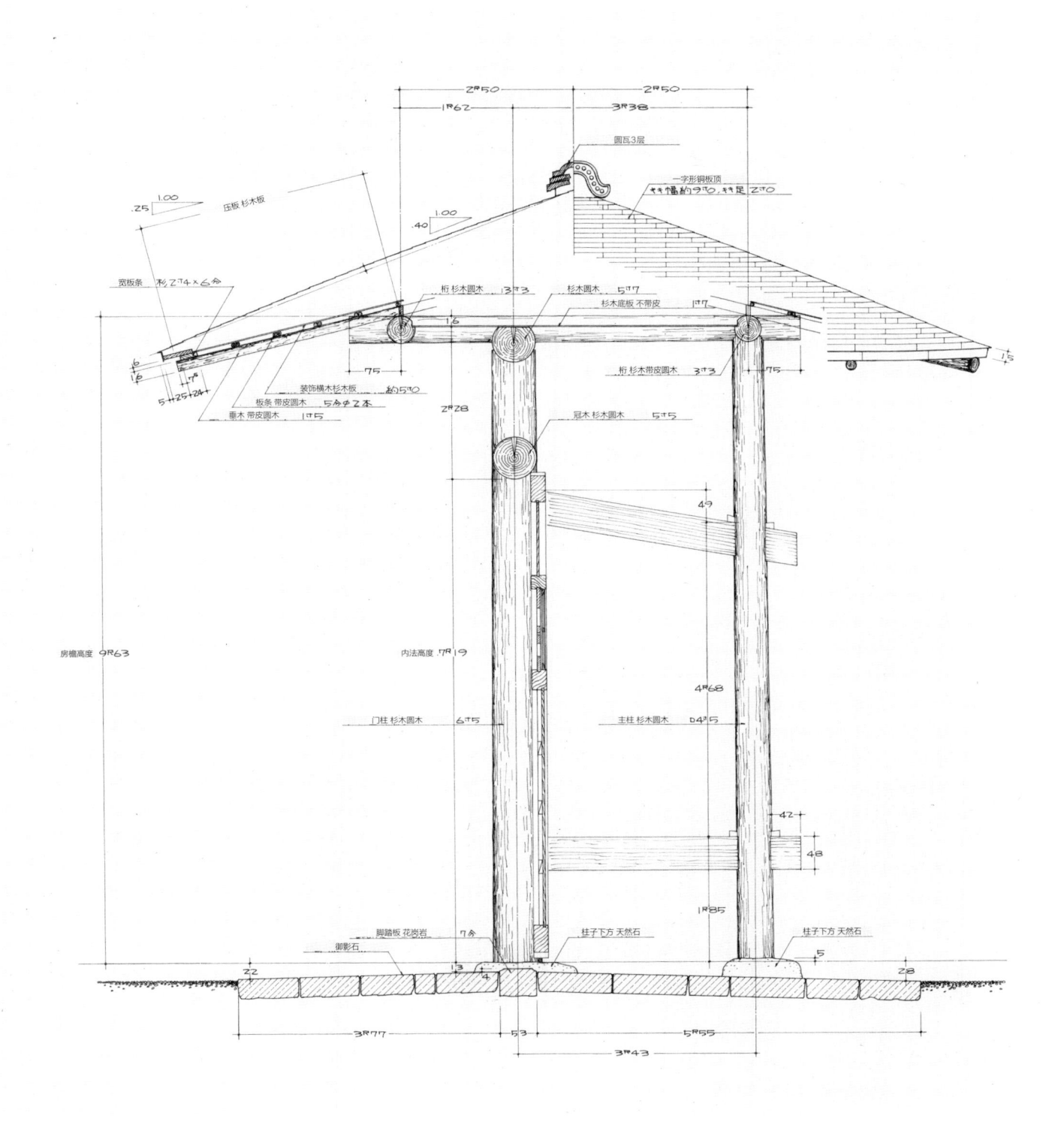

断面详细图　比例尺1:20

谷邸　实测图

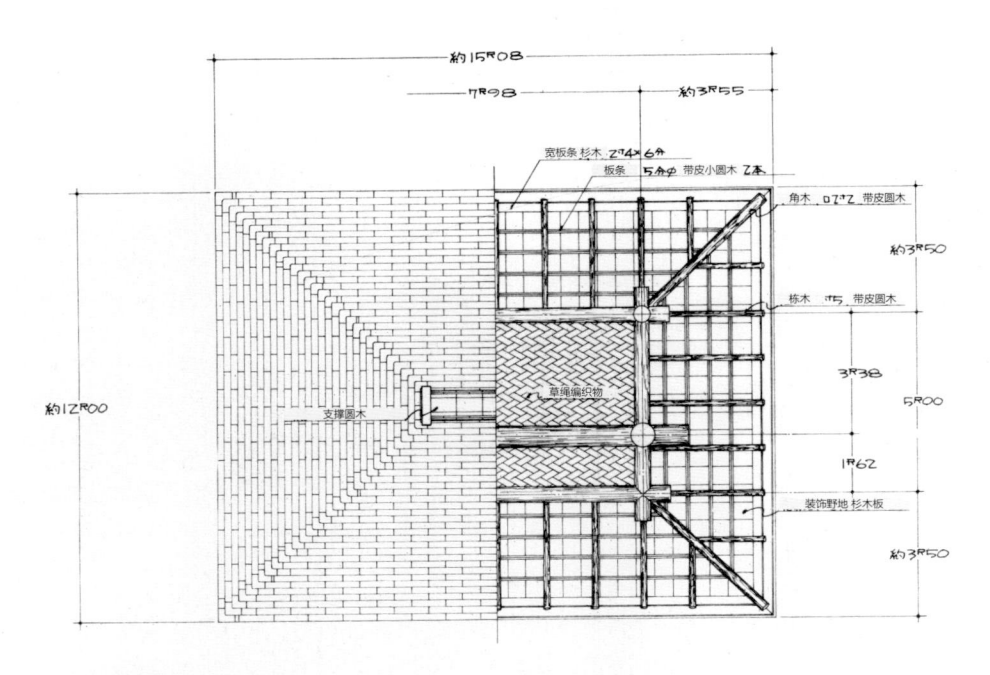

屋顶平面图　比例尺1:50　　　　　　　　天花板平面图　比例尺1:50

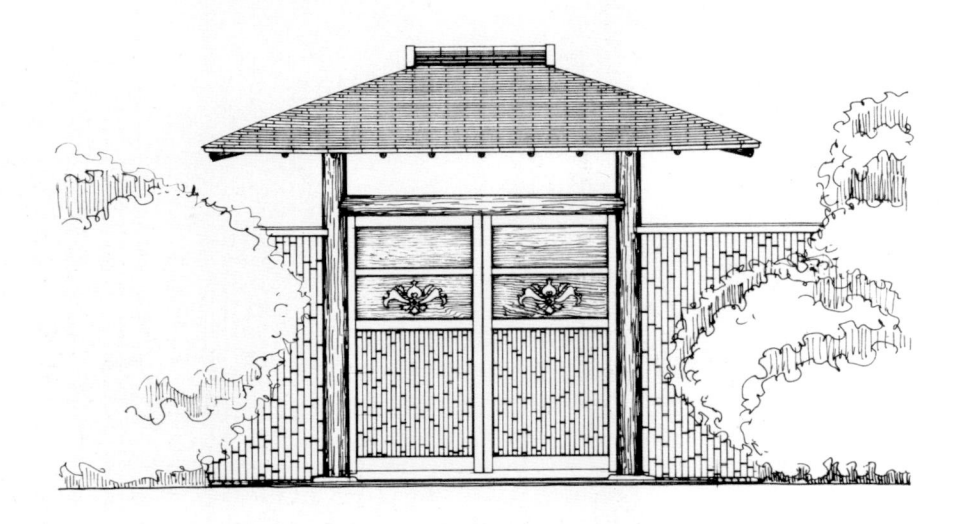

正面立体图　比例尺1:50

谷邸　实测图

山本邸	
所有者	山本
所在地	京都市右京区
建造时间	不明
设计、施工	不明

随着道路的扩张，宅邸的门被迁移到现在的地点。虽然不知道现在的树篱在以前是什么样的，但如今，树篱与陡坡上有重量感的茅草屋顶很好地保持了平衡。整体上来看，茅草屋顶的坡度和色调都非常美。

宅邸的门木纹优美，左右两侧协调而平衡。门与两侧的树篱显得十分和谐，形成一种幽静的氛围。

门窗隔扇等的尺寸和材料

	双开门	单开门
高度	6尺3寸	4尺8寸
宽度	2尺3寸	3尺4寸
厚度	1寸1分	1寸2分
竖框	固定不开合的一侧2寸 不固定开合的一侧1寸6分	固定不开合的一侧1寸 不固定开合的一侧9分
上栈	2寸2分	1寸
下栈	2寸2分	2寸1分
中栈	1寸6分	8分
竖栈	9分×6分	
完成	杉木板	杉木板

平面图 比例尺1:50

山本邸 实测图

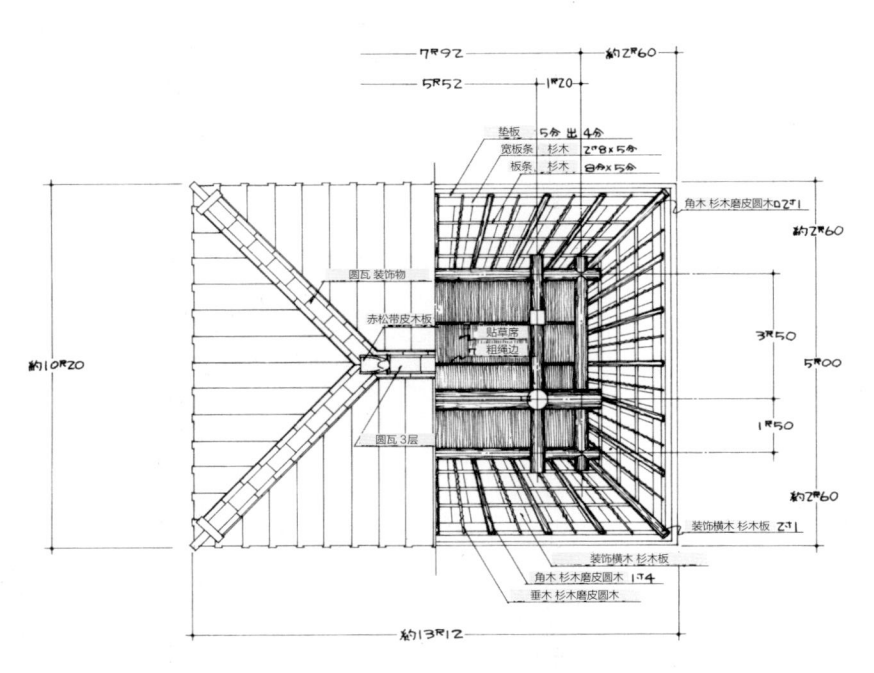

屋顶平面图　比例尺1:50　　　　　　　　　　　　天花板平面图　比例尺1:50

正面立体图　比例尺1:50

山本邸　实测图

大门内侧　　　　　　　　　柱子上部

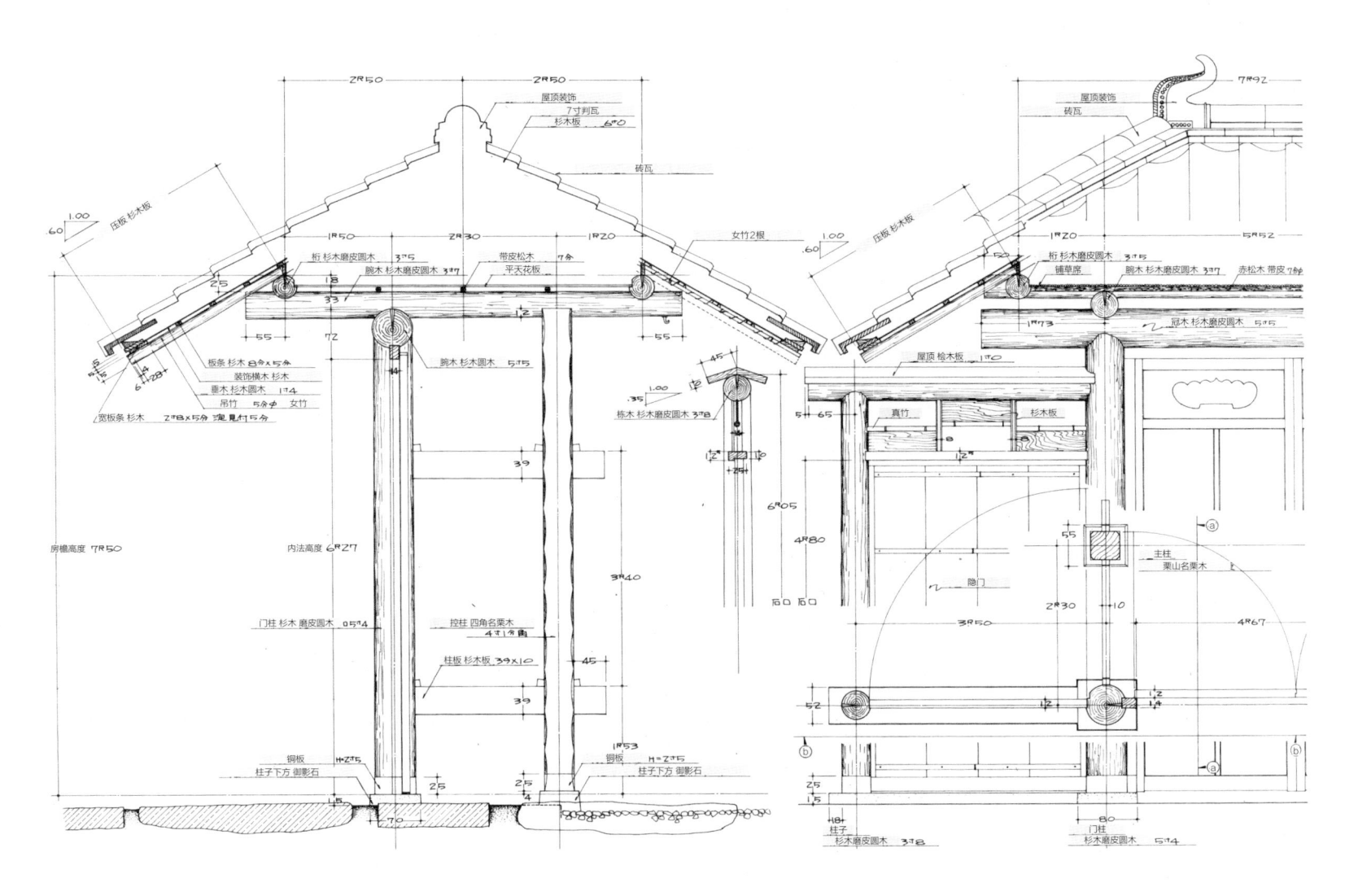

a-a断面详细图　比例尺1:20　　　　平面详细图及b-b断面详细图　比例尺1:20

山本邸　实测图

堀口邸

堀口邸

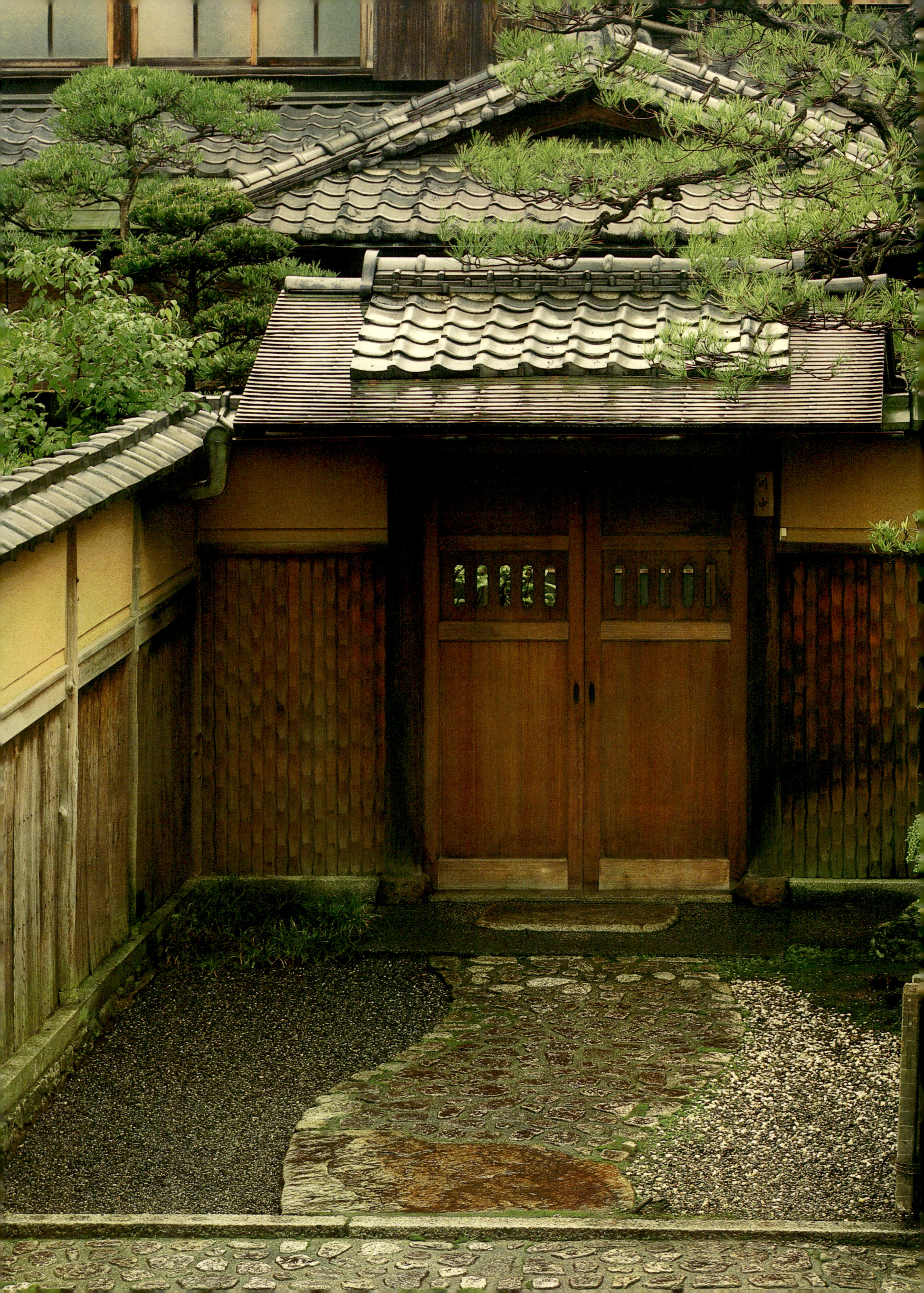
川中

川中邸

上＝袖壁（门旁边的装饰性墙壁）细节
左＝大门

川中邸
上＝大门内侧

市原邸

上＝侧面和高墙

日本建筑集成　数寄屋门

市原邸
上＝桁架和横梁　下＝侧窗
右＝门的正面

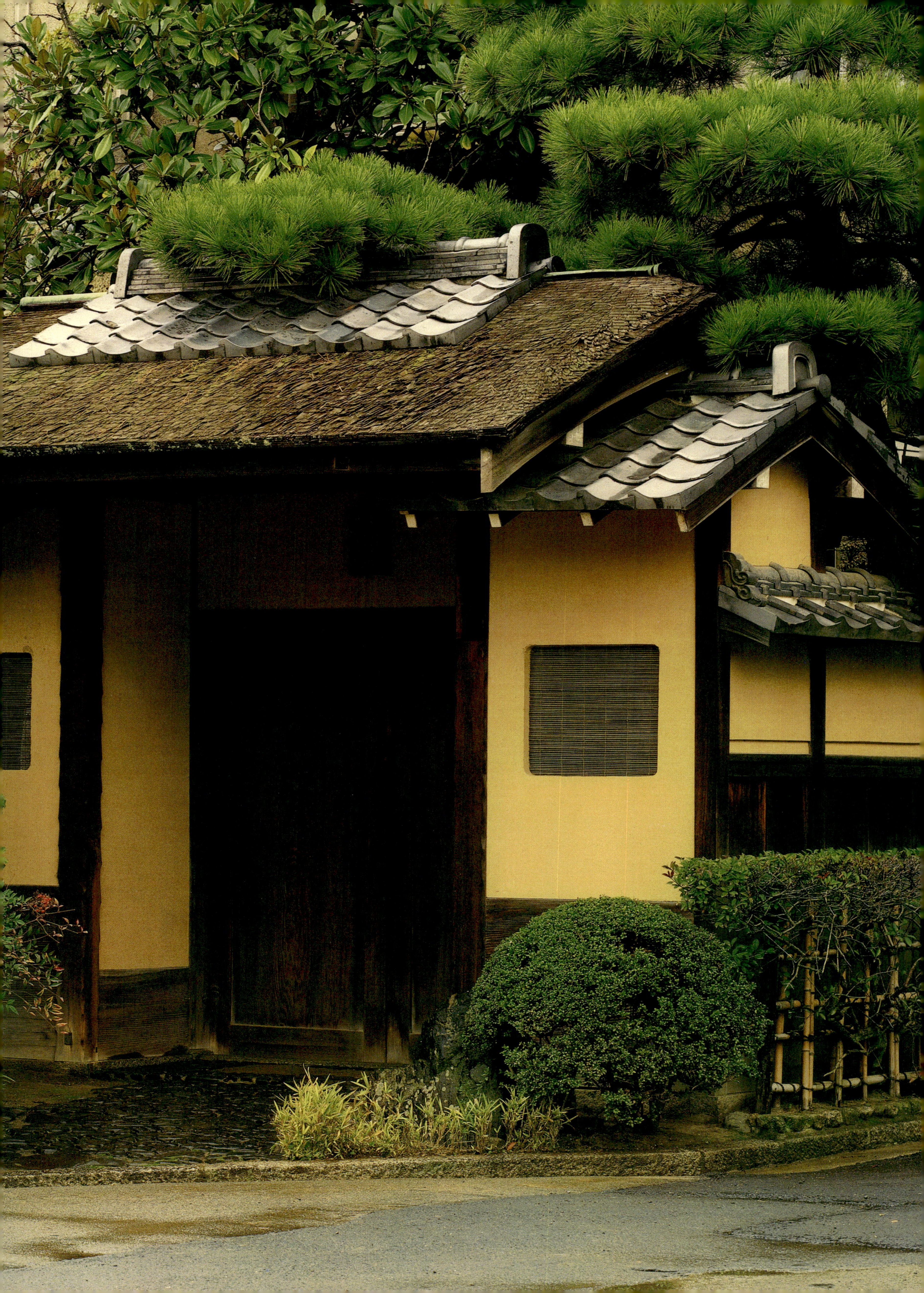

松井邸

上＝门的正面

松井邸
上＝前庭　右下＝门的一部分

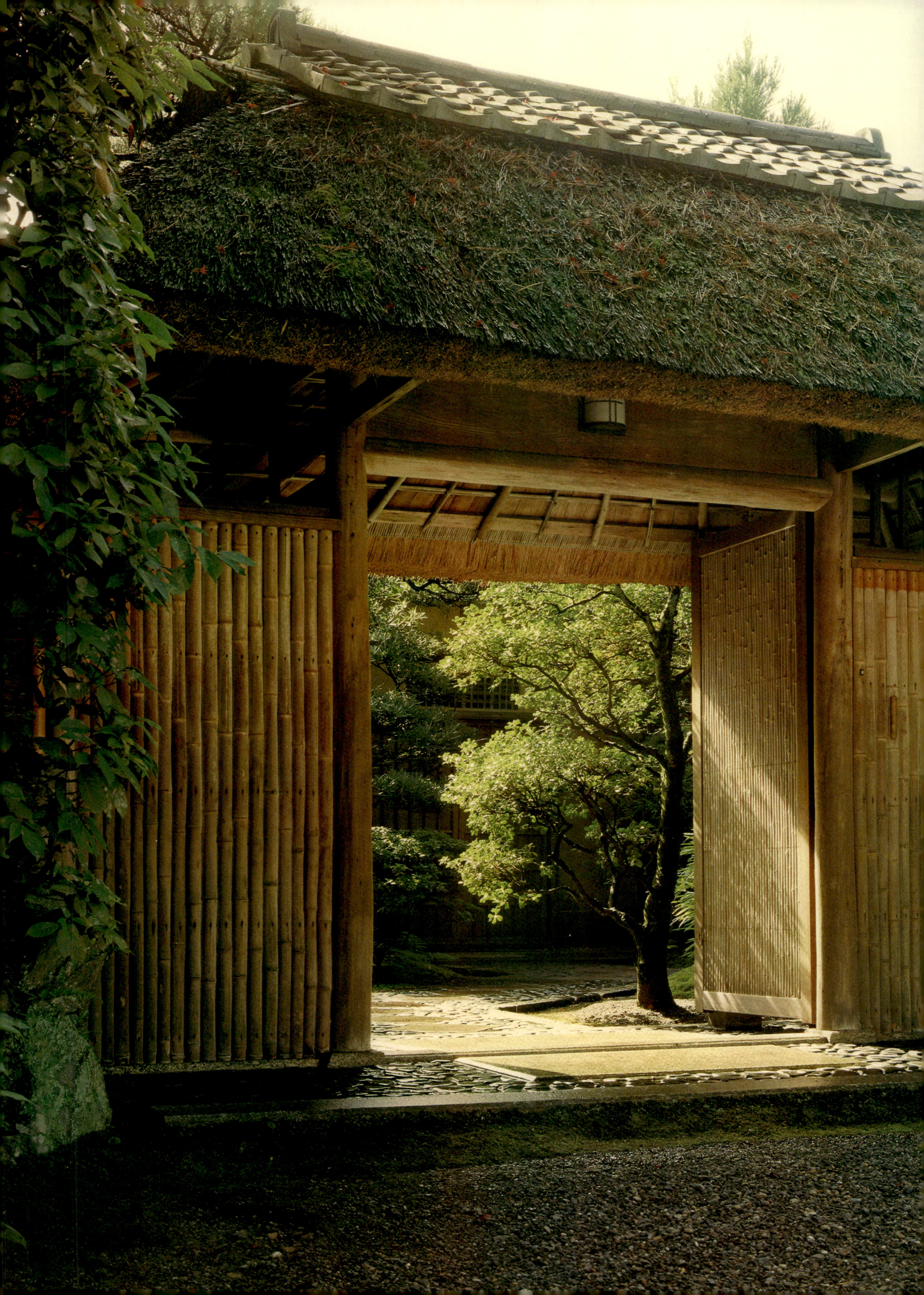

松井邸
上＝屋顶内部　下＝椽子
左＝门打开的状态

随缘庄

随缘庄
上＝天花板　下＝天花板上的格子

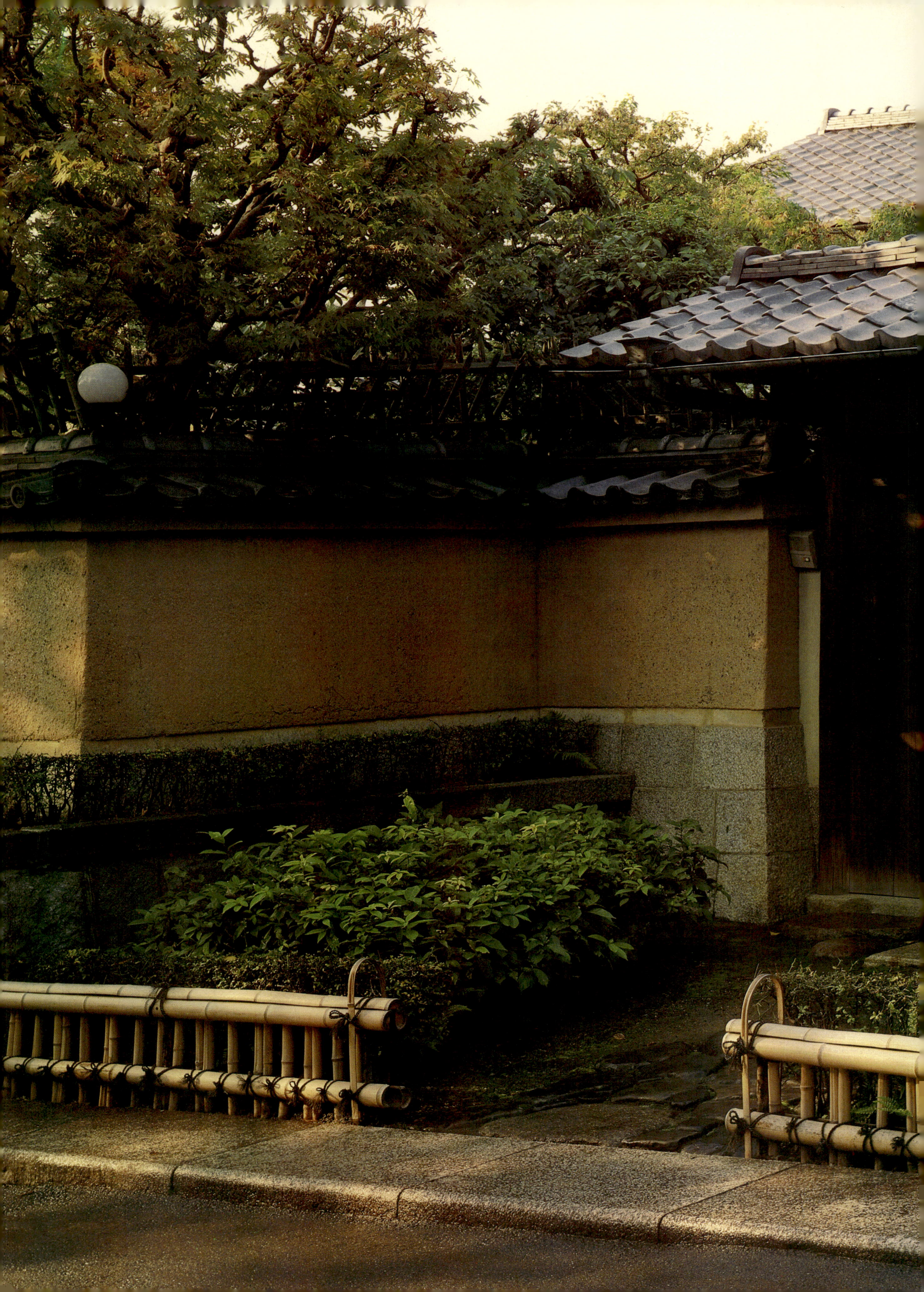

細野邸

细野邸　上＝桁架和横梁

细野邸 门打开的状态

小峰邸

小峰邸　上＝屋顶内部的横梁

高田邸

上＝带瓦墙壁
右＝门的外观

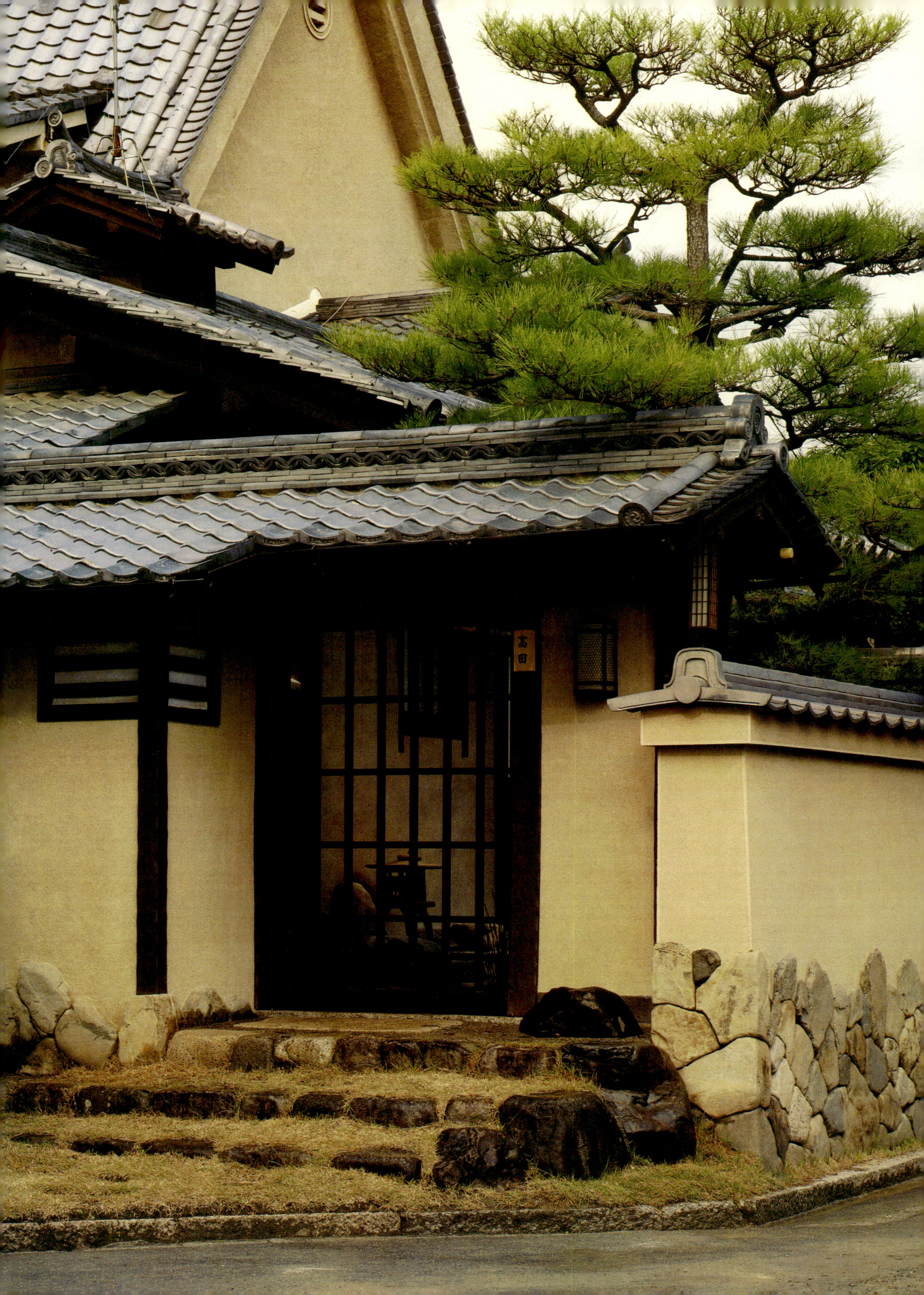
高田

樱木邸

上＝腰板
右＝门的外观

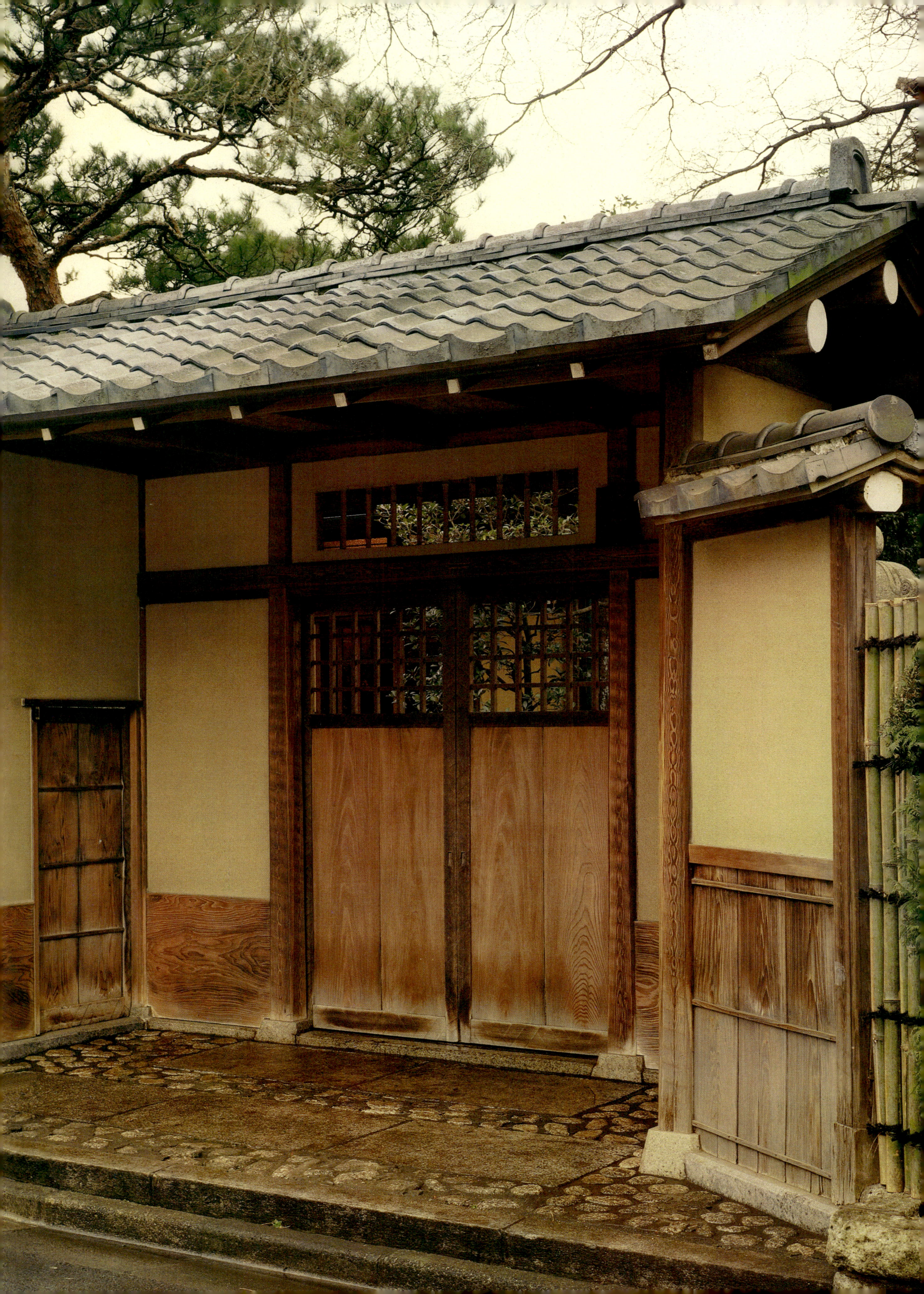

坂本邸

上＝门的外观　下＝柱子上部
右＝门的正面

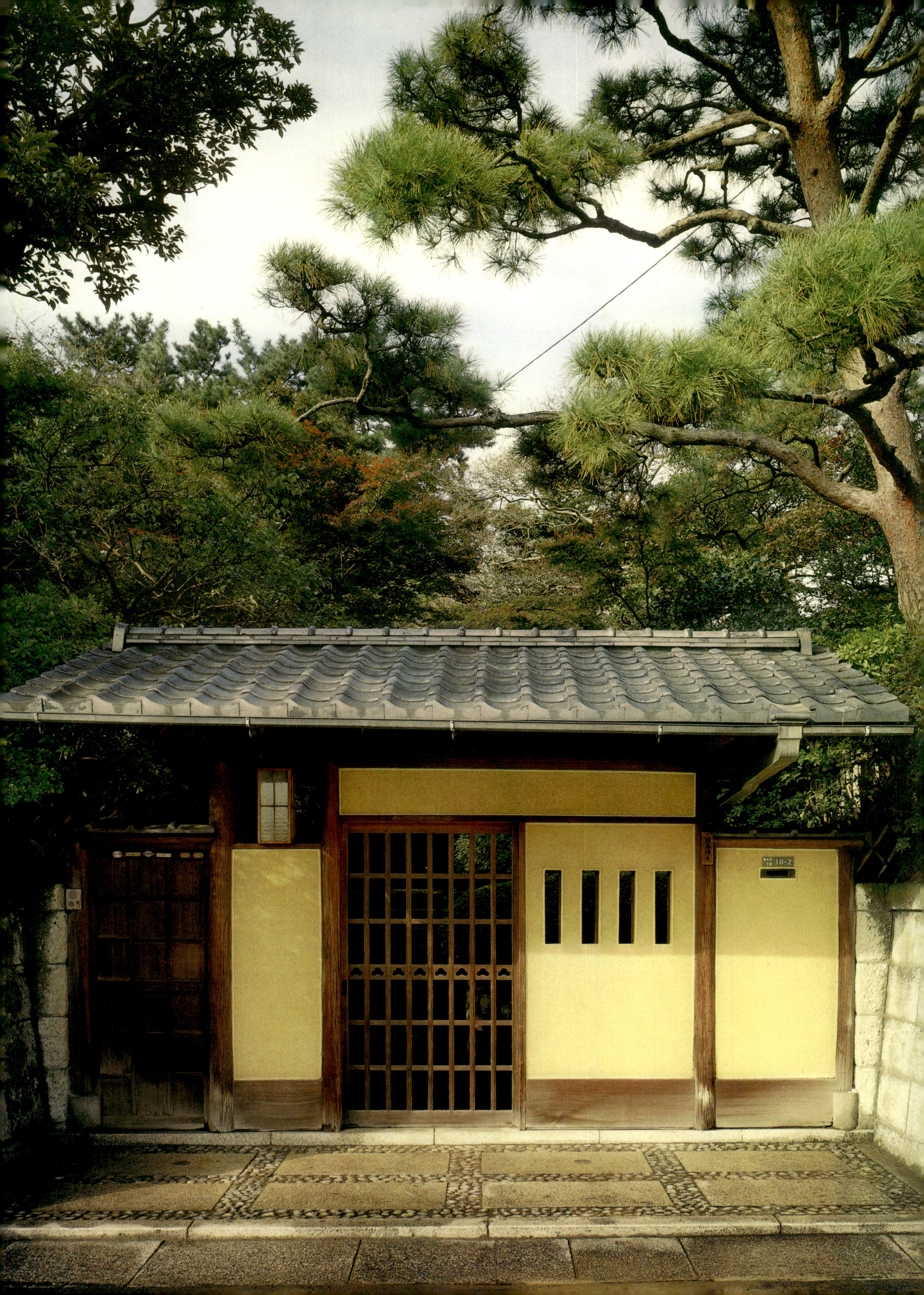
18-2

北村邸

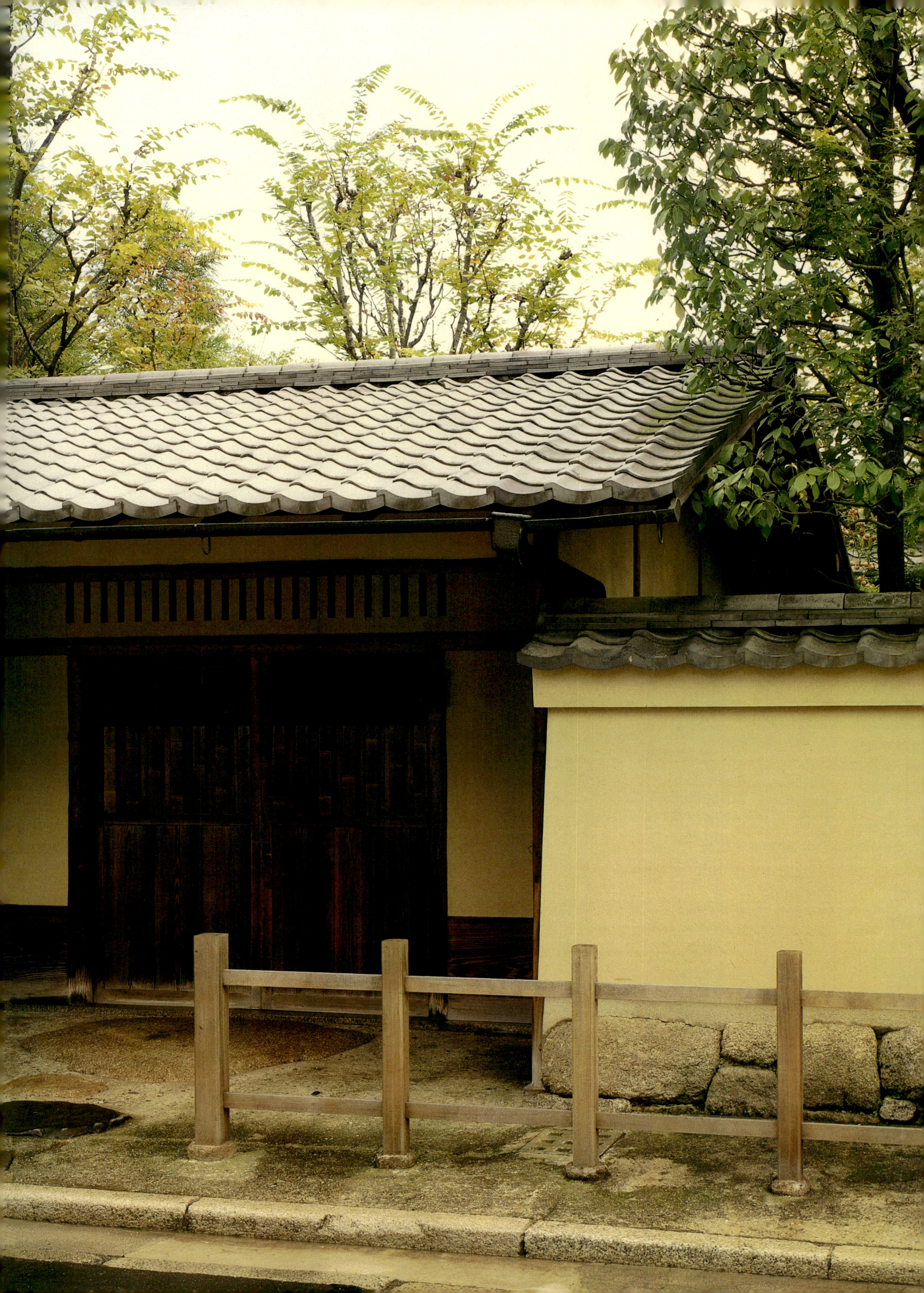

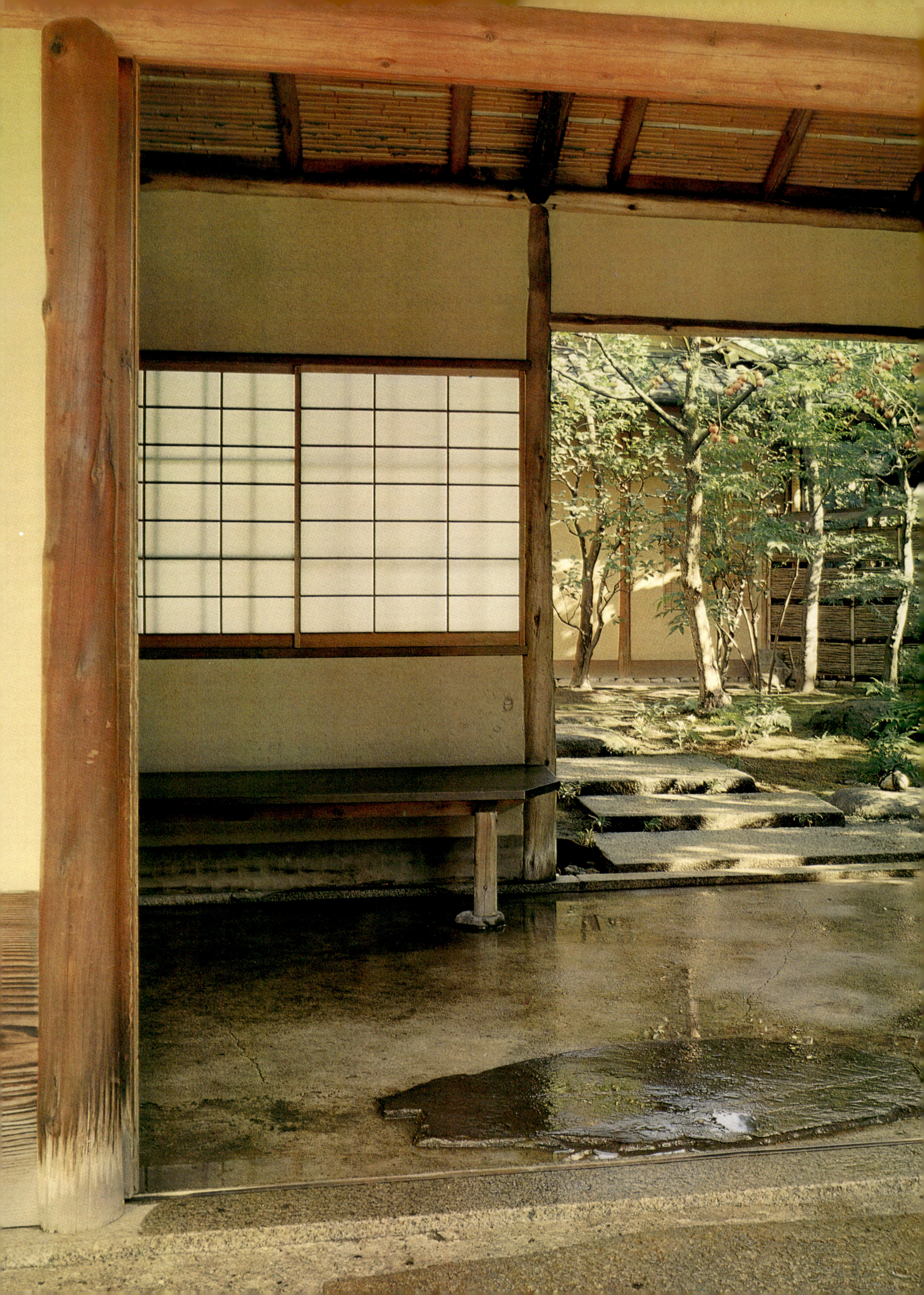

北村邸
上＝屋顶内侧　下＝双层格子拉窗
左＝等候室

日本建筑集成　数寄屋门　102

高田邸

上＝门的侧面和围墙　下＝栏间
右＝门的外观

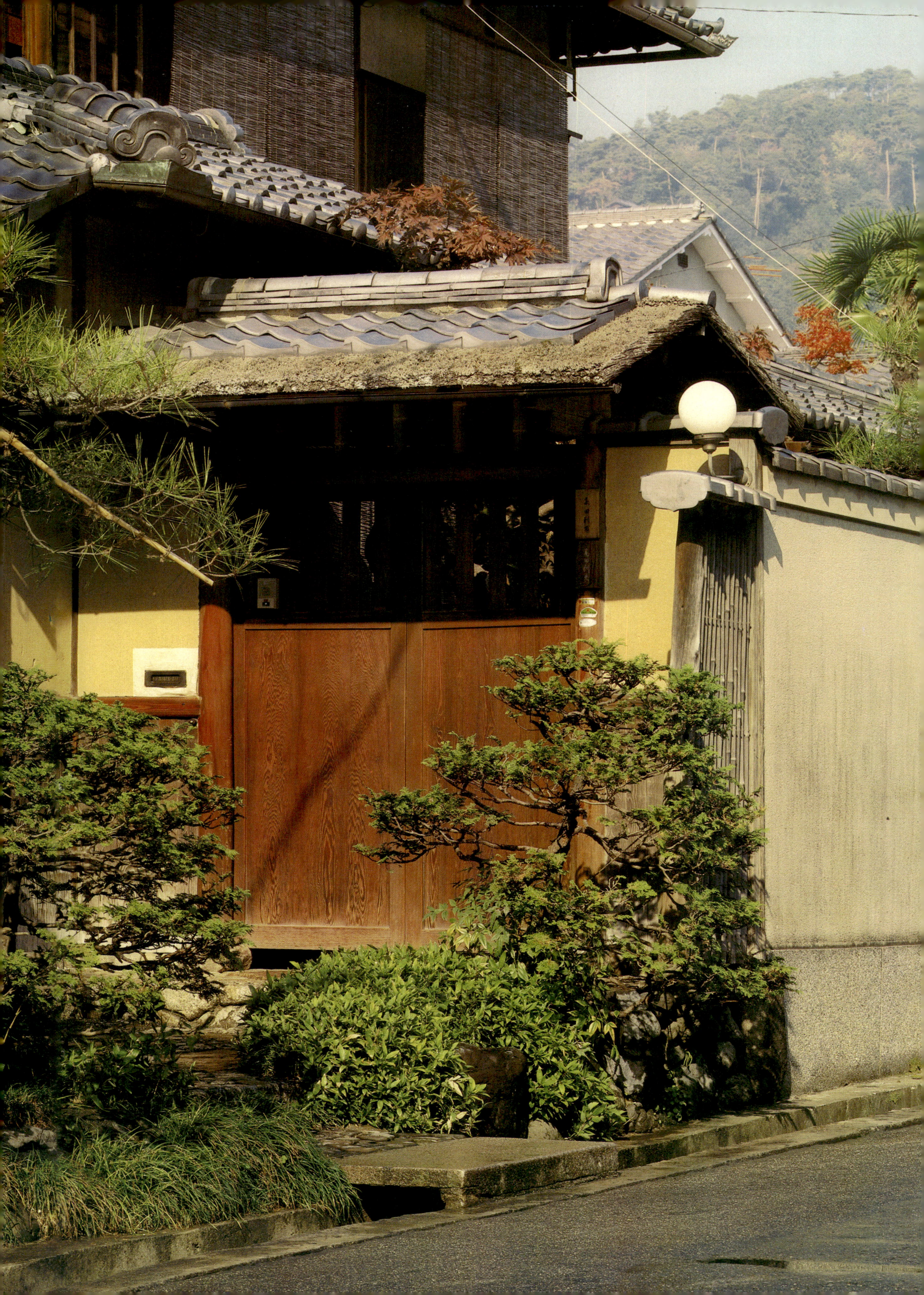

看日庵

上＝门的正面　下＝屋檐和导水管

看日庵
上＝门打开的状态　右下＝隅木

日本建筑集成　　数寄屋门

藤井邸

上＝屋顶内部
右＝门的外观

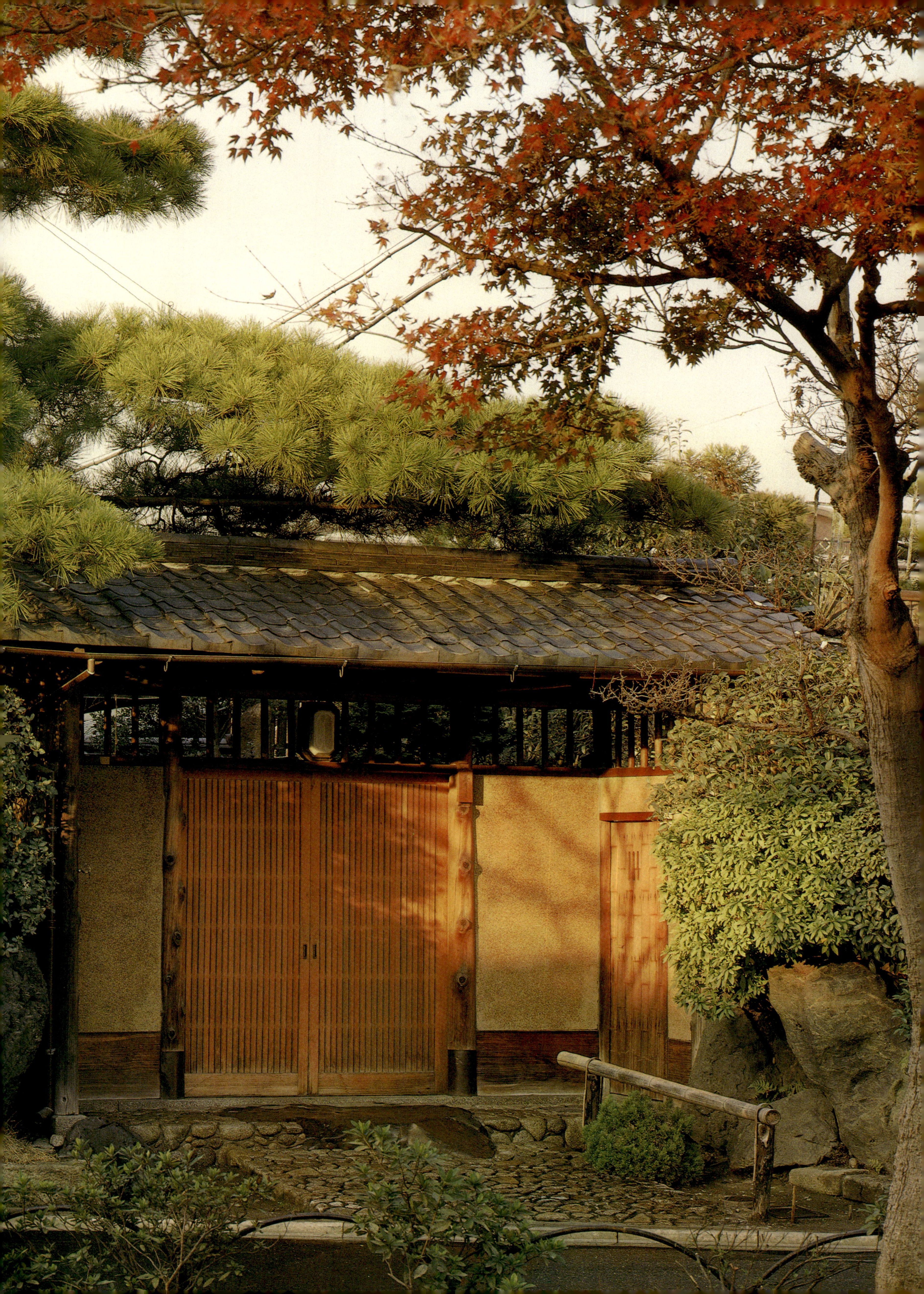

长濑邸

上＝门的外观

长濑邸
上＝屋顶内部

实践伦理宏正会逗子寮

上＝门的外观

实践伦理宏正会逗子寮 打开一扇门的状态

实践伦理宏正会逗子寮
上＝桁架和横梁

设计图详解（二）

堀口邸

所有者 堀口保
所在地 京都市北区
建造时间 昭和初期
设计、施工 不明

此宅邸位于东南方的角地（靠近交叉路口的地方），以与日式庭院相搭配的方式建造。建造者巧妙地利用角地。向左右延伸的石墙和修剪得很好的植栽，烘托出整个宅邸的气氛。

门是用小的名栗木材做成的，两侧的侧门也很协调，柱子、横梁、椽子等都是圆木，栏间用的是带皮的圆木。

门窗隔扇等的尺寸和材料

双开门

高度	6尺2寸
宽度	2尺4寸
厚度	1寸4分
竖栈	固定，不开合的一侧2寸8分 开合的一侧2寸8分
上栈	2寸8分
下栈	2寸8分

正面立体图　比例尺1:50

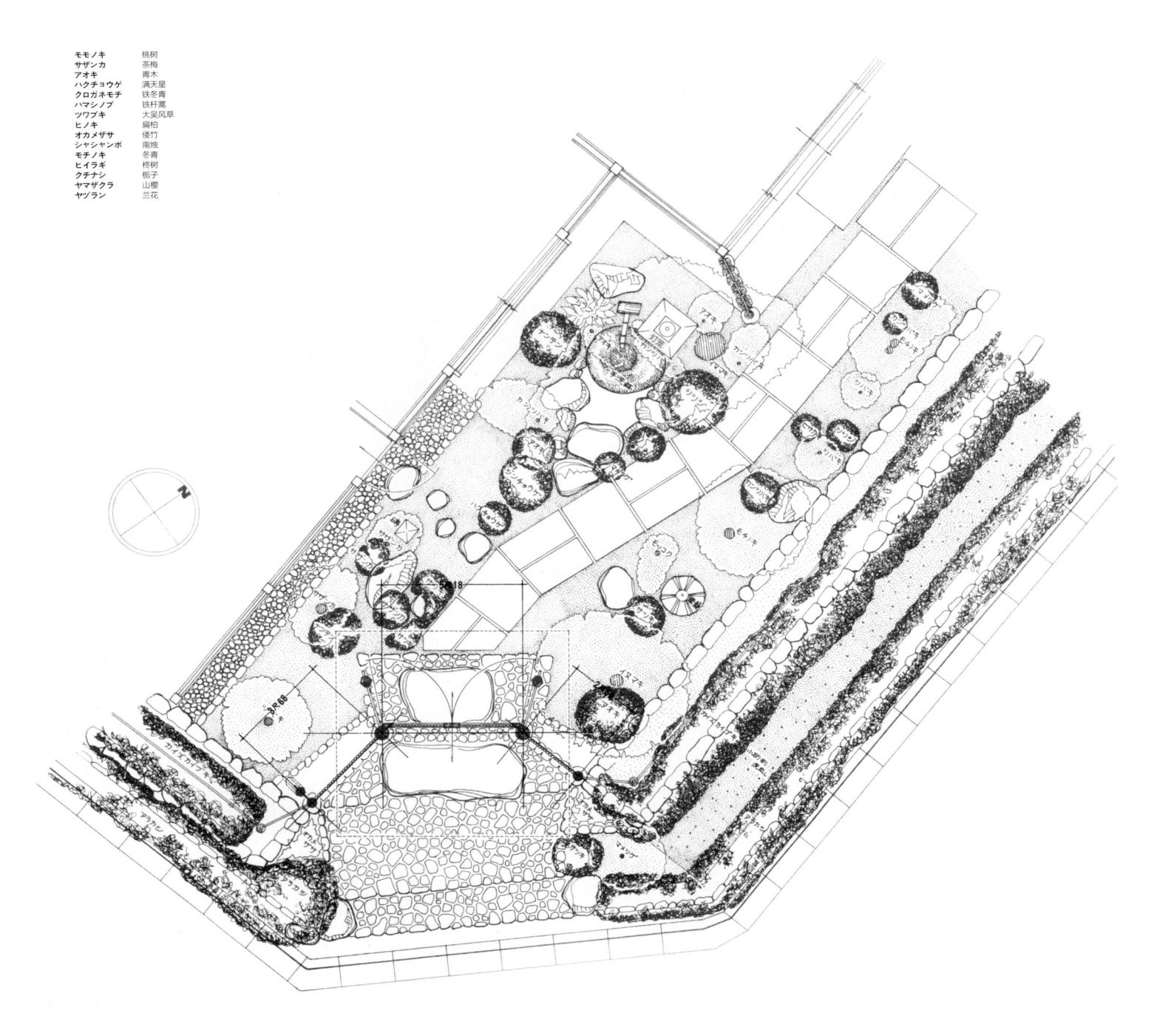

モモノキ	桃树
サザンカ	茶梅
アオキ	青木
ハクチョウゲ	满天星
クロガネモチ	铁冬青
ハマシノブ	铁杆蒿
ツワブキ	大吴风草
ヒノキ	扁柏
オカメザサ	倭竹
シャシャンボ	南烛
モチノキ	冬青
ヒイラギ	柊树
クチナシ	栀子
ヤマザクラ	山樱
ヤヅラン	兰花

平面图　比例尺1:50

堀口邸　实测图

大门内侧

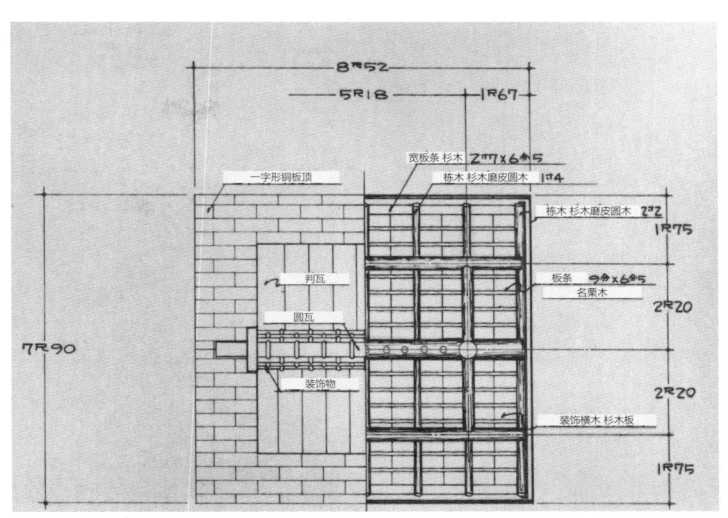

屋顶俯视图　比例尺1:50　　天花板俯视图　比例尺1:50

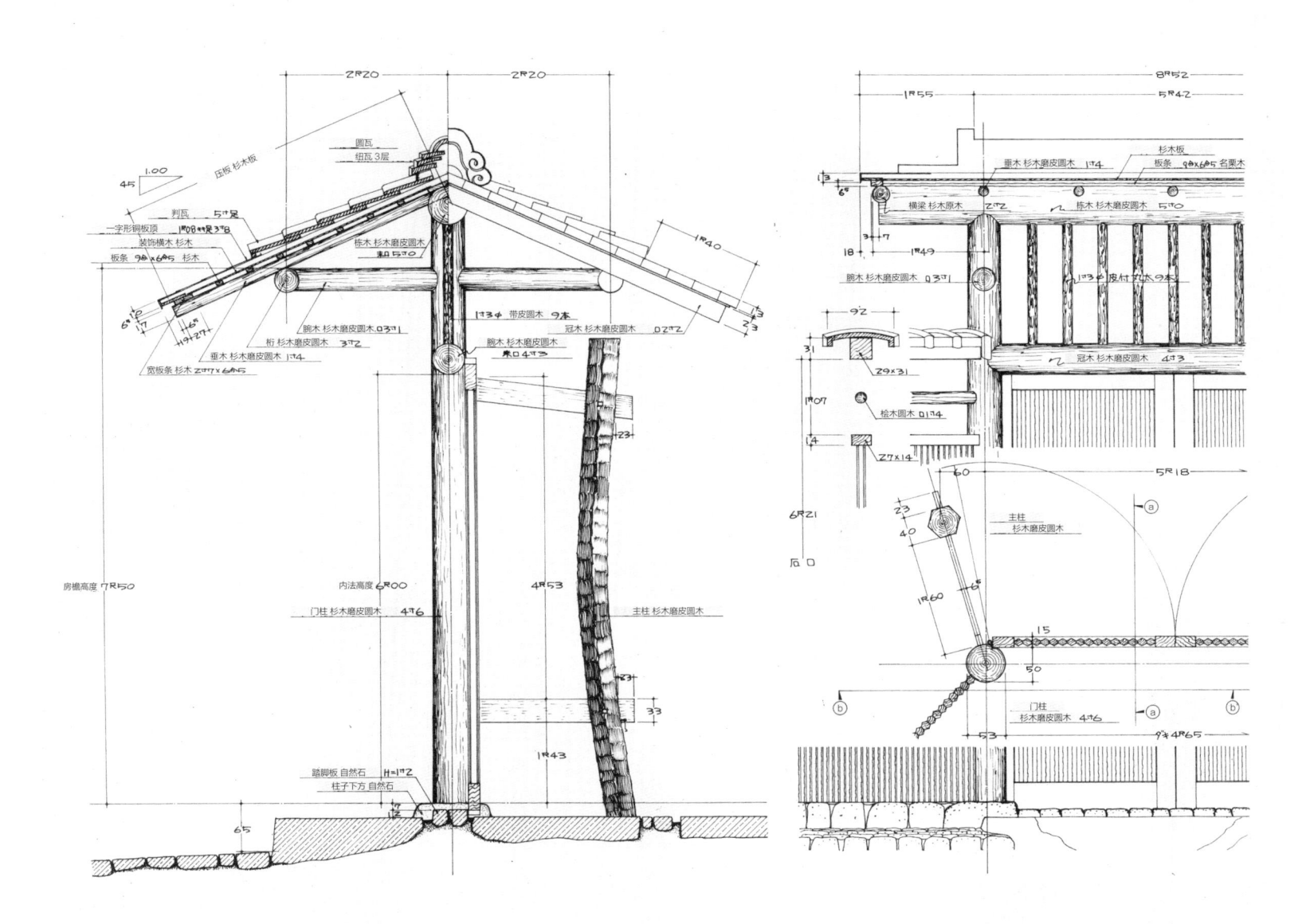

a-a断面详细图　比例尺1:20

平面详细图及b-b断面详细图　比例尺1:20

堀口邸　实测图

日本建筑集成　数寄屋门		

川中邸

所有者　川中博
所在地　京都市北区
建造时间　1927年
设计、施工　不明

该宅邸位于鸭川的堤防旁，可以经常从上往下看。从堤上眺望的景色非常美丽。

屋顶铺有茅草和瓦，茅草很细，与瓦的组合效果很好。围墙也很气派，与房屋的搭配十分协调。侧门美丽且别具一格。如此美丽的风景能够保存至今是非同寻常的，让人怀念起过去工匠对数寄屋建筑的用心和他们高超的技术。

门窗隔扇等的尺寸和材料

双开门

高度	6尺2寸
宽度	2尺2寸
厚度	1寸5分
上栈	2寸3分
下栈	4寸9分
中栈	上2寸5分，下2寸9分
细木	1寸4分
完成	杉木板　13块

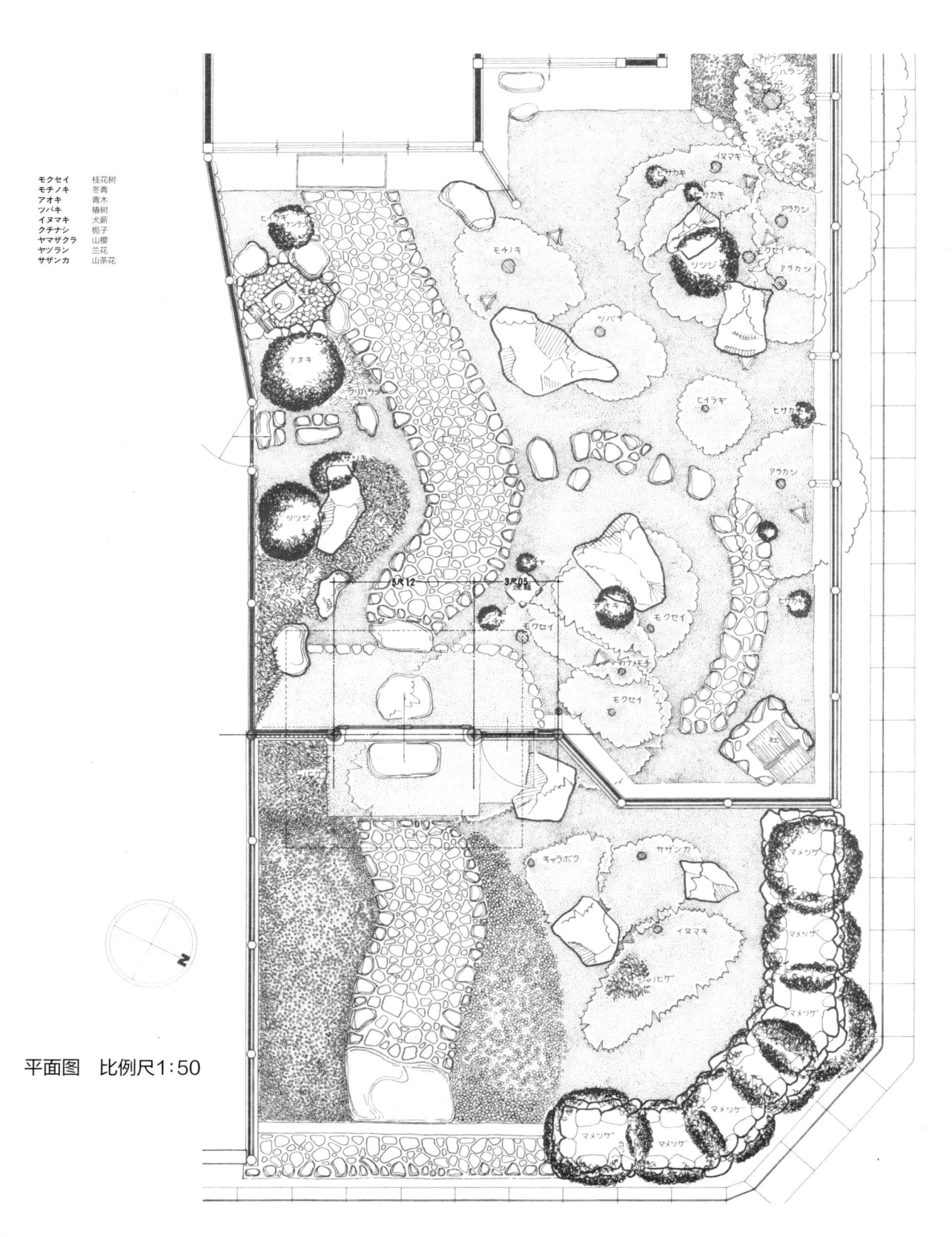

モクセイ	桂花树
モチノキ	冬青
アオキ	青木
ツバキ	椿树
イヌマキ	犬薪
クチナシ	栀子
ヤマザクラ	山樱
ヤブラン	兰花
サザンカ	山茶花

平面图　比例尺1:50

川中邸　实测图

防尘瓦　　　　　　　　　　　屋顶　　　　　　　　　　　　正面立体图　比例尺1:50

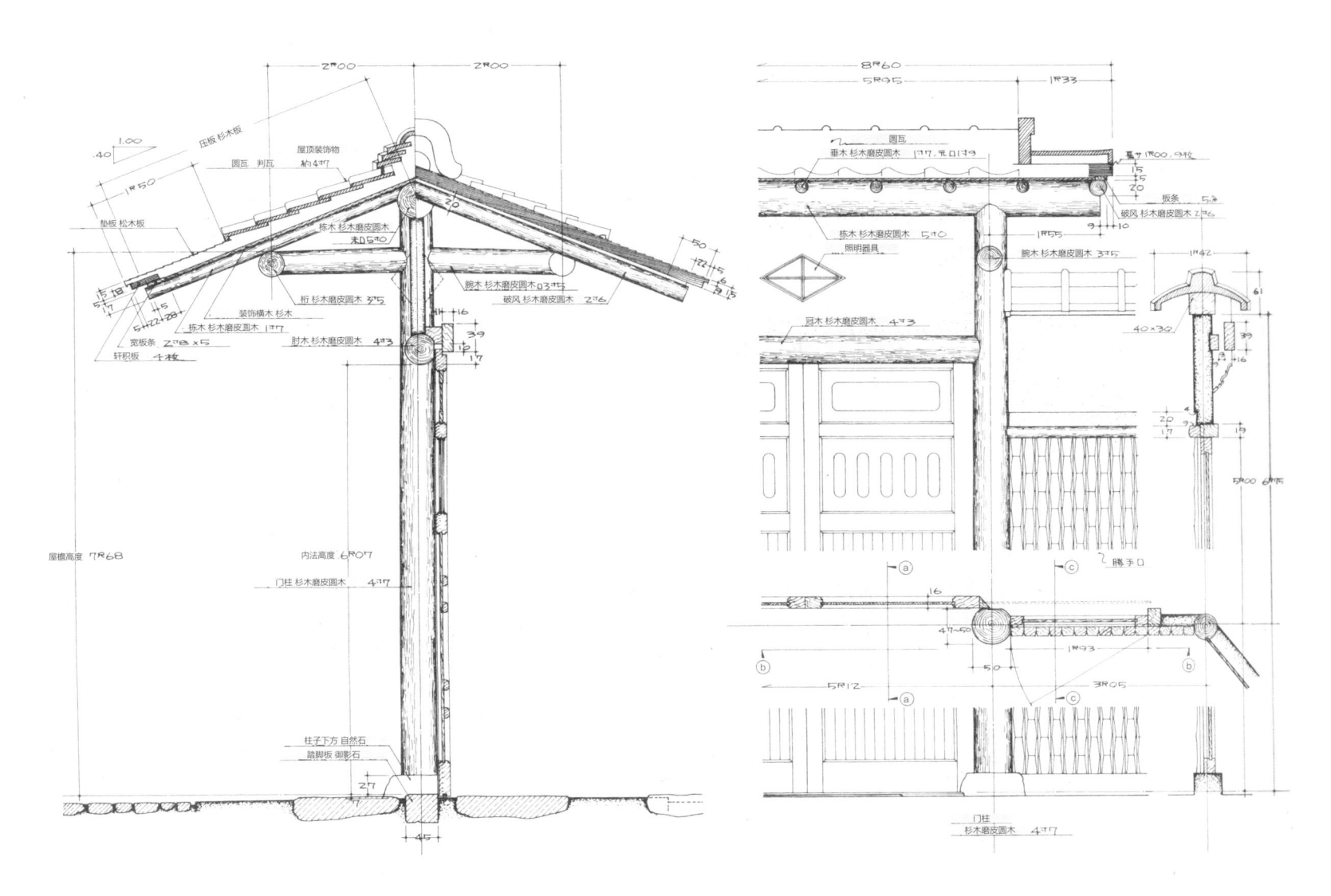

a-a断面详细图　比例尺1:20　　　　　　平面详细图及b-b断面详细图　比例尺1:20

川中邸　实测图

宅邸的这扇门建在角地上，从角落到门都布置得很巧妙，让人感觉门与周围融为一体。左右的围墙和经过适当修剪的门前的绿植各自起着非常好的装饰效果。

虽然这个门相当高，但因为左右两边均有小屋顶，所以毫无压迫感。柱子、臂木、横梁、门楣的选材都十分讲究。杉木板的腰板和左右竹帘的墙底窗，相对于木纹的大门，给人以柔和的感觉。

市原邸

所有者 市原道三
所在地 京都市左京区
建造时间 1930年
设计、施工 竹中公务店

门窗隔扇等的尺寸和材料

双开门

高度	6尺9寸
宽度	3尺4寸
厚度	1寸7分
竖框	固定，不开合的一侧3寸9分 开合的一侧3寸7分
上栈	4寸9分
下栈	4寸9分
中栈	1寸8分

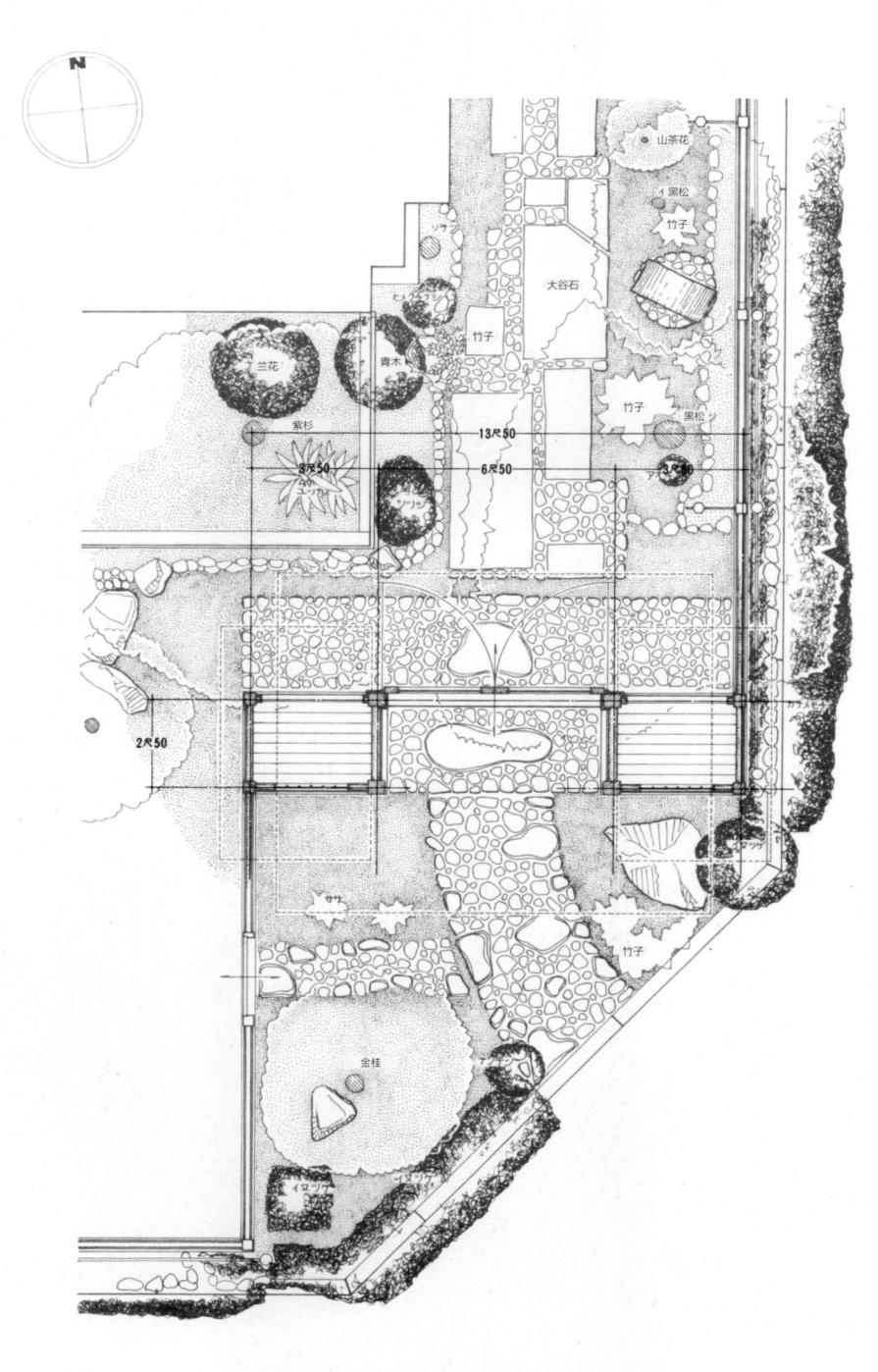

平面图　比例尺1:50

市原邸　实测图

金属帽

正面立体图　比例尺1:50

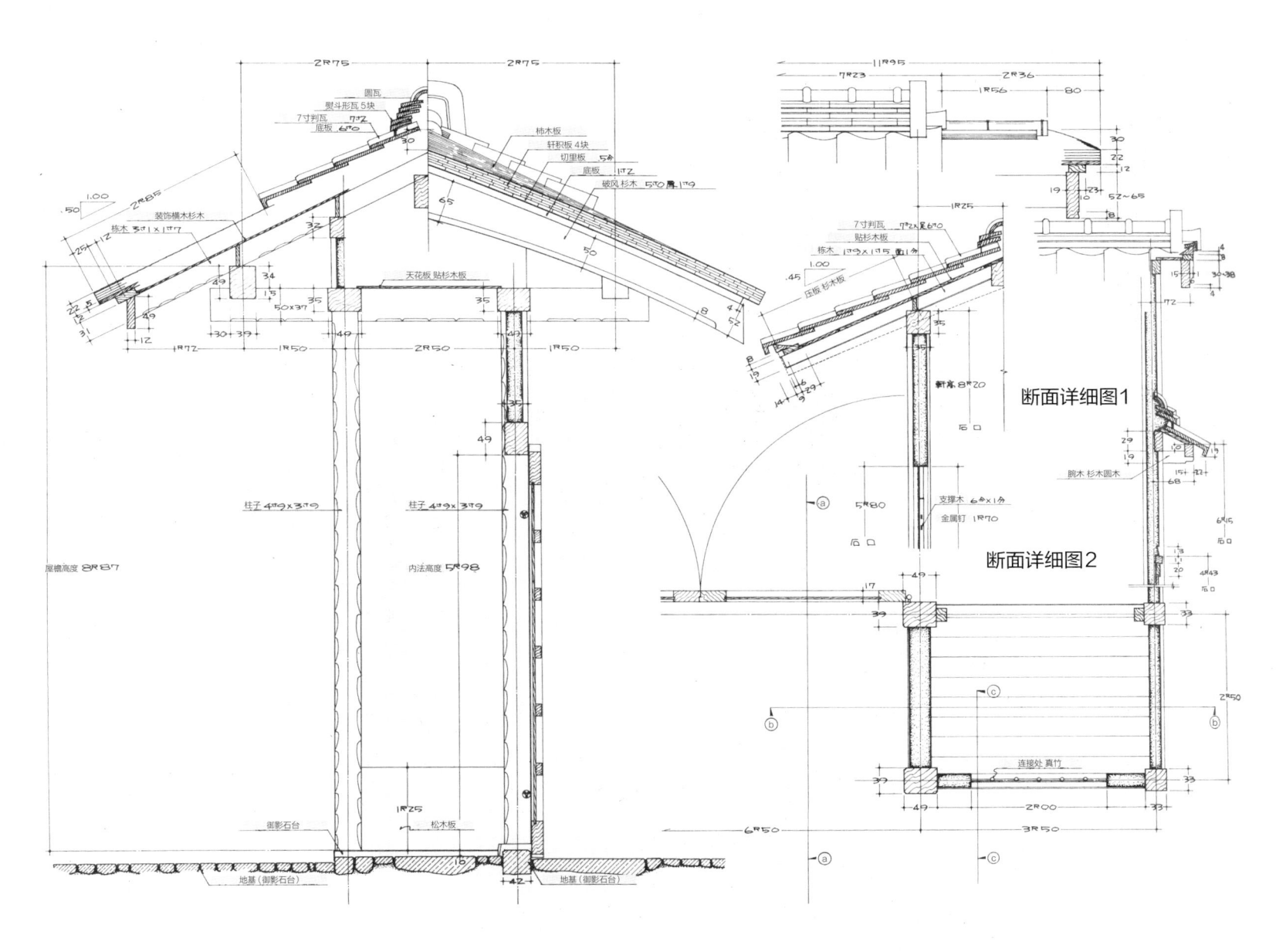

断面详细图1

断面详细图2

断面详细图3　比例尺1:20

平面详细图　比例尺1:20

市原邸　实测图

这座宅子位于京都御室的高级住宅区，占地面积很大，大门的左手边有一道树篱，山茶和枫树展现出美丽的风情。

轻快的大门和两侧的竹板，在周围的绿色的映衬下形成了美丽的景色。铺着小碎石子的前院和古朴的大门的氛围非常协调。大门处设置的灯具也很简朴，散发出一种复古的灯光，极富情趣。

松井邸

- 所有者　松井利一
- 所在地　京都市右京区
- 建造时间　1935年
- 设计、施工　不明

门窗隔扇等的尺寸和材料

双开门

高度	6尺5寸
宽度	3尺1寸
厚度	1寸6分
竖框	固定，不开合的一侧2寸5分 开合的一侧2寸4分
上栈	2寸5分
下栈	2寸5分
横栈	1寸5分
细木	1寸5分
完成	表　竹排 里　杉木板竖板3块

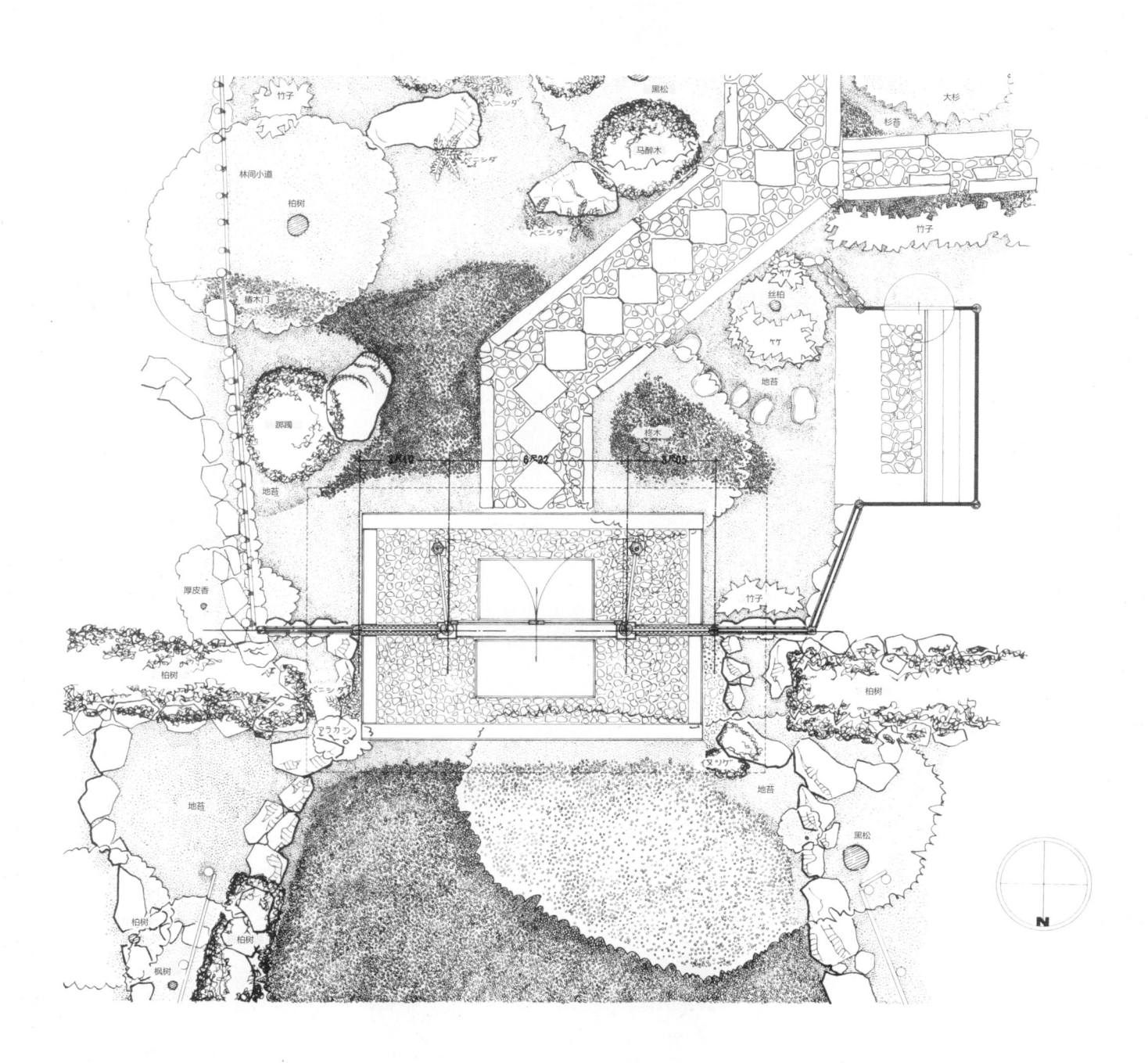

平面图　比例尺1:50

松井邸　实测图

大门内侧

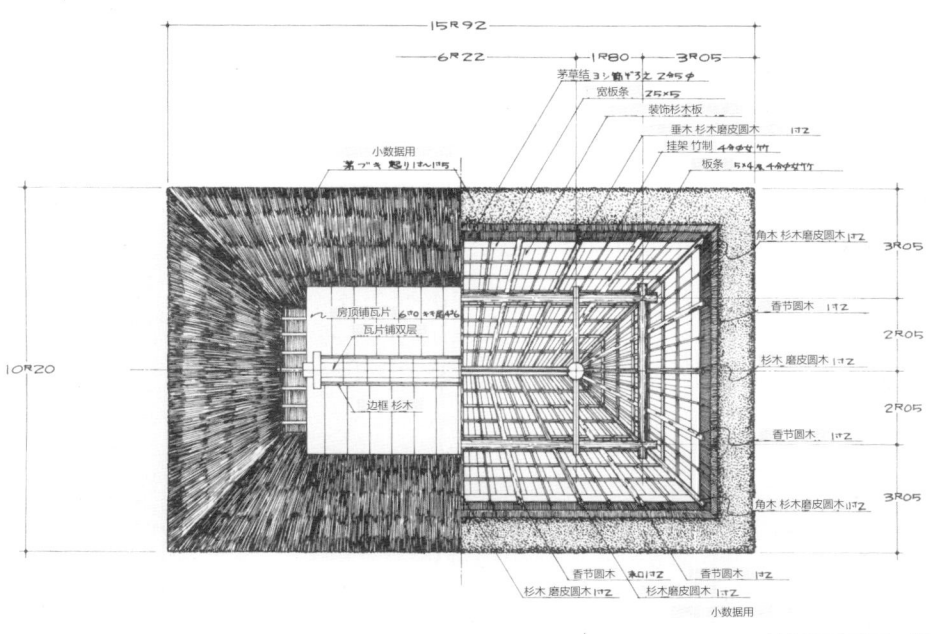

屋顶平面图　比例尺1:50　　　　　　　天花板平面图　比例尺1:50

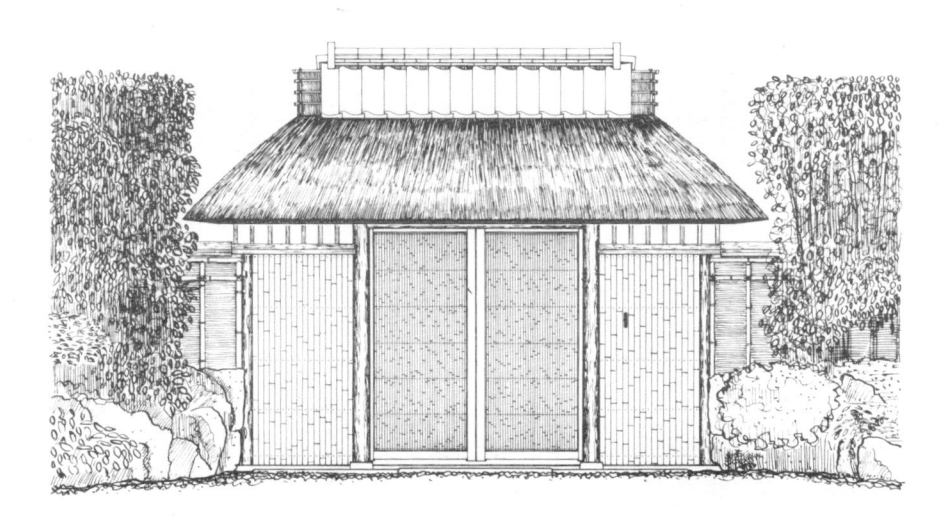

正面立体图　比例尺1:50

松井邸　实测图

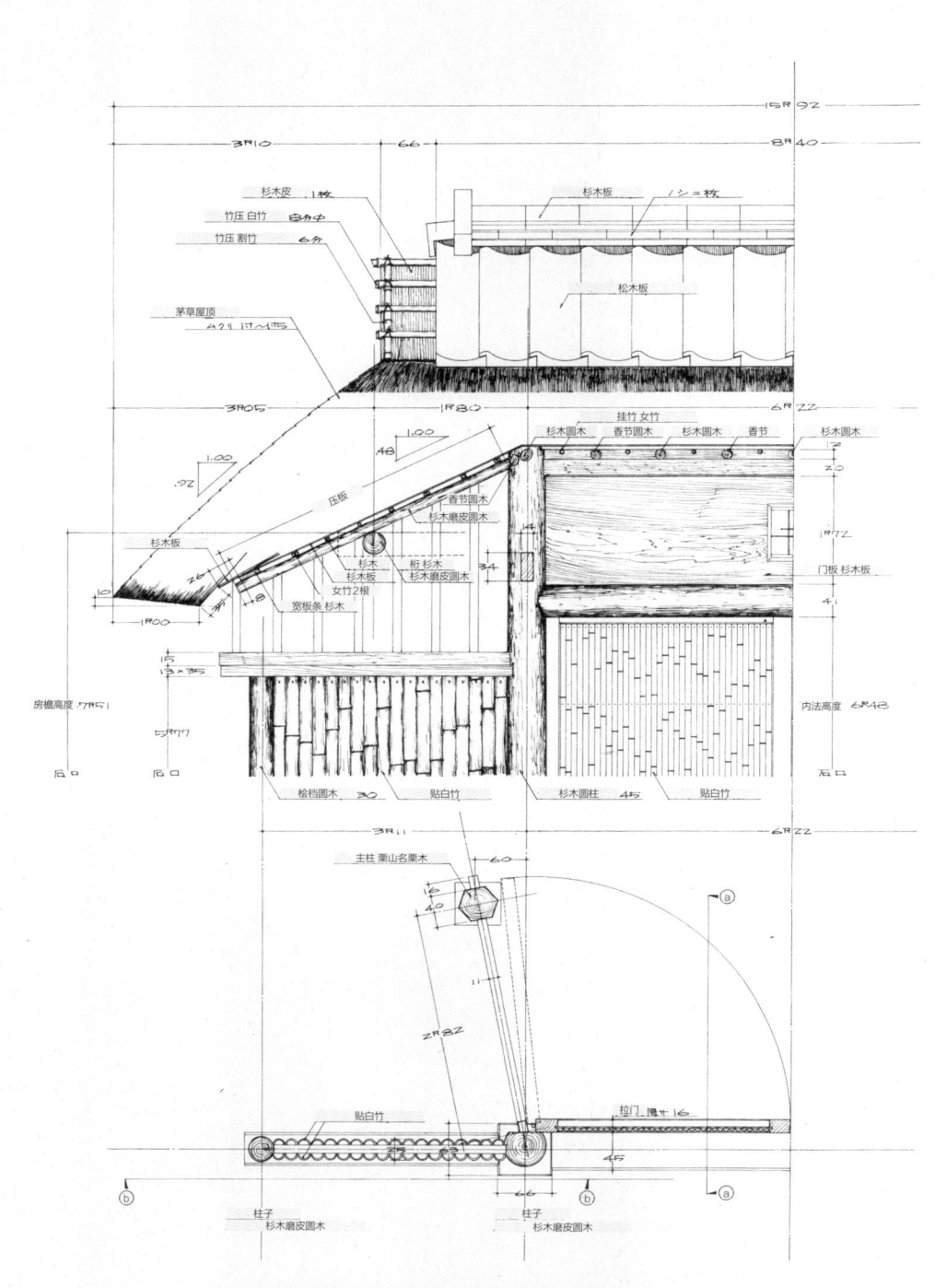

左侧平面详细图及b-b断面详细图　比例尺1:20

松井邸　实测图

门柱　　　　　　　　　　　茅草屋顶上部

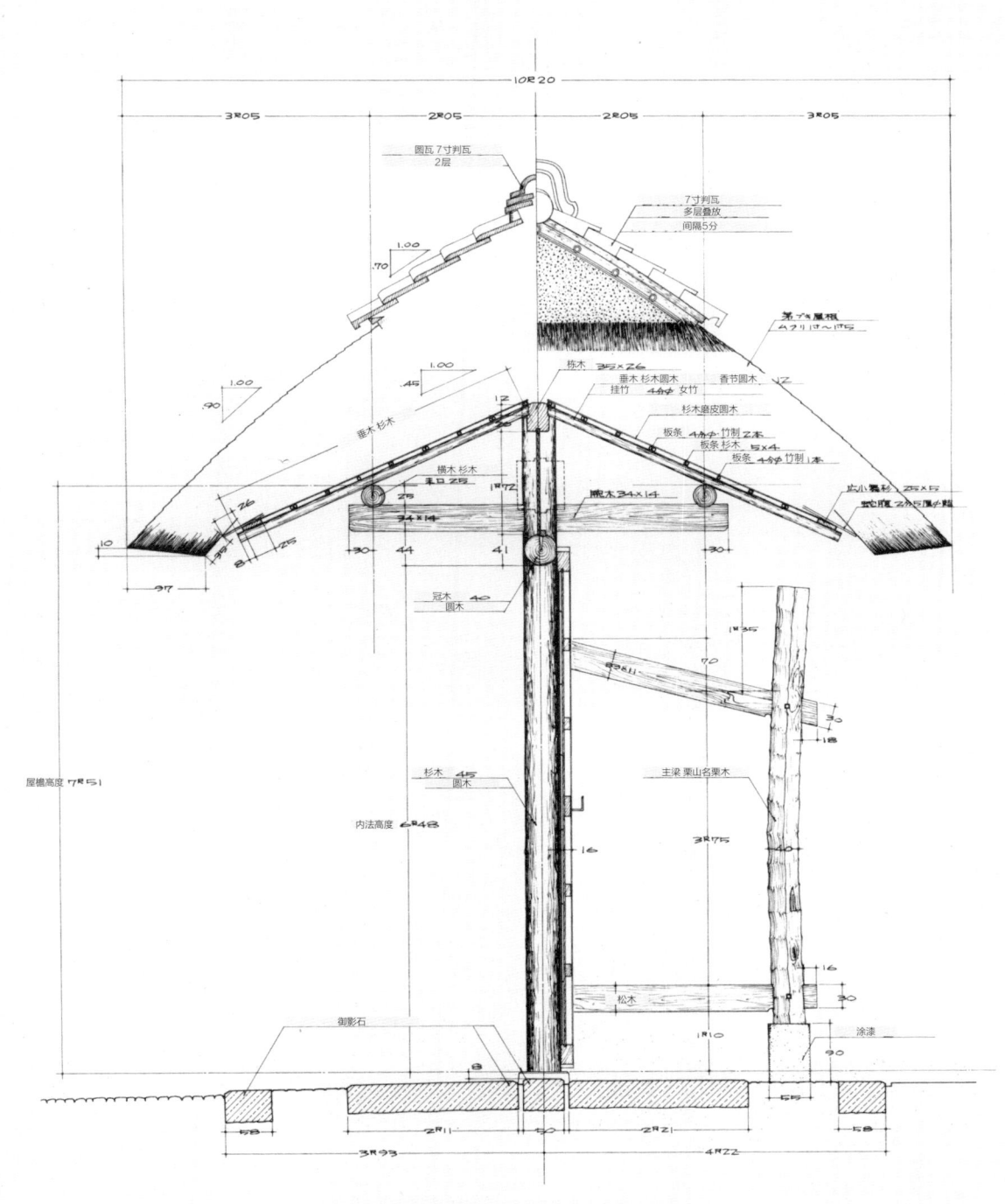

断面详细图　比例尺1:20

松井邸　实测图

门窗隔扇等的尺寸和材料	
双开门	
高度	6尺9寸
宽度	4尺3寸
厚度	2寸
竖框	固定，不开合的一侧3寸9分 5分的圆面 开合的一侧4寸2分
上栈	4寸7分 5分的圆面
下栈	6寸6分 5分的圆面
横栈	3寸
完成	镜面

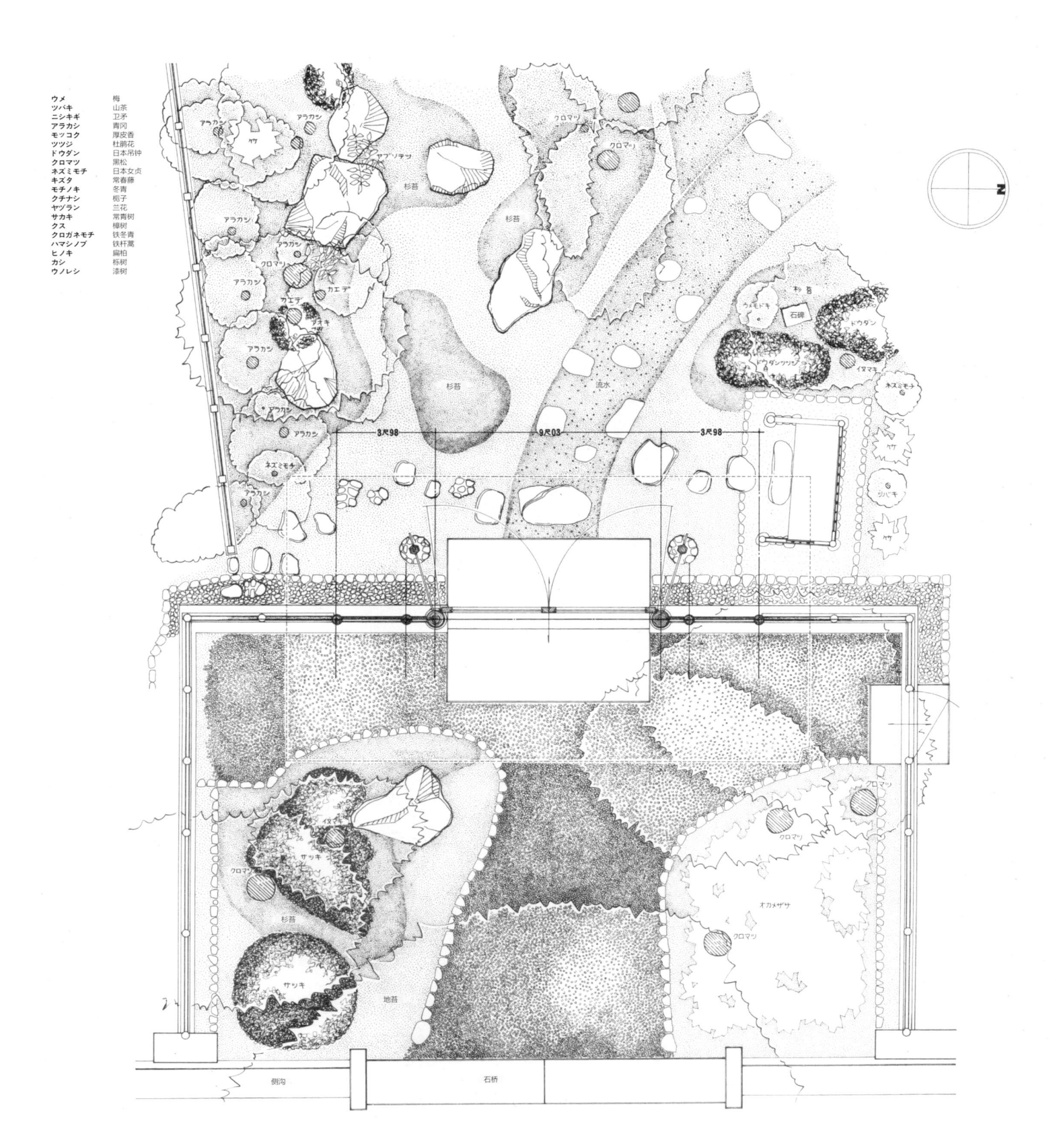

建在芦屋海边别墅区的这座宅邸，周围被松树包围着，形成了一番别致的景色。门的尺寸很大，但受到松树的影响，显得并不突兀。门的各个部分都精益求精，柱子自不必说，就连屋檐、屋顶和顶板的颜色都十分讲究。材料也是经过仔细斟酌才选好的。茅草屋顶和周围的松树显得非常协调，给人以舒适的感觉。

随缘庄

所有者　木下政雄
所在地　兵库县芦屋市
建造时间　1939年
设计　大谷
施工　不明

平面图　比例尺1:50

随缘庄　实测图

大门内侧

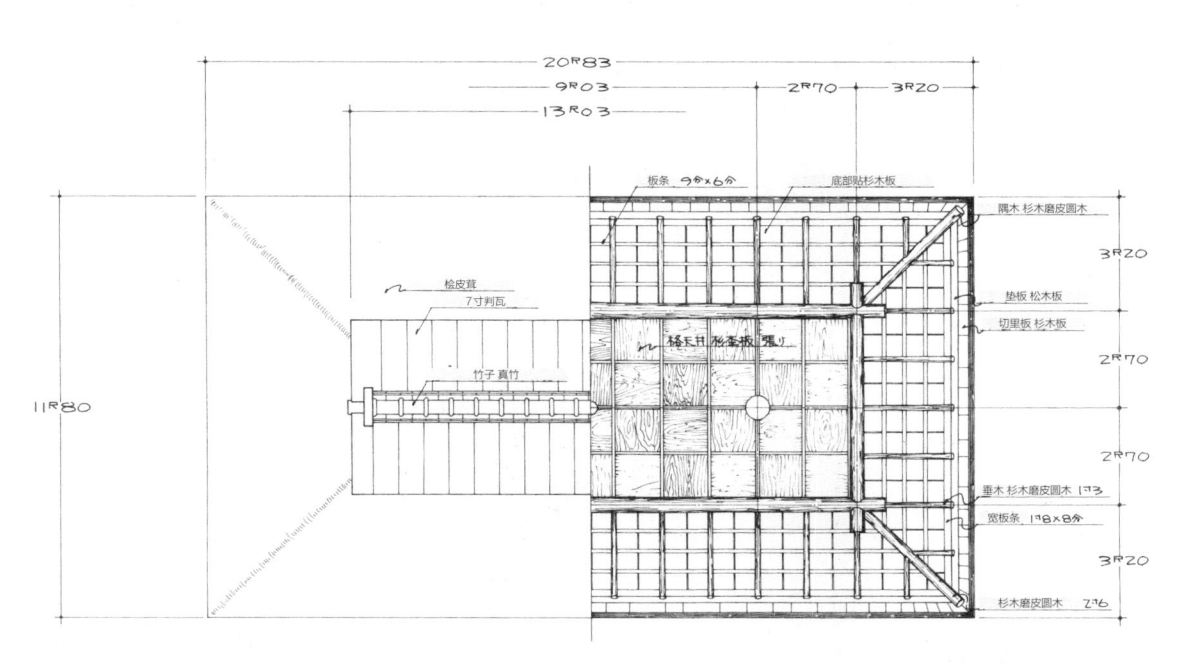

屋顶平面图　比例尺1:50　　　　　　　　天花板平面图　比例尺1:50

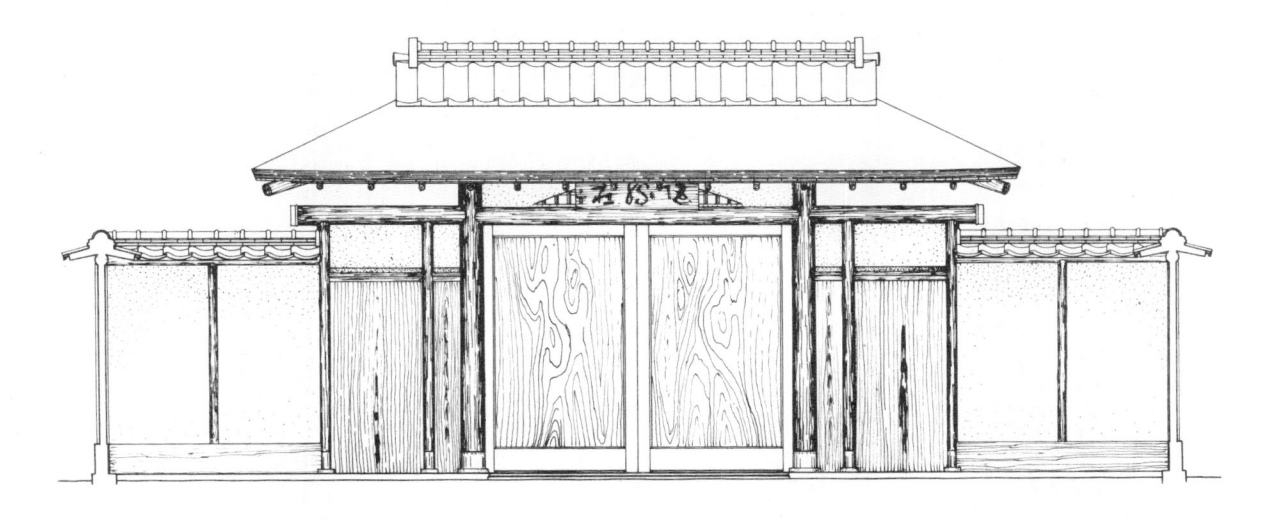

正面立体图　比例尺1:50

随缘庄　实测图

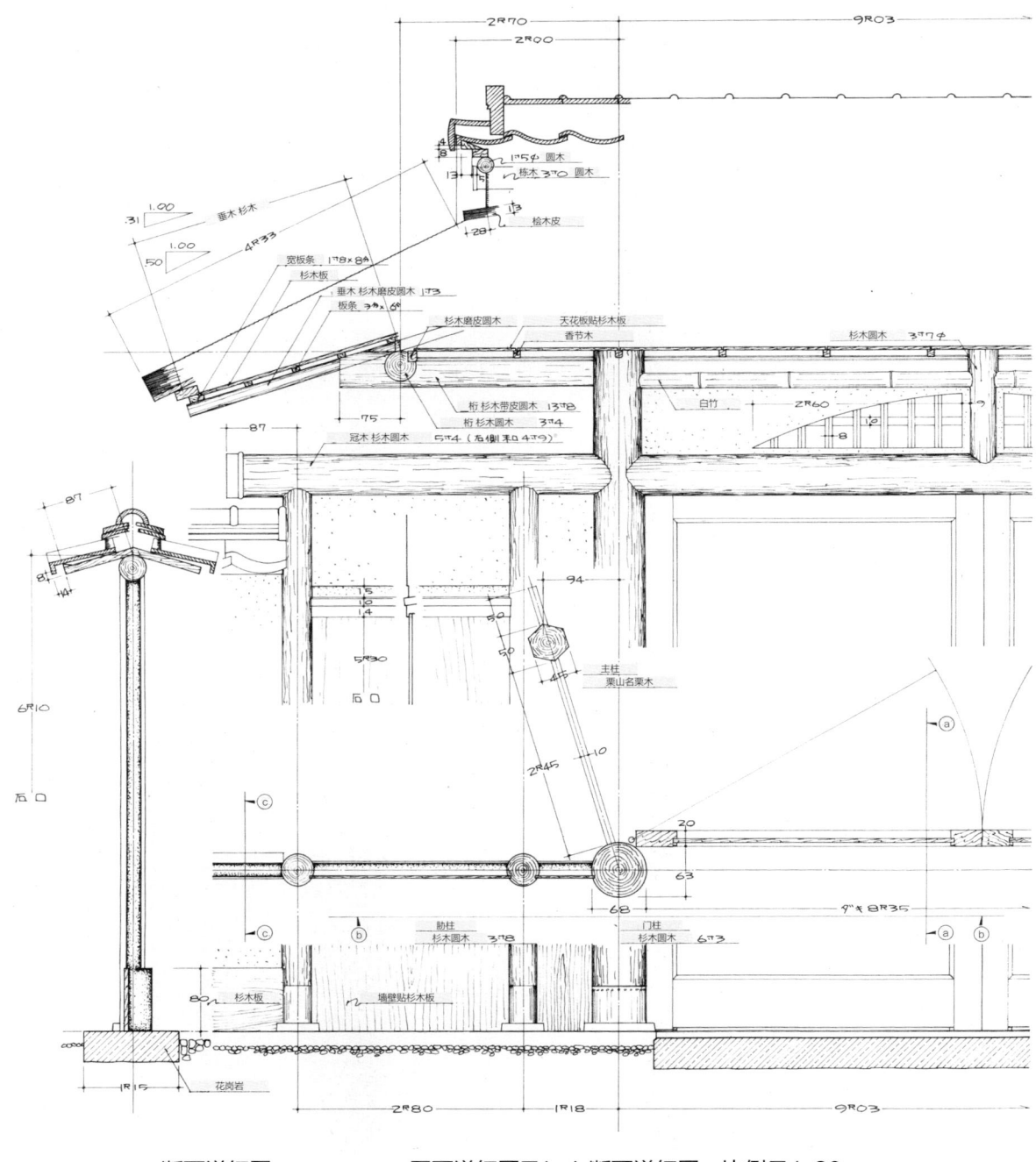

a-a断面详细图　　　　平面详细图及b-b断面详细图　　比例尺1:20

随缘庄　实测图

门柱　　　　　　　　　　　　天花板仰视图

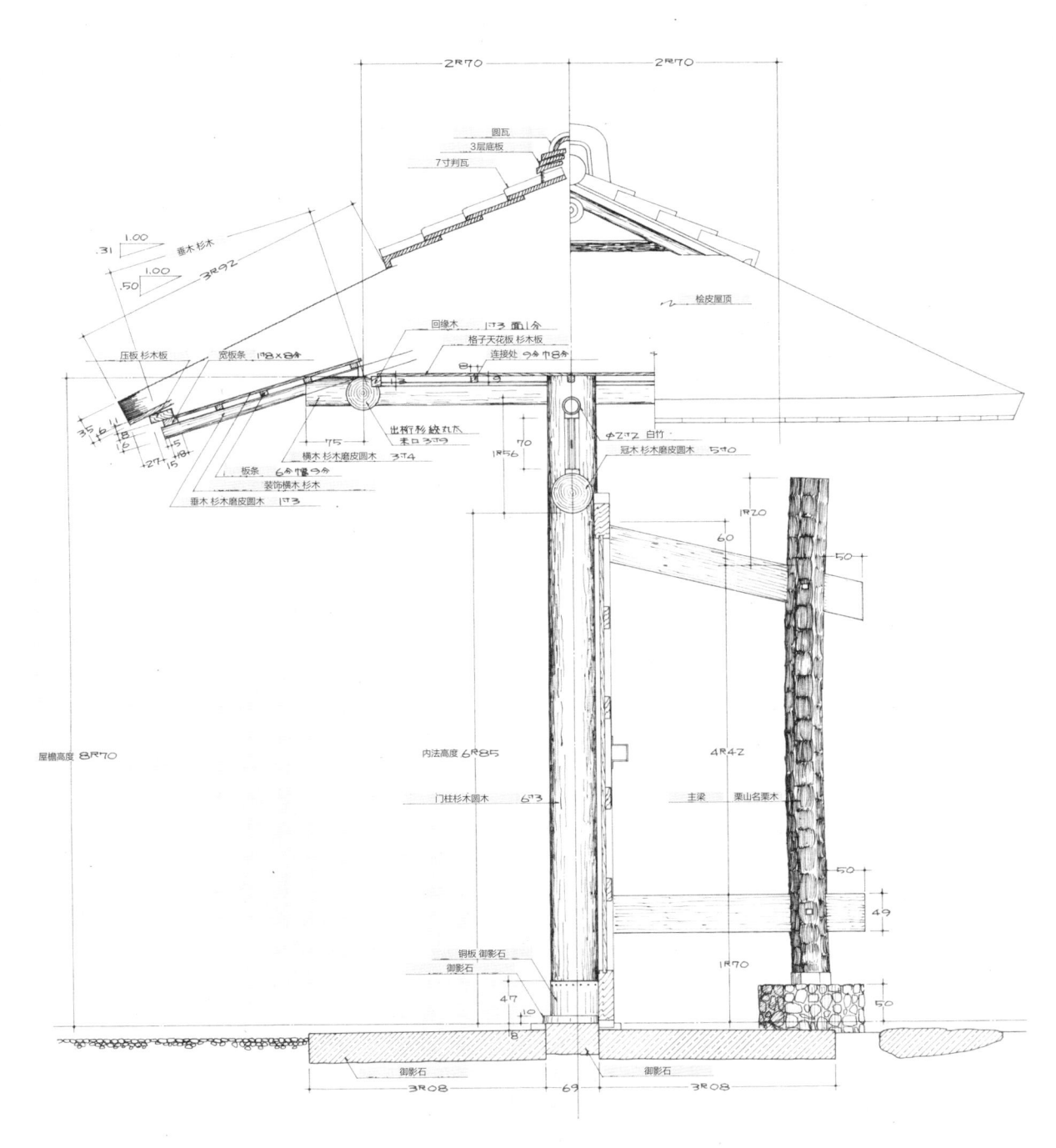

断面详细图　比例尺1:20

随缘庄　实测图

细野邸

所有者 细野史郎
所在地 京都市左京区
建造时间 1939年
设计、施工 熊野公务店

沿着哲学之路而建的这个宅邸，周围用围墙围起来，其中的一角由门和玄关庭院构成。

门很宽、很高，和两侧的围墙很协调。屋檐较浅，屋檐下显得格外明亮，柱子和桁架都选用很大的木料，天花板是用芦苇和竹制成的，墙壁显得很复古，别有一番风情。

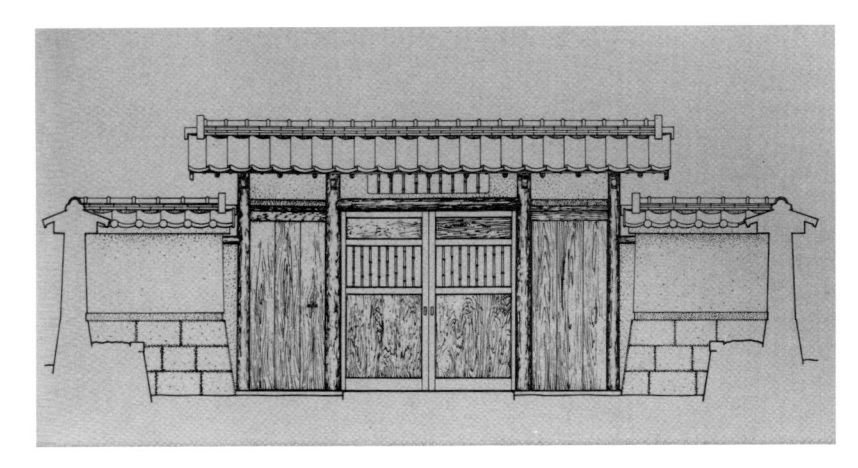

正面立体图　比例尺1∶50

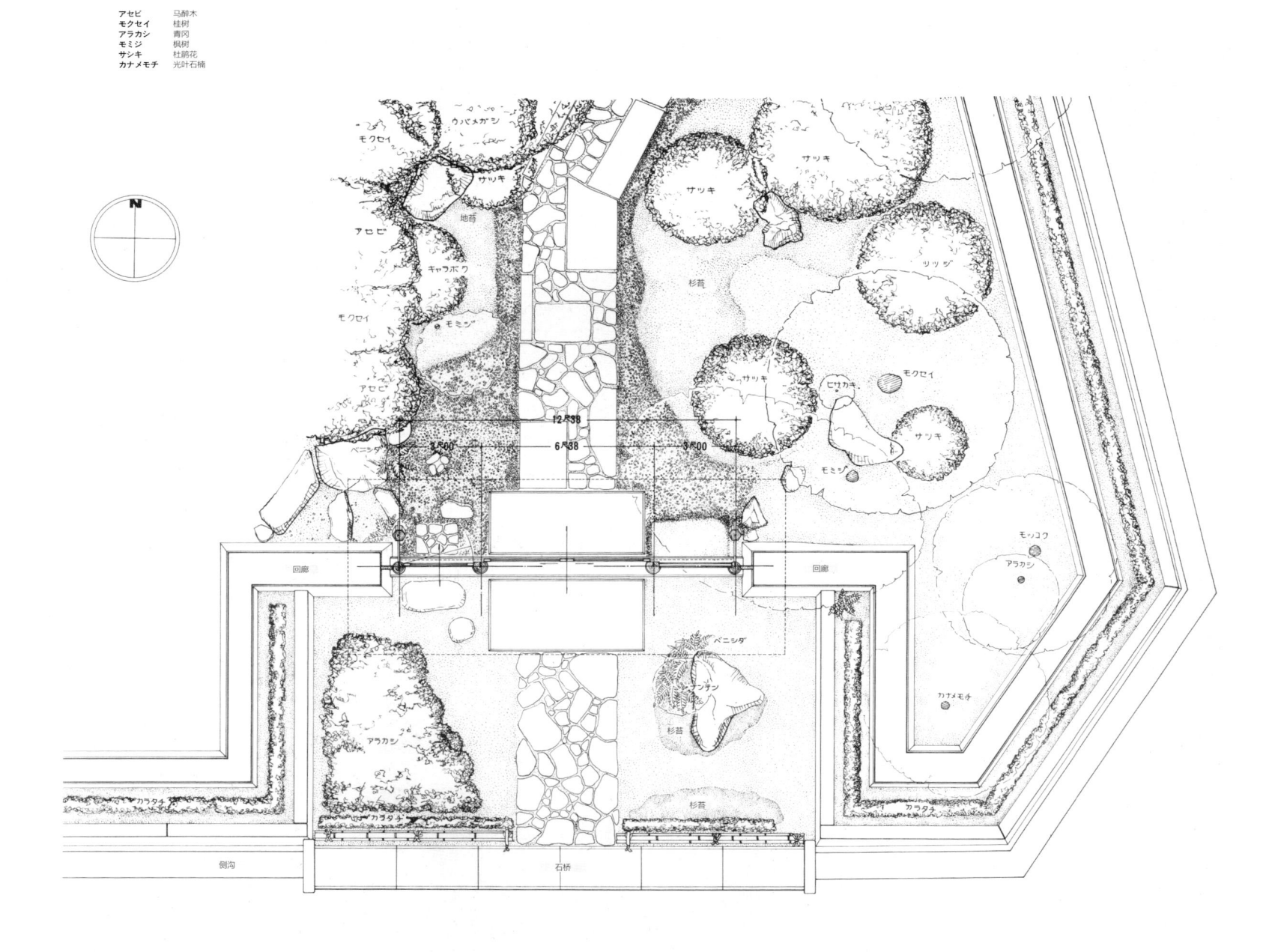

アセビ	马醉木
モクセイ	桂树
アラカシ	青冈
モミジ	枫树
サツキ	杜鹃花
カナメモチ	光叶石楠

平面图　比例尺1∶50

细野邸　实测图

门窗隔扇等的尺寸和材料

	双开门	单开门
高度	6尺2寸	5尺9寸
宽度	3尺9寸	2尺6寸
厚度	9分	1寸3分
竖框	不开合的一侧3寸3分	不固定, 开合的一侧2寸6分
上栈	3寸	2寸3分
下栈	4寸4分	3寸9分
中栈	上2寸8分	下2寸9分
细木	2寸4分×4分	无
完成	上部 杉木板横面 腰板 杉木板横面	表 杉木板 3块 里 杉木板 3块
窗户	里 杉木板 3块	

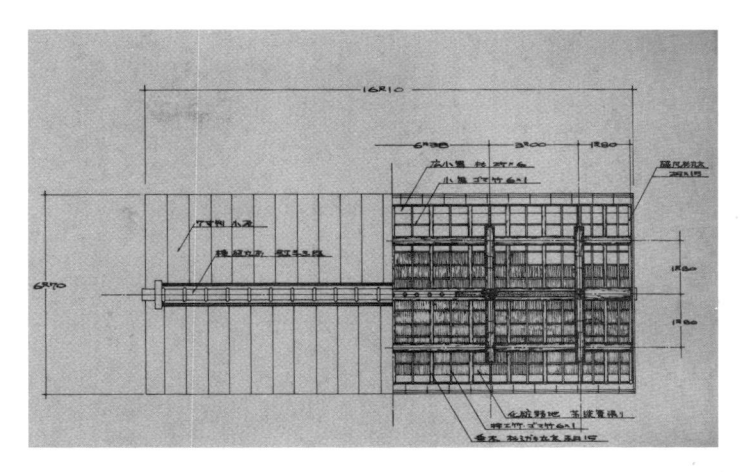

屋顶平图　比例尺1:50

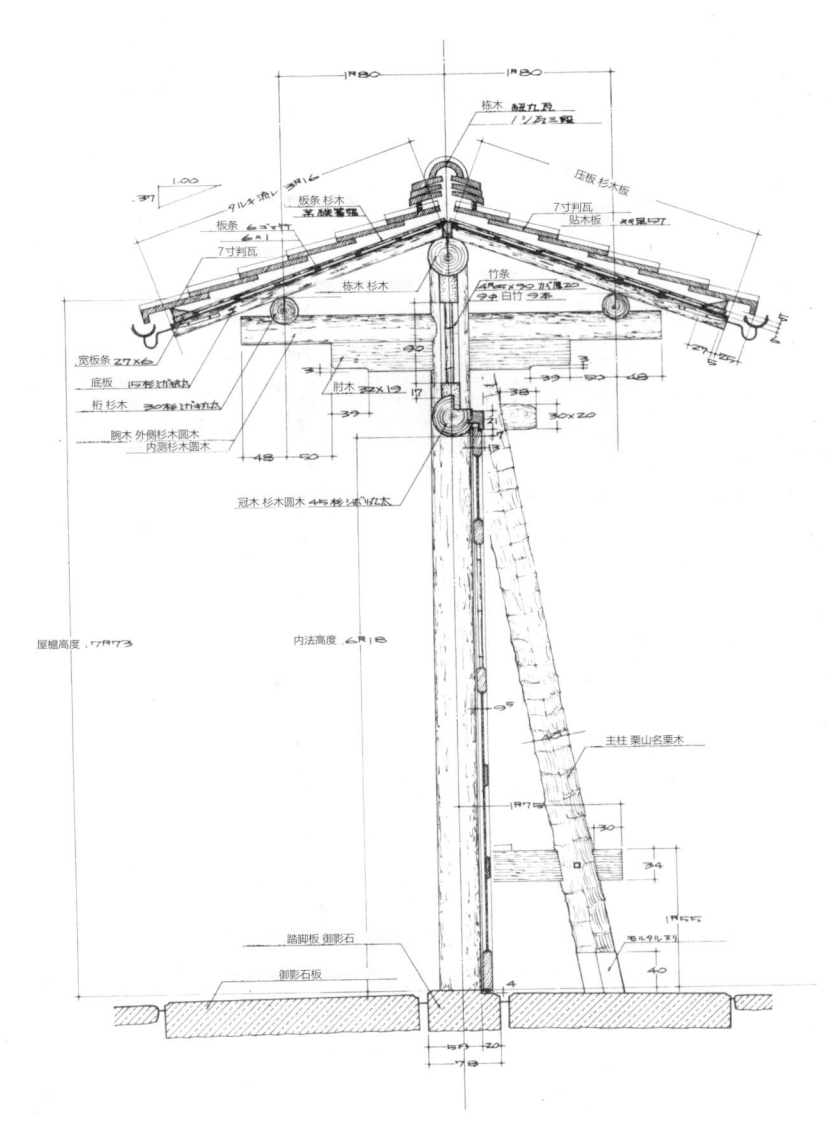

断面详细图3 比例尺1:20

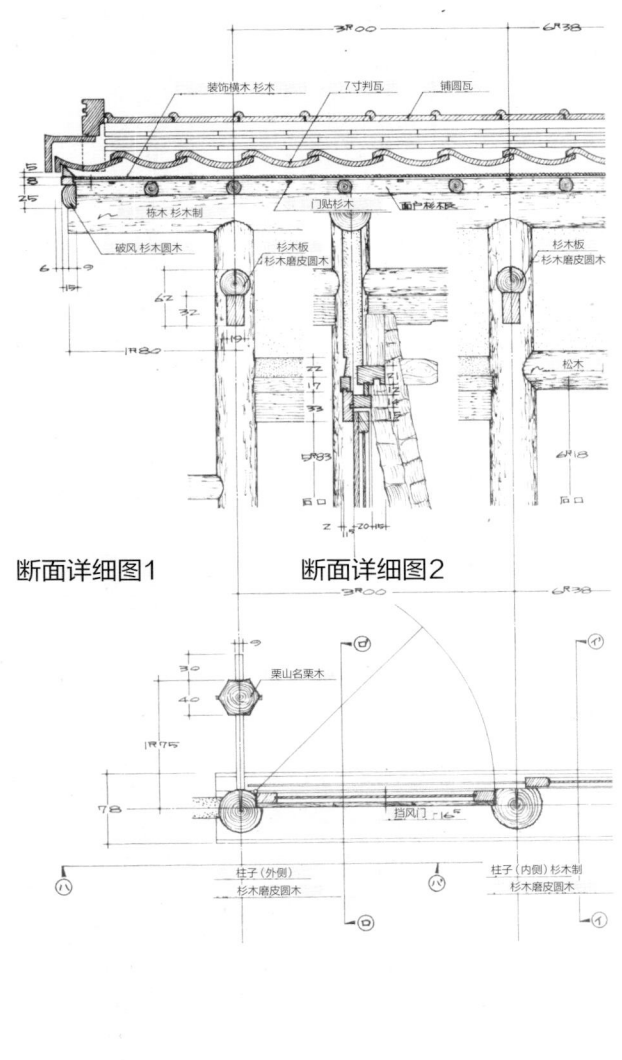

断面详细图1　　断面详细图2

小门附近详细图　比例尺1:20

细野邸　实测图

小峰邸

所有者 小峰完助
所在地 东京都市涩谷区
建造时间 1943年
设计、施工 梅谷

这个宅子建在涩谷的坡地上，门的位置设置在宅子内最低的地方，门前仅有几级石阶。

从大门到玄关都是竹林，这也是大门的重要构成要素。一进小门，就看到有等待室，窗户被有效利用。名栗木的梁、杉木的栋梁和横梁等，虽然格外显眼，但与屋顶的厚重感和从两侧延伸出来的高高的围墙很优美地组合在一起。

门窗隔扇等的尺寸和材料

	双开门	单开门
高度	5尺7寸	3尺9寸
宽度	2尺9寸	1尺7寸
厚度	1寸	1寸
竖框	1寸6分 2分的圆面固定，不开合的一侧1寸2分	开合的一侧1寸5分
上栈	1寸4分 2分的圆面	1寸5分
下栈	2寸5分 2分的圆面	1寸6分
中栈	1寸8分 2分的圆面	
细木	1寸5分	外框7分
完成	杉木板镜面贴	杉木板镜面贴

ニシキギ　卫矛
アラカシ　青冈
モッコク　厚皮香
カエデ　枫树
ツツジ　杜鹃
モクセイ　桂花
キンモクセイ　金桂
アセビ　马醉木
ヒイラギ　柊树

正面立体图　比例尺1:50

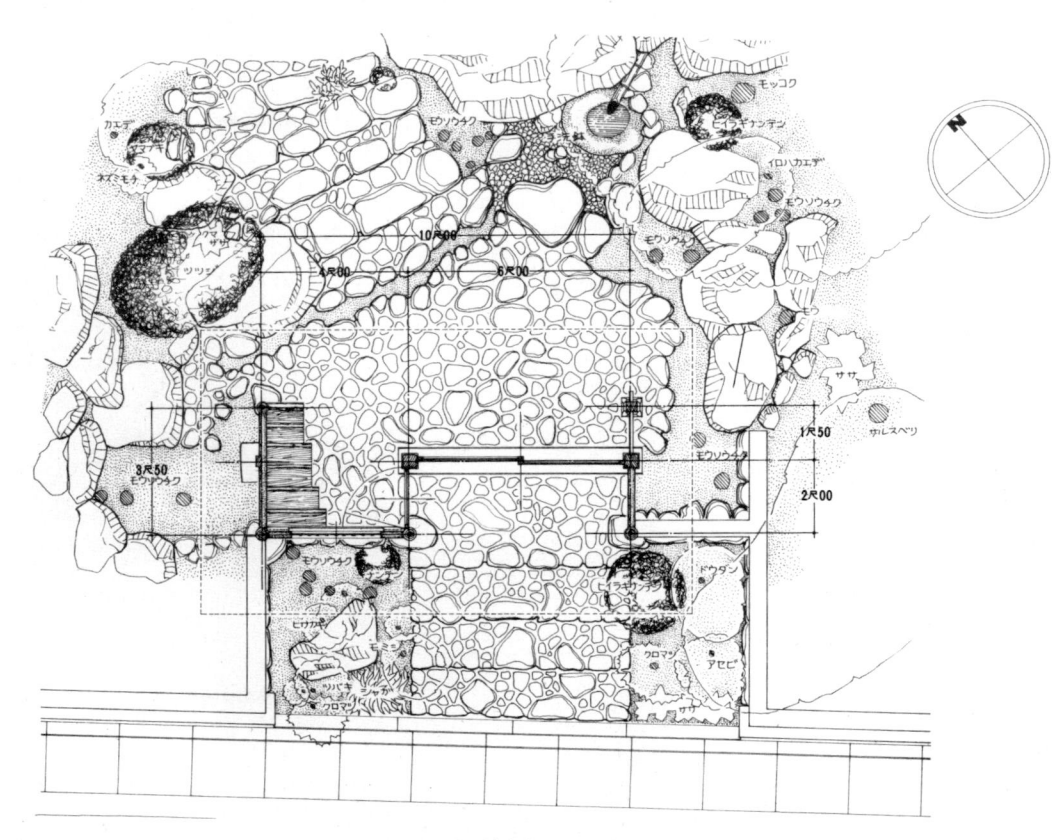

平面图　比例尺1:50

小峰邸　实测图

等候室

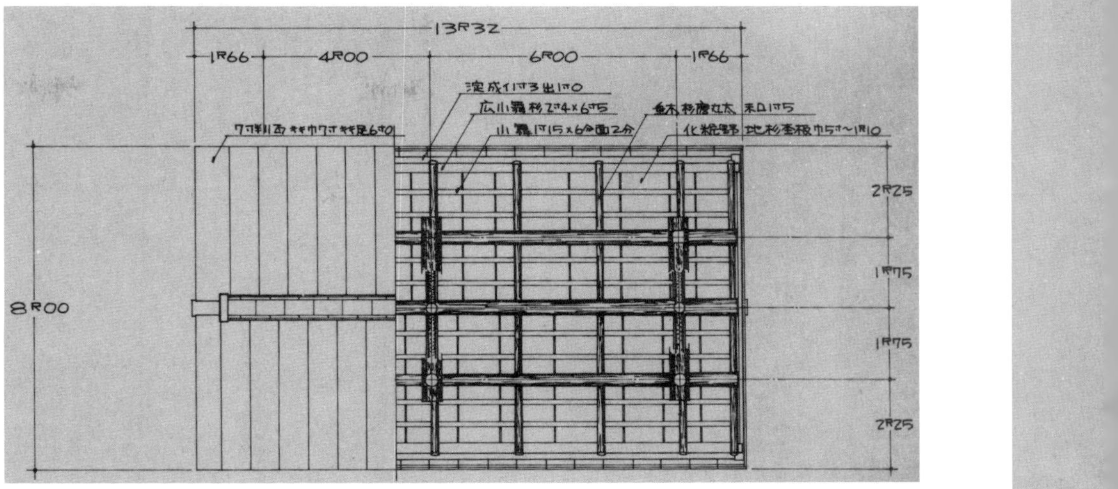

屋顶平面图 比例尺1:50

天花板平面图 比例尺1:50

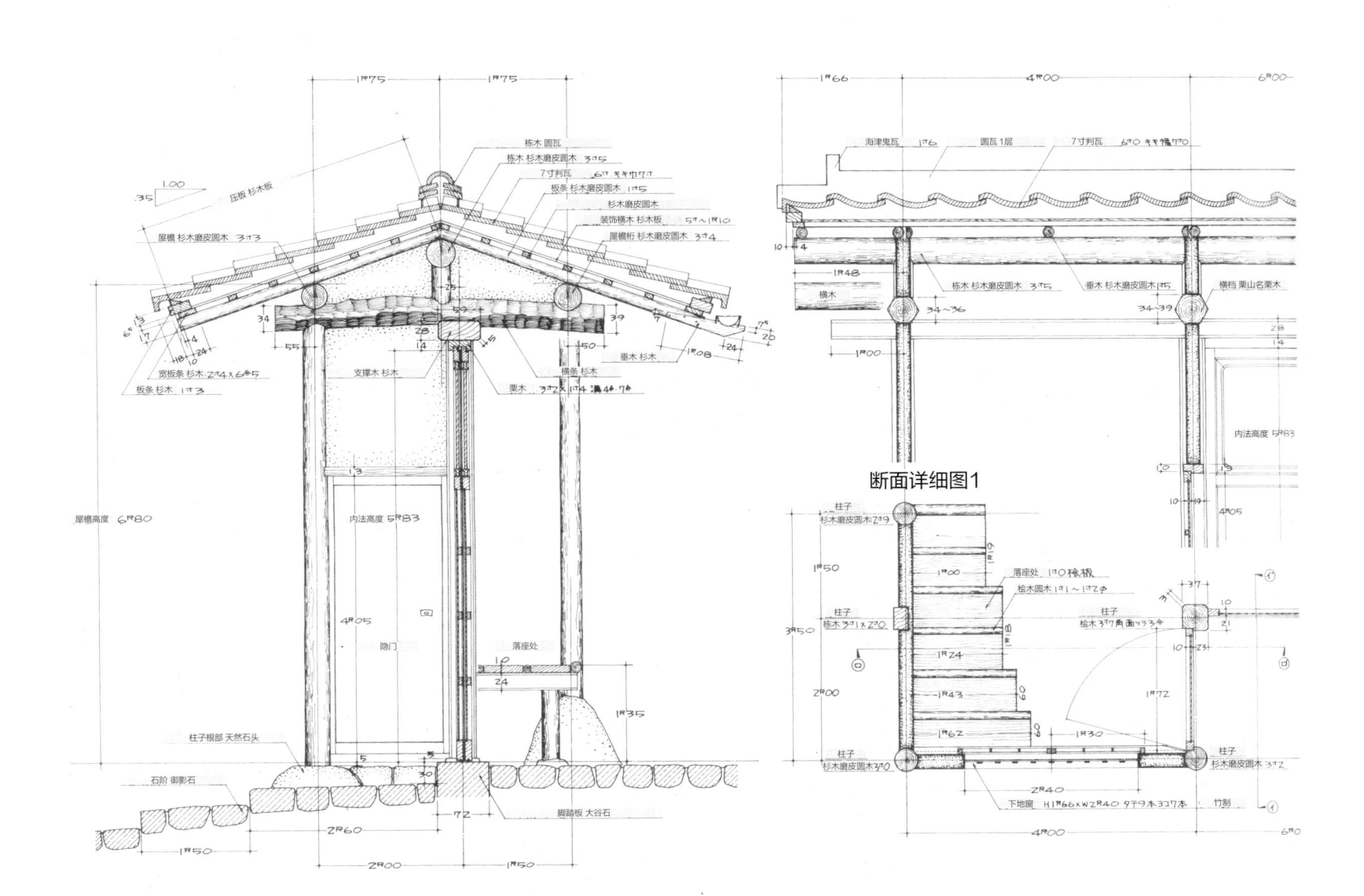

断面详细图2 比例尺1:20

小门附近的详细图 比例尺1:20

小峰邸 实测图

高田邸

所有者 高田寅之助
所在地 东京都市左京区
建造时间 1940年
设计、施工 不明

该宅邸建在东南方角地。宅子的建筑结构是，从大门到玄关，从茅草屋顶到主屋的陡坡屋顶，逐渐升高，是值得一看的建筑。

宅邸大门是长屋门风格，与两侧的围墙和后方的主屋保持着恰到好处的平衡。木头部分全部涂成黑色，突出墙壁的白色。柱子是磨过的，门楣也磨成面皮（柱子的四个方向留有树皮的一种风格）风格，让方木的硬度感有所缓和。

门窗隔扇等的尺寸和材料		
	单推门	单拉门
高度	6尺7寸	6尺7寸
宽度	4尺7寸	4尺7寸
厚度	1寸1分	1寸1分
竖框	1寸6分	2寸3分
上栈	2寸1分	3寸1分
下栈	2寸3分	3寸8分
细木	外框1寸4分×厚度7分	
竖押	9分×1分	
竖条	外框宽1寸	
横条	外框宽1寸	

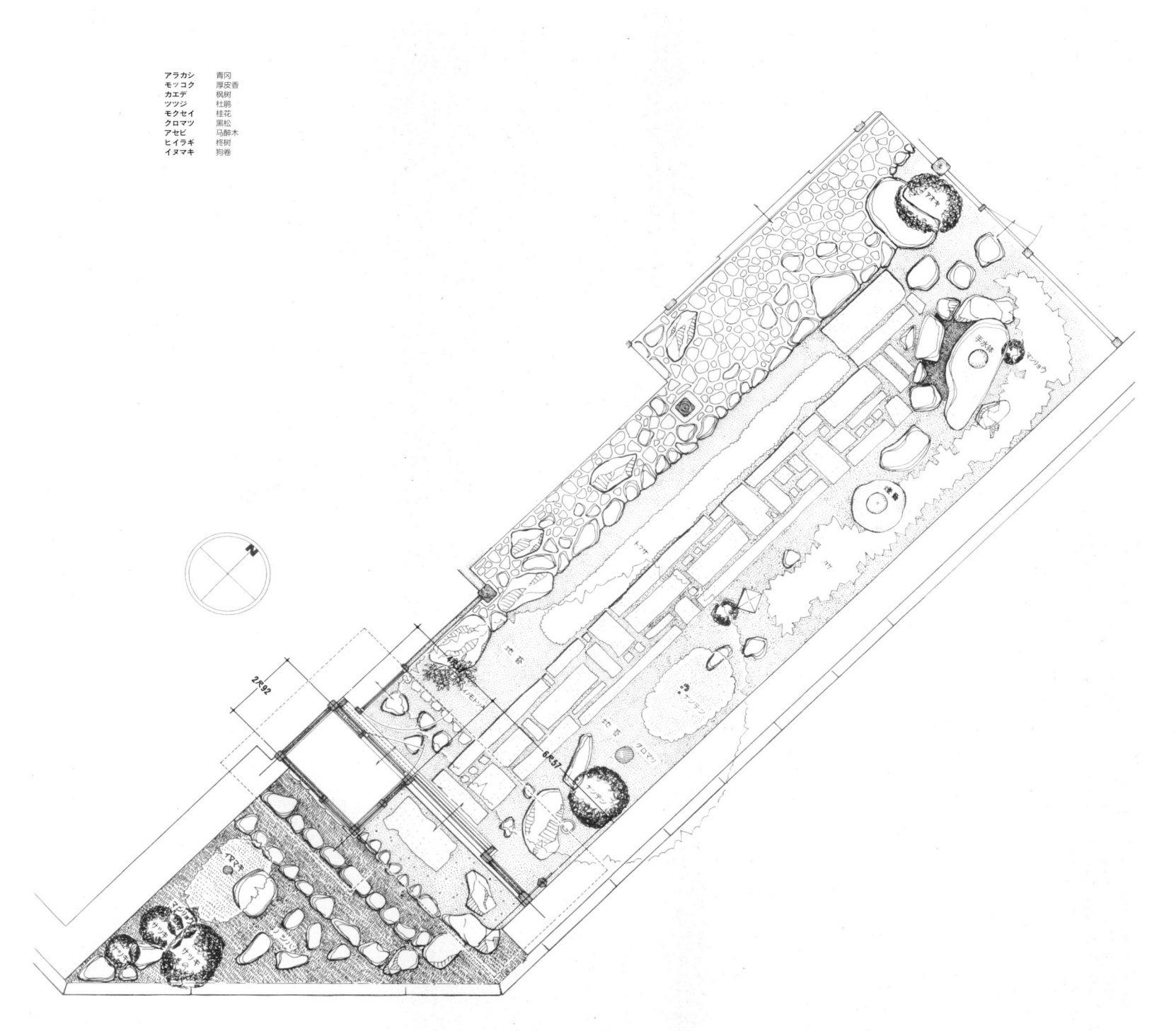

アラカシ　青冈
モッコク　厚皮香
カエデ　枫树
ツツジ　杜鹃
モクセイ　桂花
クロマツ　黑松
アセビ　马醉木
ヒイラギ　柊树
イヌマキ　狗卷

平面图　比例尺1:50

高田邸　实测图

门柱　　　　　　　采光窗　　　　　　　正面立体图　比例尺1:50

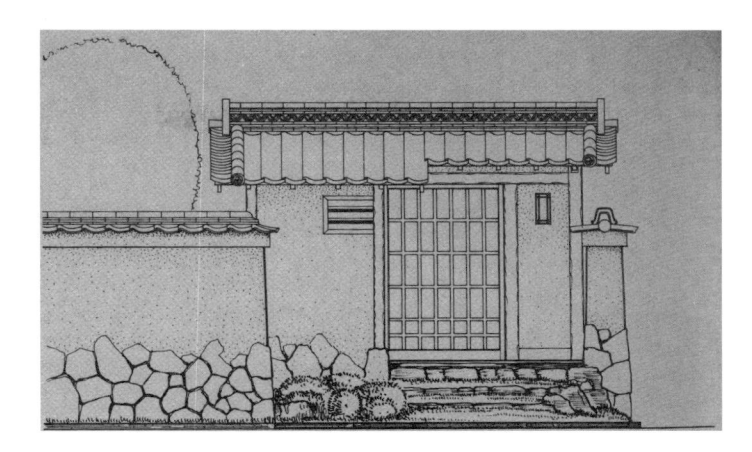

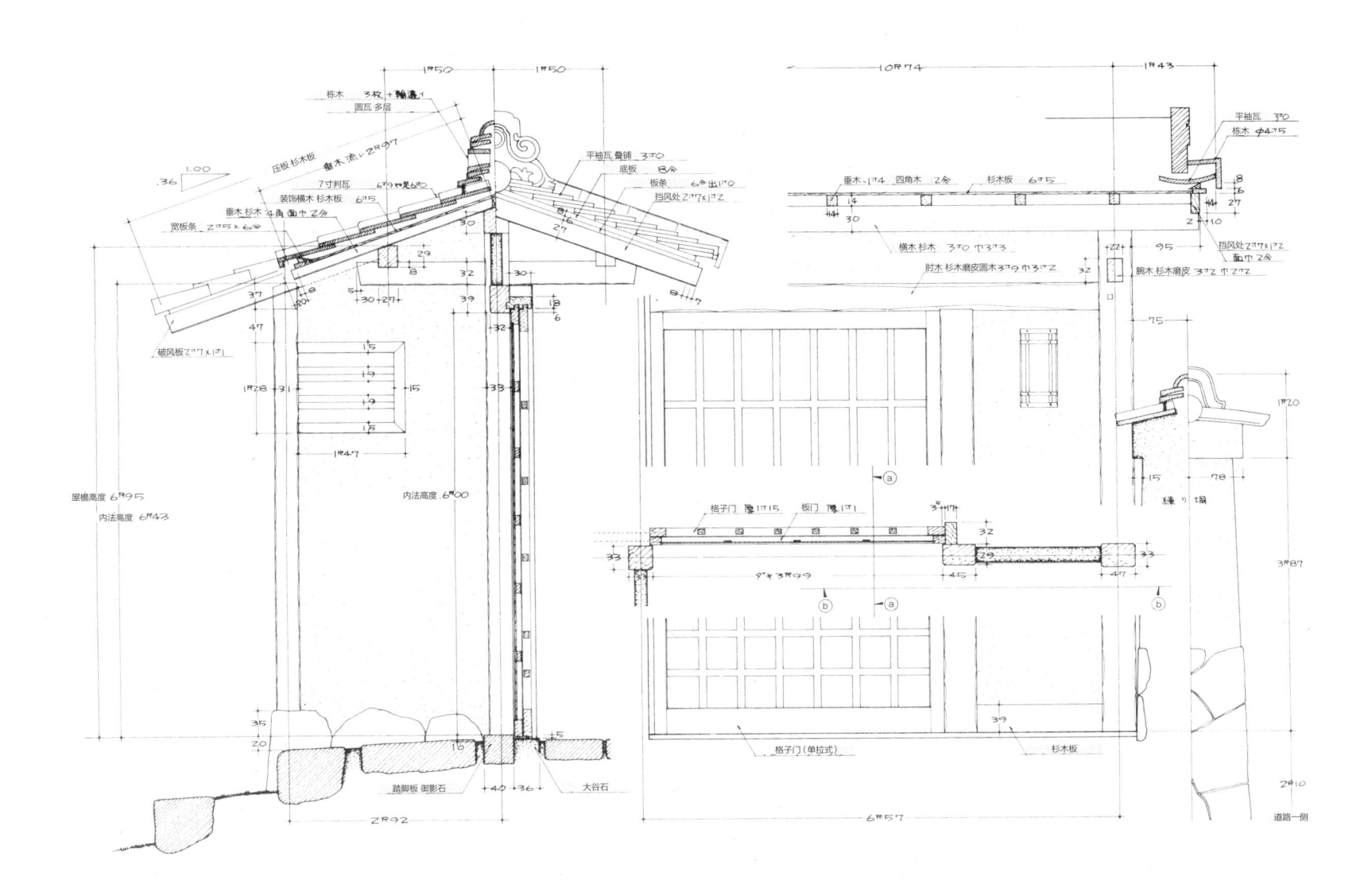

a-a断面详细图　比例尺1:20　　　　　　平面详细图及b-b断面详细图　比例尺1:20

高田邸　实测图

	櫻木邸
所有者	櫻木平八
所在地	東京都三鷹市
建造时间	1941年
设计	土肥
施工	不明

这扇门位于幽静的住宅区一角，虽然是一扇很高的门，但在细节上却相当别出心裁。柱子和上门框上的横木处被修整过的痕迹毫无保留地展现出来，显得别有韵味。门窗隔扇使用名栗木，腰板的宽木也使用了有明显木纹的木板。天花板上的木板被磨得很光滑，整体上洋溢着闲适的气氛。两边的侧门和树篱也是构成门的重要因素。

门窗隔扇等的尺寸和材料		
	双开门	单开门
高度	6尺1寸	4尺8寸
宽度	2尺5寸	2尺4寸
厚度	1寸5分	1寸
竖框	1寸9分	1寸6分
上栈	2寸5分	1寸9分
下栈	3寸2分	2寸1分
中栈	1寸5分	
细木	外框宽1寸2分×厚度5分	外框宽1寸5分×厚度5分
竖条	外框宽6分×厚度8分	
横条	外框宽6分×厚度3分	
固定	表 外框宽5分×厚度3分 里 外框宽7分×厚度1分	
完成	杉木板2块	

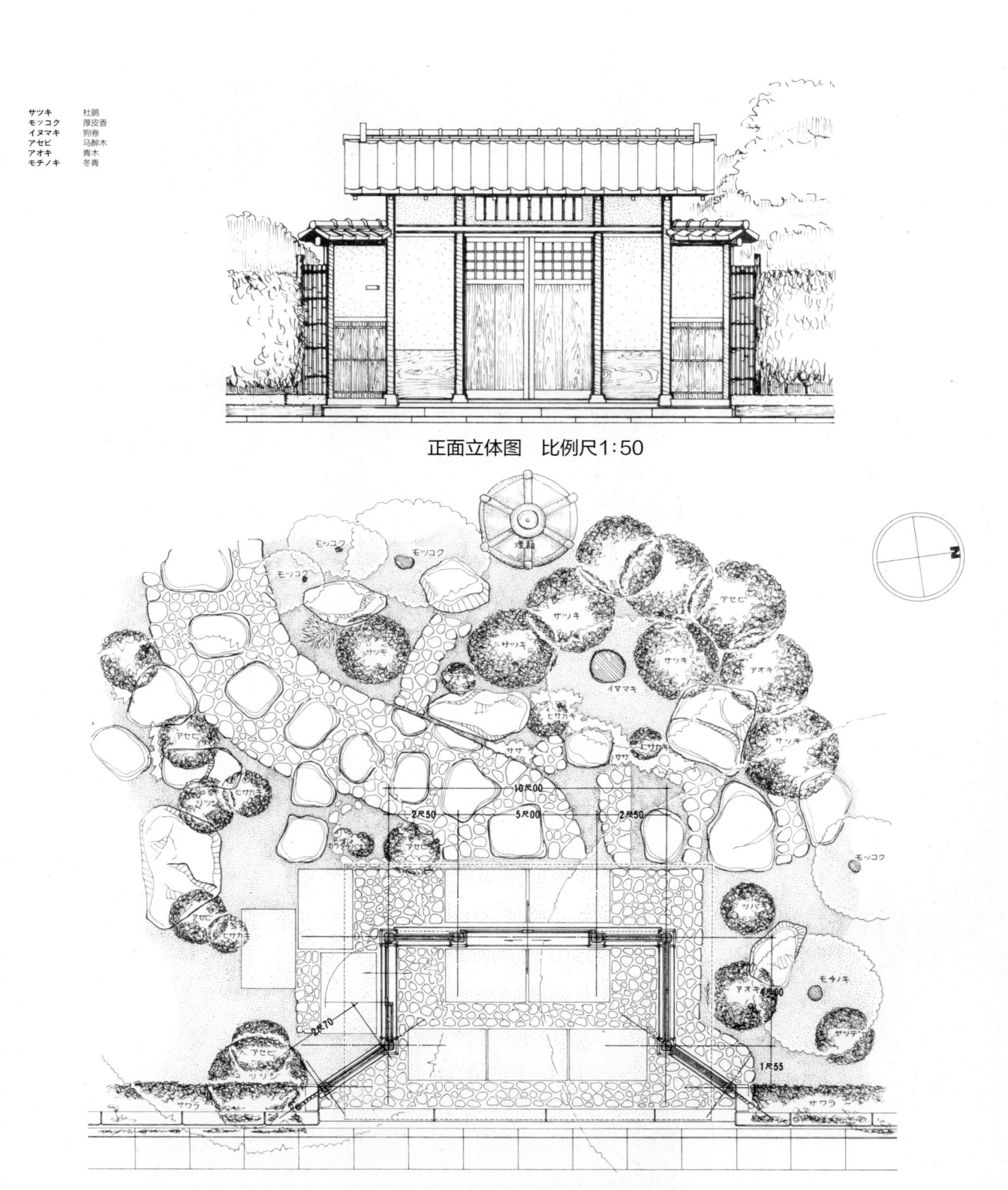

サツキ 杜鹃
モッコク 厚皮香
イヌマキ 狗卷
アセビ 马醉木
アオキ 青木
モチノキ 冬青

正面立体图　比例尺1:50

平面图　比例尺1:50

樱木邸　实测图

小门

单推门格子部分

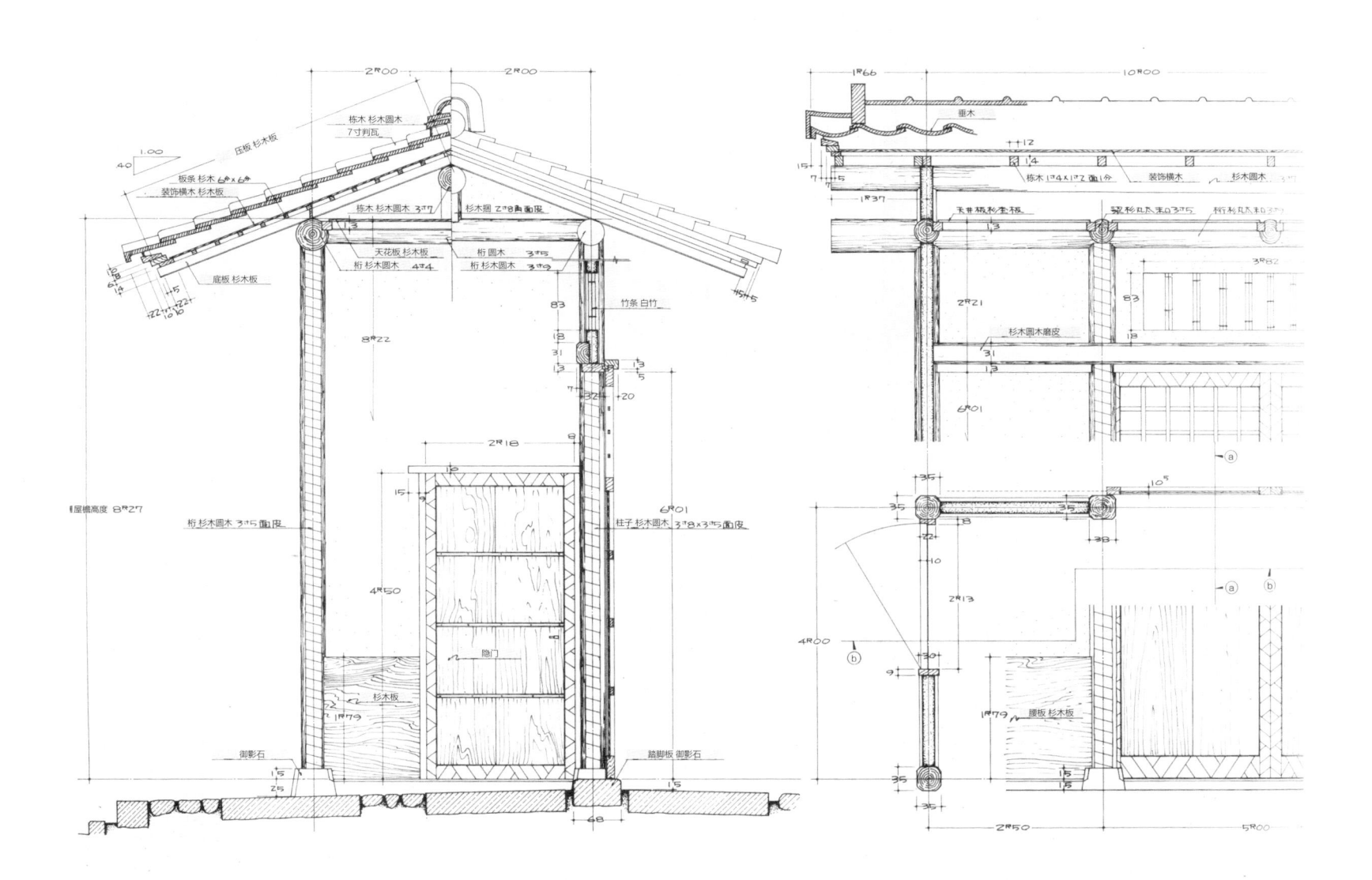

a-a断面详细图　比例尺1:20

平面详细图及b-b断面详细图　比例尺1:20

樱木邸　实测图

日本建筑集成　数寄屋门		

坂本邸

所有者　坂本伸夫
所在地　东京都世田谷区
建造时间　1941年
设计　大成建设
施工　不明

该宅邸建在可以眺望多摩川的地方。宅邸两侧延伸着的大谷石的石墙上长满了老树，更加衬托出大门的气派。以门为中心的左右不对称的地方很有趣。格子门右手边墙壁上开着的窗户格外有特色。从柱子、桁架、横梁到椽子等都采用较为纤细的木材。木制的结构和墙壁的配置、格子门等给人明亮和轻快的感觉，缓和了瓦屋顶的重量感。

一进门就是石阶，走过台阶就是玄关庭院，高大的树木下飞石小路蜿蜒，有着别样的情趣。大门和周边的景观完美融合在一起。

门窗隔扇等的尺寸和材料

	单拉门	单开门
高度	5尺8寸	5尺3寸
宽度	3尺4寸	2尺2寸
厚度	19分	1寸
竖框	1寸9分 固定,不开合一侧1寸5分	不固定,开合1寸4分
上栈	1寸5分　1寸8分	
下栈	3寸　2寸8分	
竖条	外框宽1寸×厚度8分	外框宽1寸×厚度3分
贯	外框宽1寸×厚度3分	外框宽1寸×厚度1分
透板	外框宽2寸9分×厚度3分	外框宽2寸9分×厚度1分

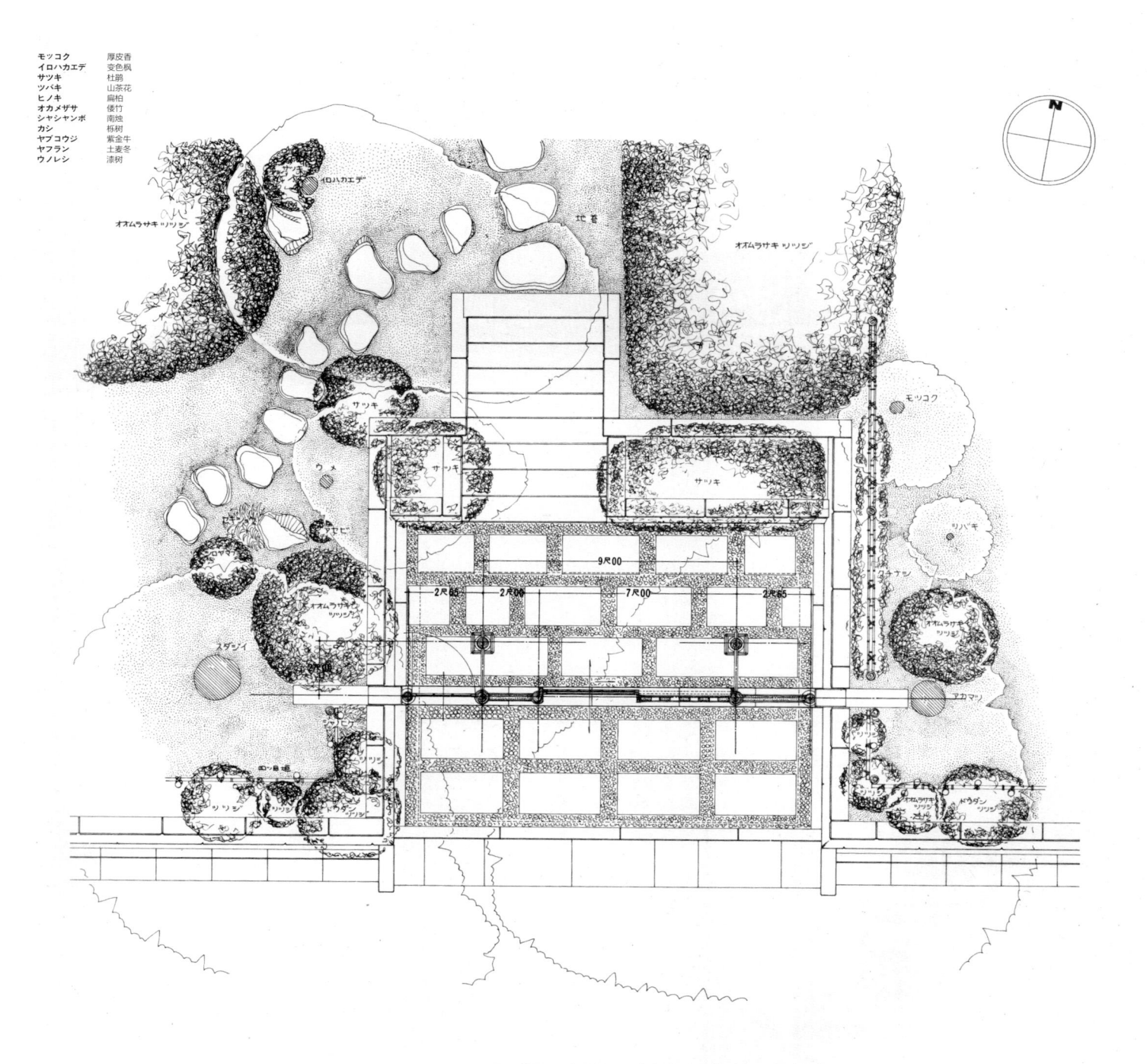

平面图　比例尺1:50

坂本邸　实测图

大门内侧

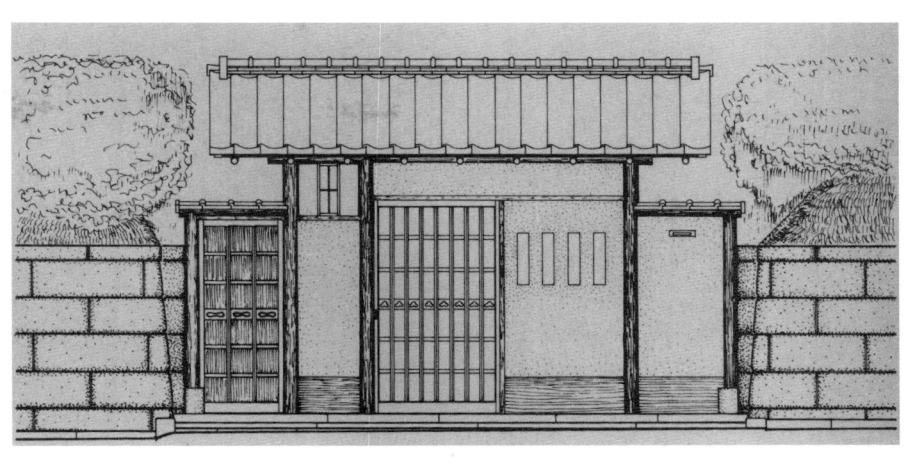

正面立体图　比例尺1:50

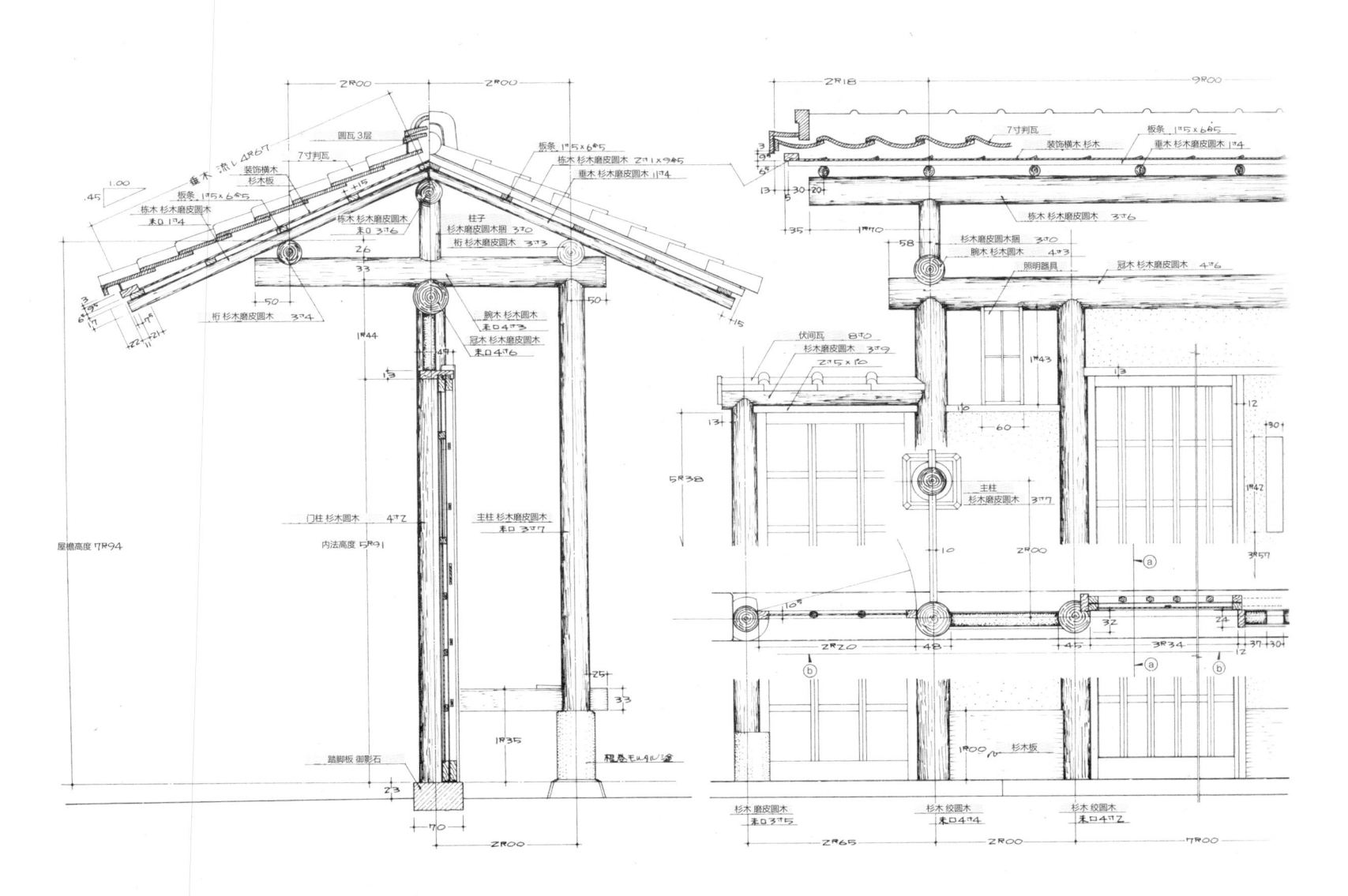

a-a断面详细图　比例尺1:20

平面详细图及b-b断面详细图　比例尺1:20

坂本邸　实测图

北村邸

所有者 北村谨次郎
所在地 京都市上京区
建造时间 1942年
设计·施工 北村舍次郎

该宅邸位于鸭川的西边，在广阔的用地内，主屋是典型的数寄屋风格。在该宅邸可以眺望东山的山峰。宅邸内还设置有露地，茶道氛围浓厚。

该宅邸是长屋门式的数寄屋建筑，让人产生一种错觉，仿佛从大街上就已经开始是露地的空间了。让人沉浸在茶的世界。坐在宅邸的等候席上抬头一看，是漂亮的竹席铺成的天花板，宽敞的空间给人一种凉爽的感觉。双层格子闭合拉窗以及纸拉门腰板上的木纹都非常美观。宅邸的正门的特征与整座宅邸的氛围相称，可以说设计得非常巧妙。

门窗隔扇等的尺寸和材料

	双开门	单拉门
高度	5尺5寸	5尺2寸
宽度	3尺3寸	3尺2寸
厚度	1寸5分	1寸
竖框	柱付2寸5分 内侧2寸	2寸3分
上栈	2寸4分	2寸2分
下栈	2寸7分	2寸9分
中栈	2寸	
细木	外框宽2寸×厚度7分	外框宽2寸×厚度5分
完成	杉木板3块	杉木板

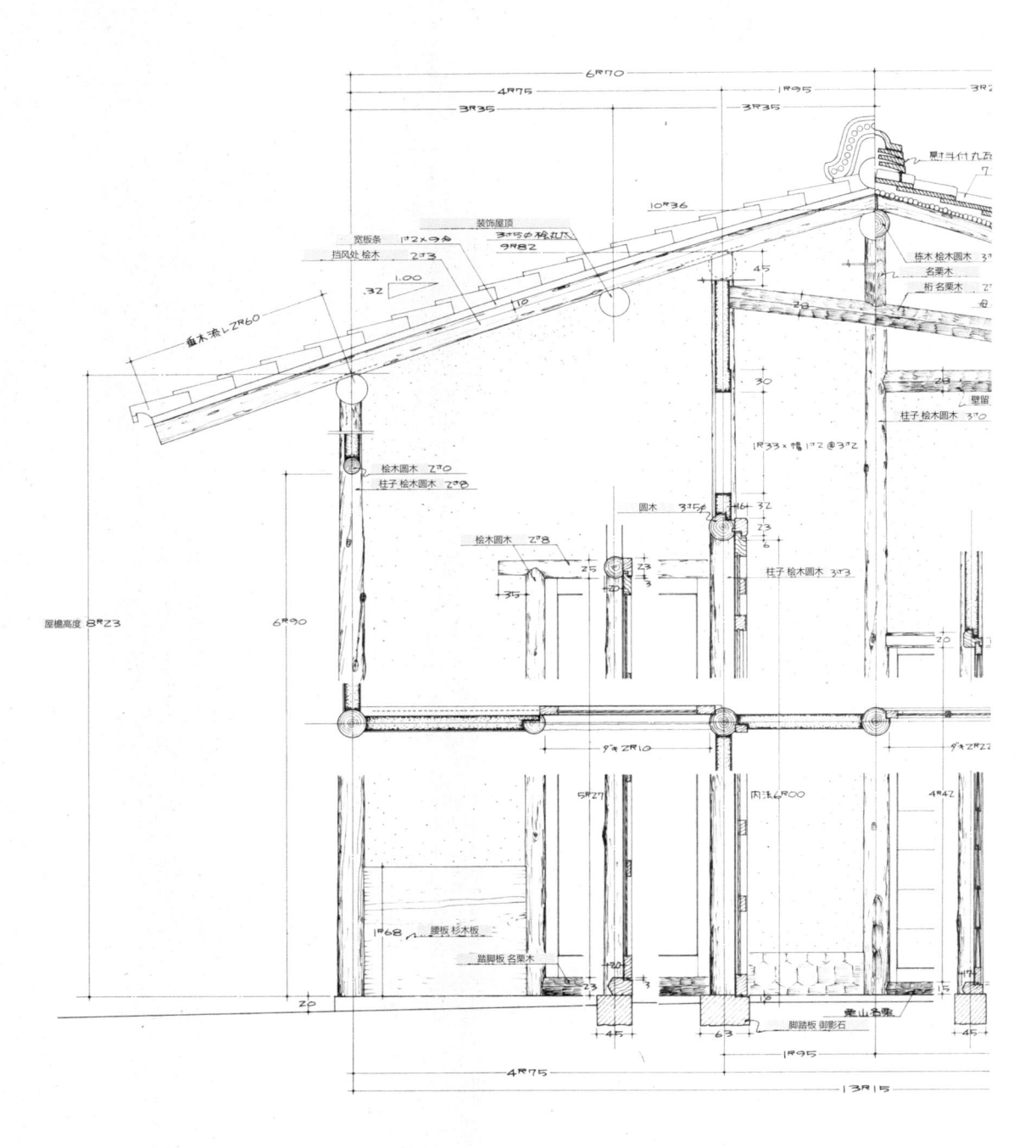

断面详细图　比例尺1:20

北村邸　实测图

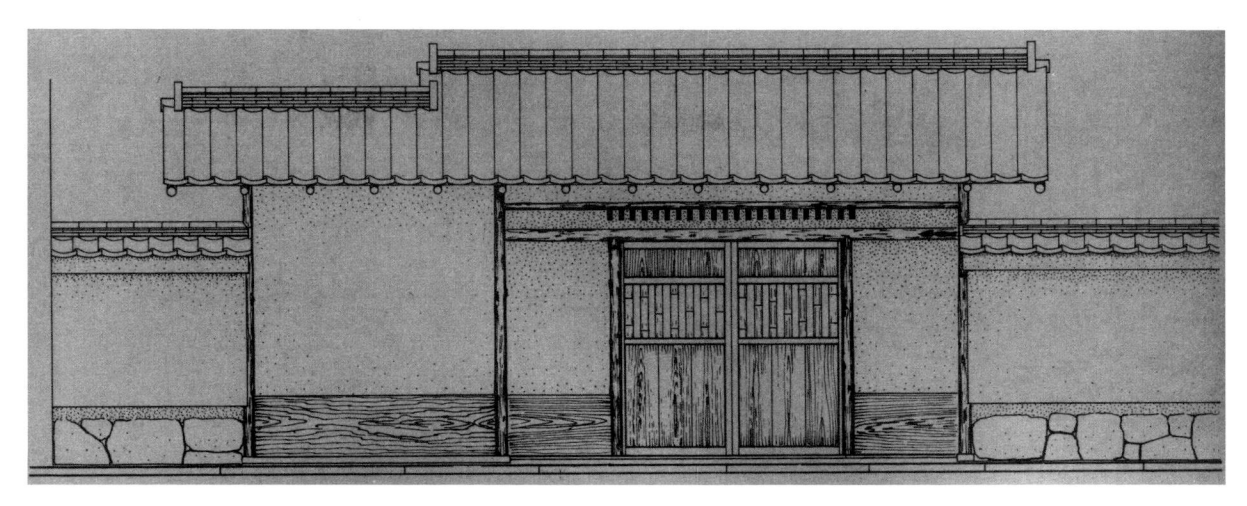

正面立体图　比例尺1:50

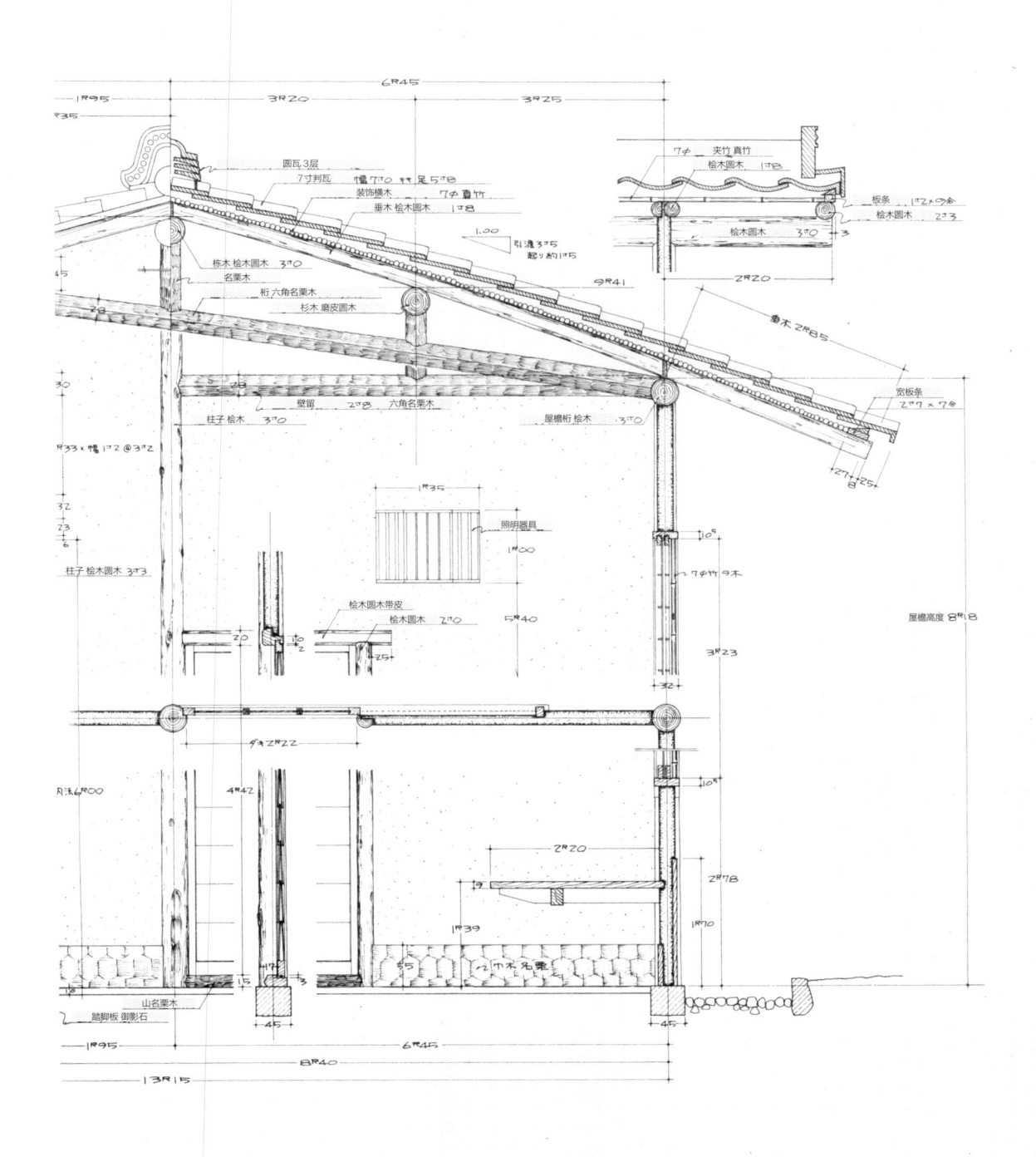

北村邸　实测图

日本建筑集成　数寄屋门　140

装饰屋顶

闭合式双层格子拉门

导水管附近

イロハカエデ	变色枫	ヤブコウジ	紫金牛	アオキ	青木
サツキ	杜鹃	ツツジ	杜鹃花	マサキ	大叶黄杨
ツバキ	山茶	ヤブラン	土麦冬	イワナンテン	筒花木藜芦
ヒノキ	扁柏	ウノレシ	漆树	サカキ	常青树
オカメザサ	矮竹	アラカシ	青冈		
カシ	杨树	モッコク	厚皮香		

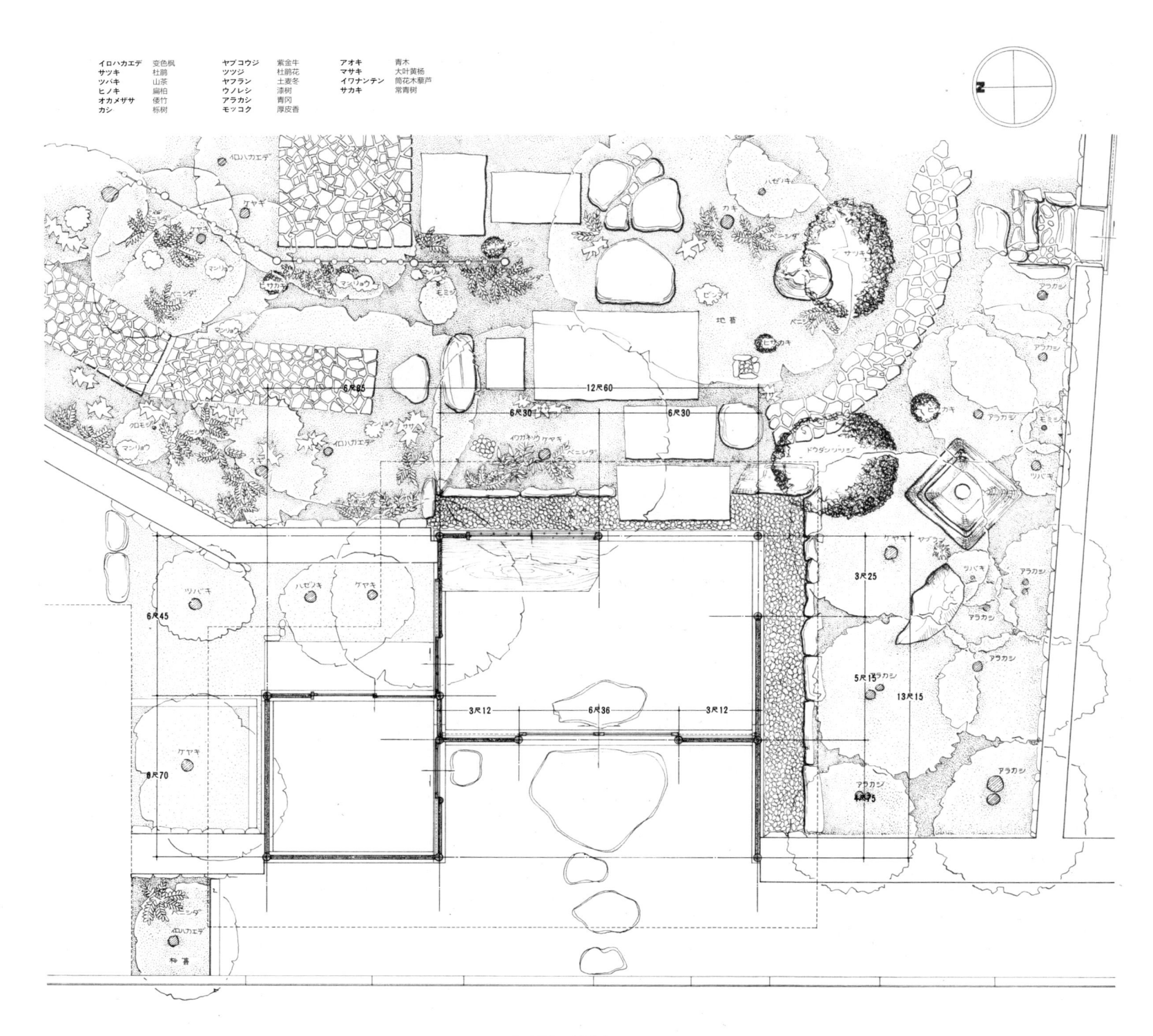

平面图　比例尺1:50

北村邸　实测图

宅邸的竹子围墙给人留下了深刻的印象。缓缓走上台阶，就到了正门。

正门虽然规模小，但做工很细致，栏间的竹节等都设计得很漂亮。从桁架到橡子的做工也很细腻，给人一种工艺品的感觉。丝柏皮铺茸屋顶更衬托出了门的高雅。虽然门不大，但作为典型的数寄屋门，整体设计非常好。

高田邸

所有者 高田利市
所在地 京都市右京区
建造时间 1942年
设计、施工 不明

门窗隔扇等的尺寸和材料

双开门

高度	5尺9寸
宽度	2尺8寸
厚度	1寸5分
竖框	固定，不开合2寸5分 不固定，开合2寸1分
上栈	2寸5分
下栈	3寸
中栈	2寸5分
细木	2寸　3根
完成	杉木板镜面

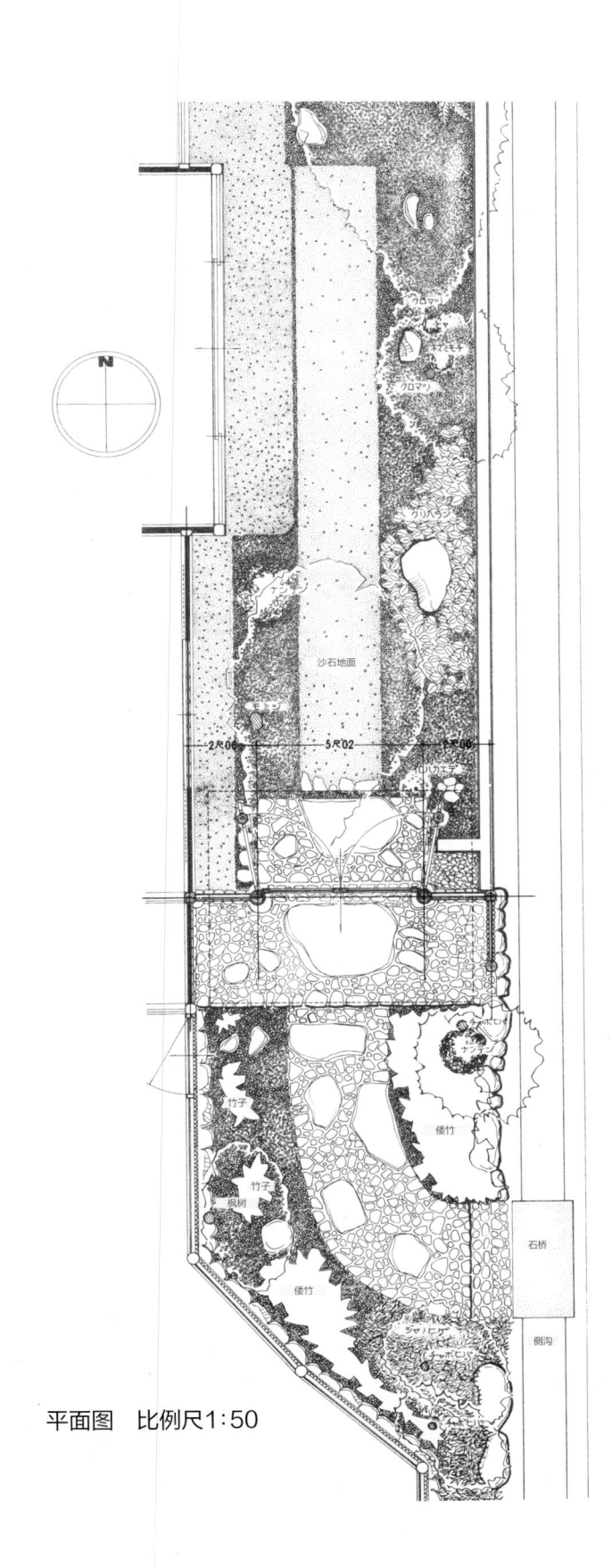

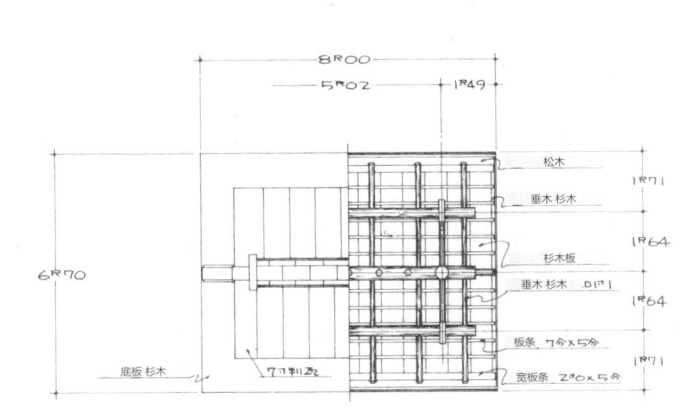

平面图　比例尺1:50

屋顶平面图　比例尺1:50　　天花板平面图　比例尺1:50

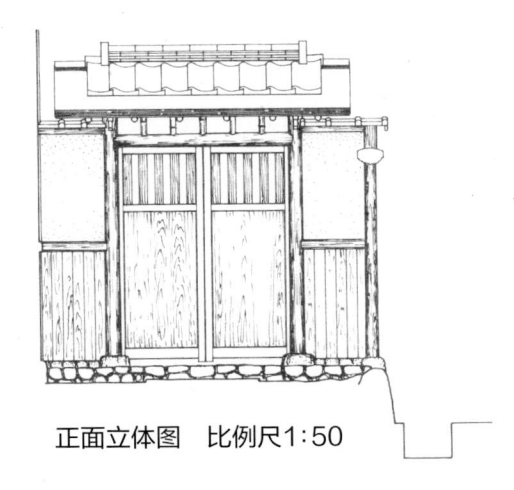

正面立体图　比例尺1:50

高田邸　实测图

日本建筑集成　数寄屋门　142

栏间附近

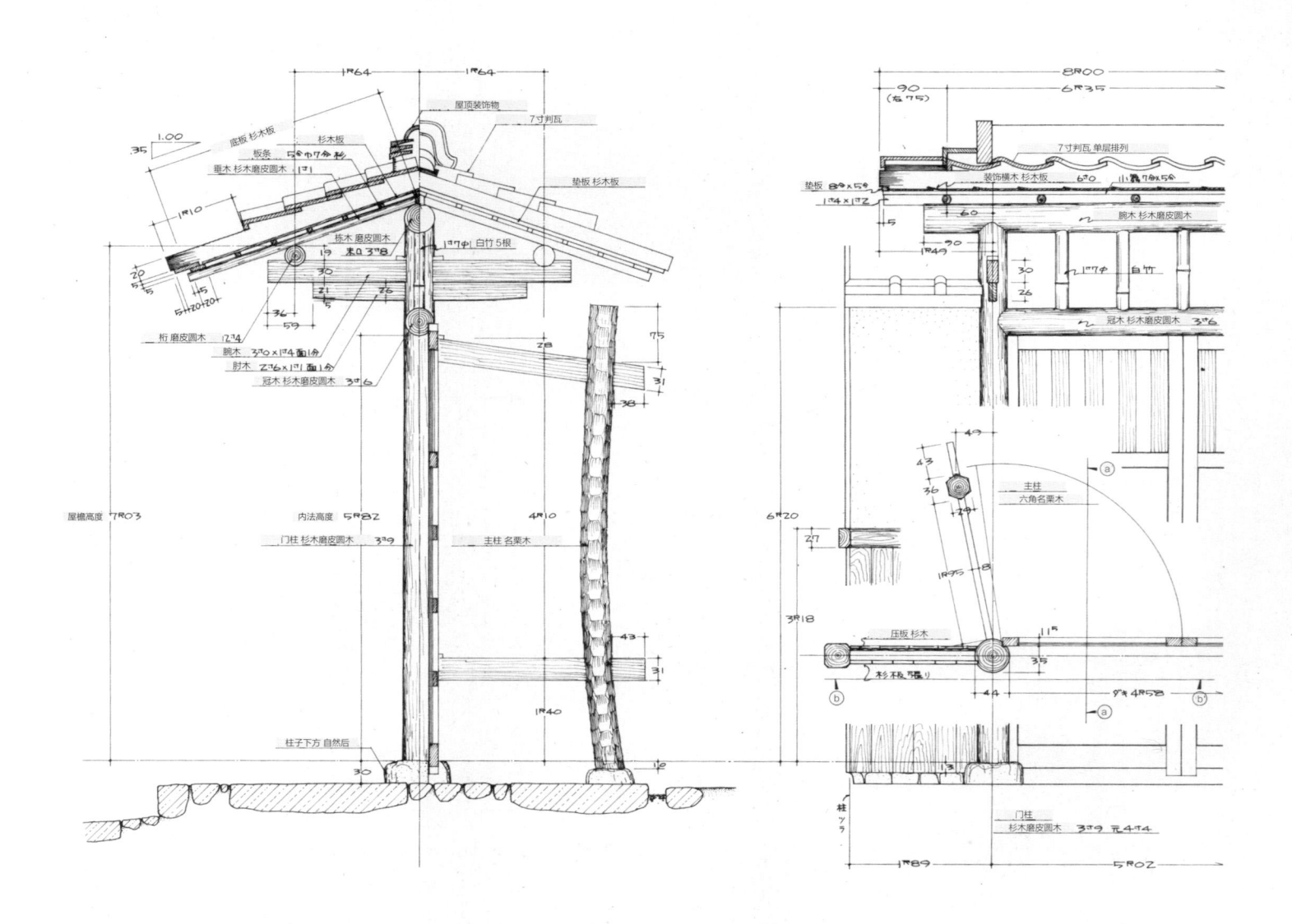

a-a断面详细图　比例尺1:20

平面详细图及b-b断面详细图　比例尺1:20

高田邸　实测图

这是一扇位于御室的住宅街上、屋顶铺着丝柏皮的、协调性很好的门。两边侧门的小门顶也是丝柏皮铺成的，简单地铺着圆瓦。主屋也是数寄屋建筑，布置得相当气派。建筑中还设有露地门，从玄关庭院可以直接穿过露地门进入露地。

柱子上部的木架和屋檐都很漂亮，导水管也是用劈竹架起来的，是这个门的重点。门整体看起来非常协调。

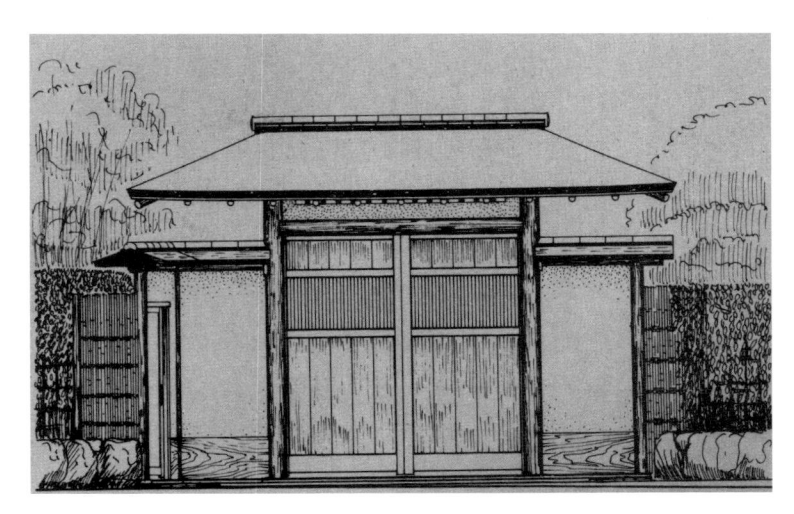

看日庵

所有者　铃木晶三
所在地　京都市右京区
建造时间　不明
设计、施工　不明

正面立体图　比例尺1:50

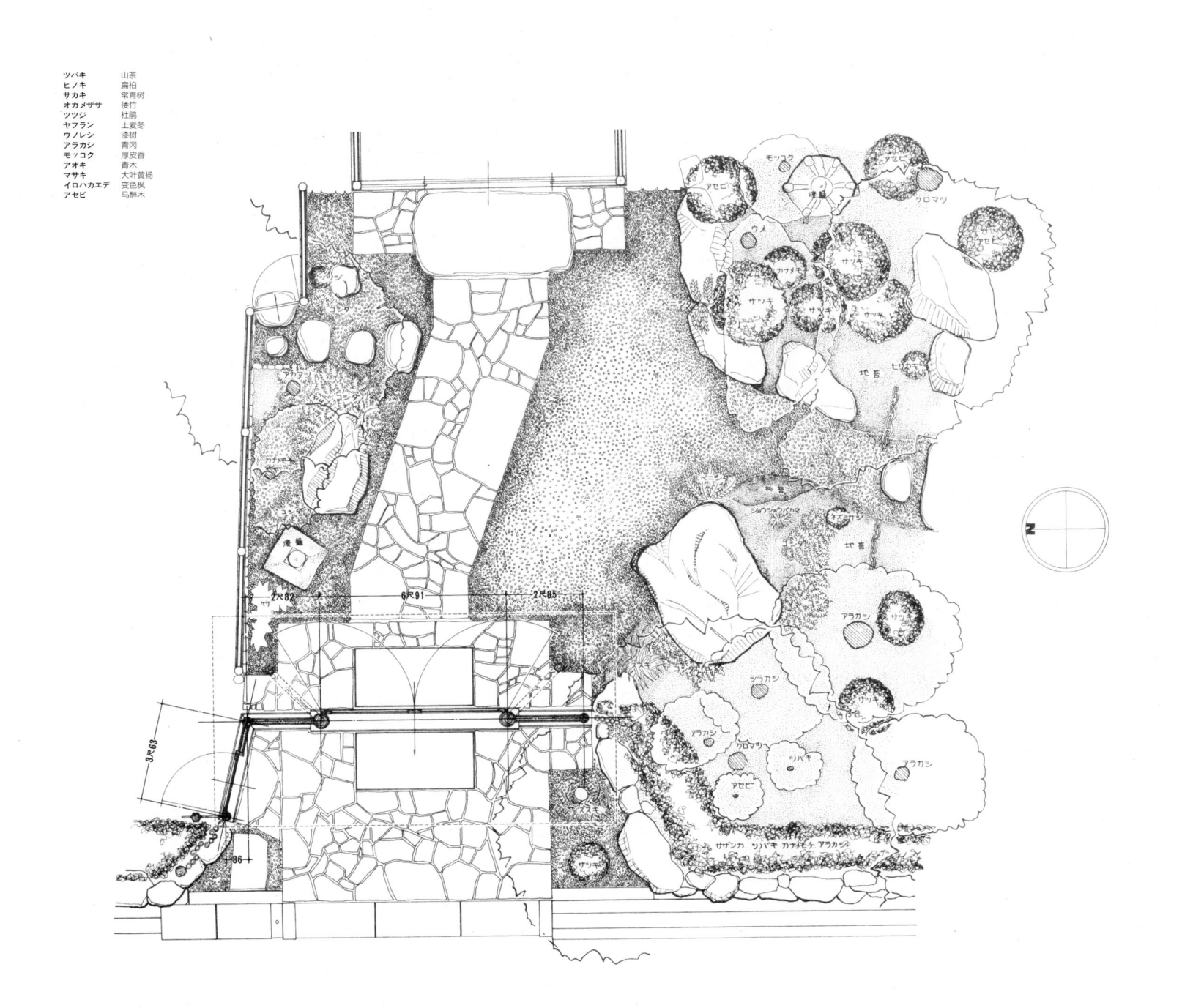

ツバキ　山茶
ヒノキ　扁柏
サカキ　常青树
オカメザサ　倭竹
ツツジ　杜鹃
ヤブラン　土麦冬
ウルシ　漆树
アラカシ　青冈
モッコク　厚皮香
アオキ　青木
マサキ　大叶黄杨
イロハカエデ　变色枫
アセビ　马醉木

平面图　比例尺1:50

看日庵　实测图

门窗隔扇等的尺寸和材料

	双开门	单开门
高度	6尺7寸	4尺6寸
宽度	3尺3寸	2尺2寸
厚度	1寸5分	1寸
竖框	固定，不开合2寸5分 不固定，开合2寸2分	固定，不开合2寸5分 不固定，开合2寸2分
上栈	3寸3分	2寸9分
下栈	4寸8分	2寸9分
中栈	2寸5分	2寸5分
细木	外框宽2寸5分×厚度5分	外框宽2寸4分×厚度4分
完成	上部 外框宽1寸9分 木棒15根 腰板 杉木板5块	杉木板2块

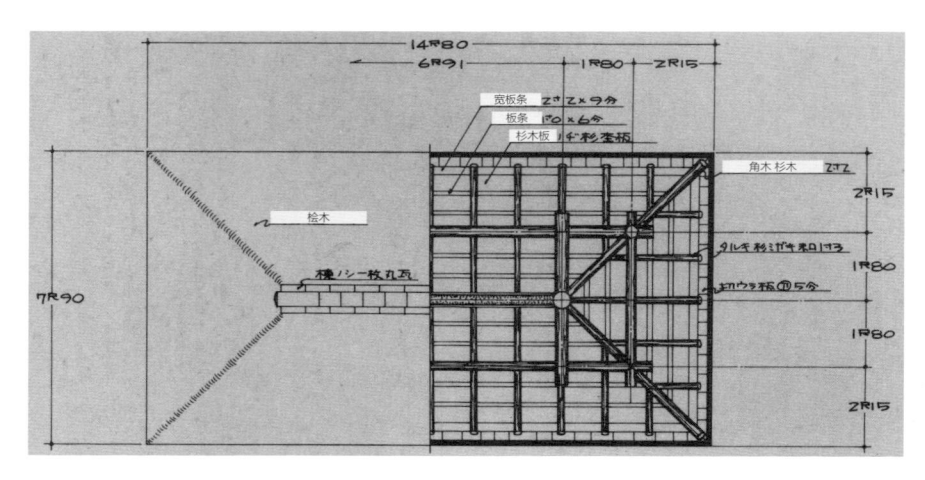

屋顶俯视图　比例尺1:20　　天花板俯视图

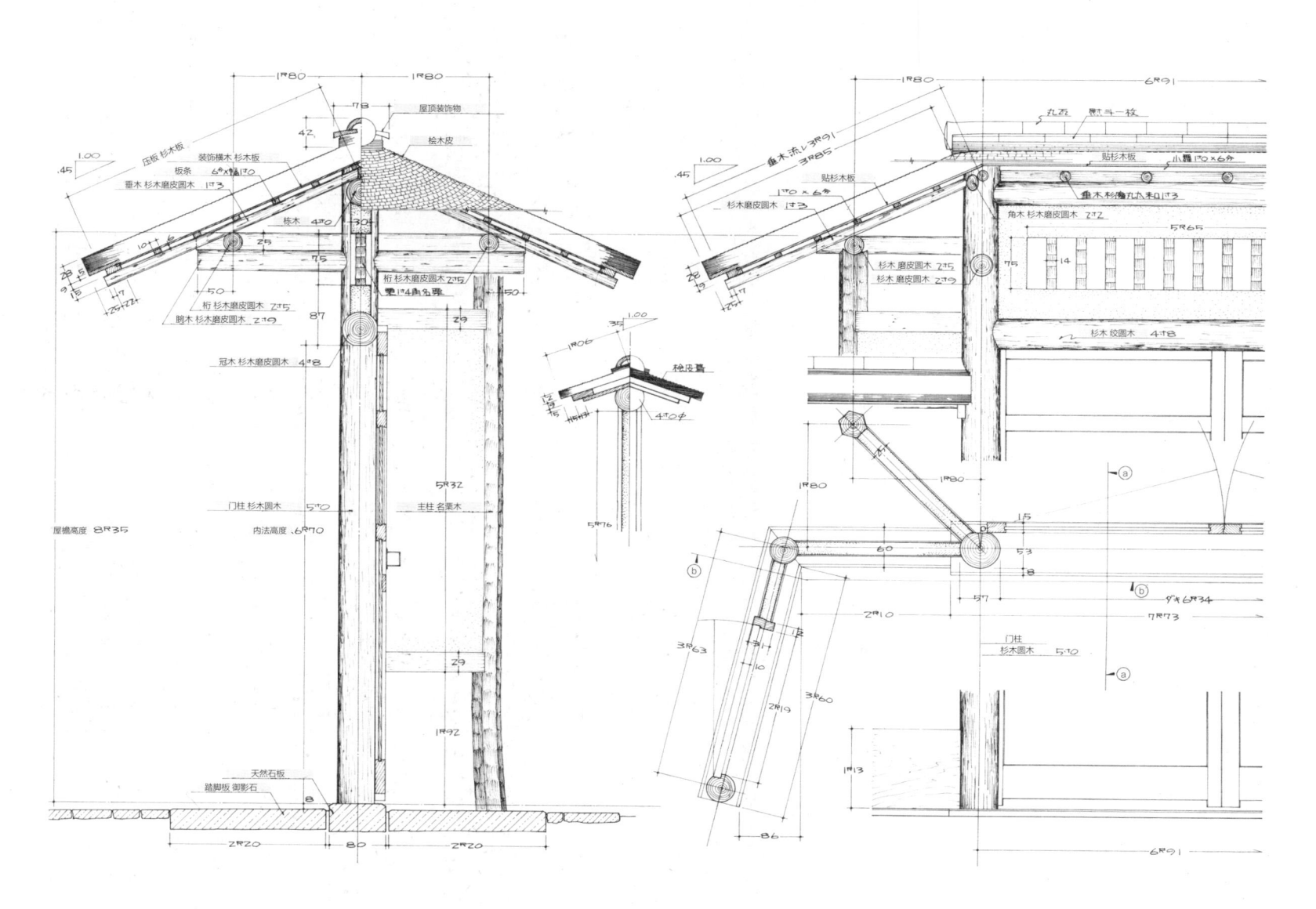

a-a断面详细图　比例尺1:20

平面详细图及b-b断面详细图　比例尺1:20

看日庵　实测图

下鸭的排水渠旁建有一排幽静的住宅。位于其北侧的这座宅邸，左右两侧的树篱十分气派，使大门显得格外华美。

丝柏木的柱子以及上方架设的横梁给人以相当深刻的印象。另外，镶有小圆木的栏间也是大门的重要亮点。左右墙壁的锈迹也适当地露出来，设计精心。

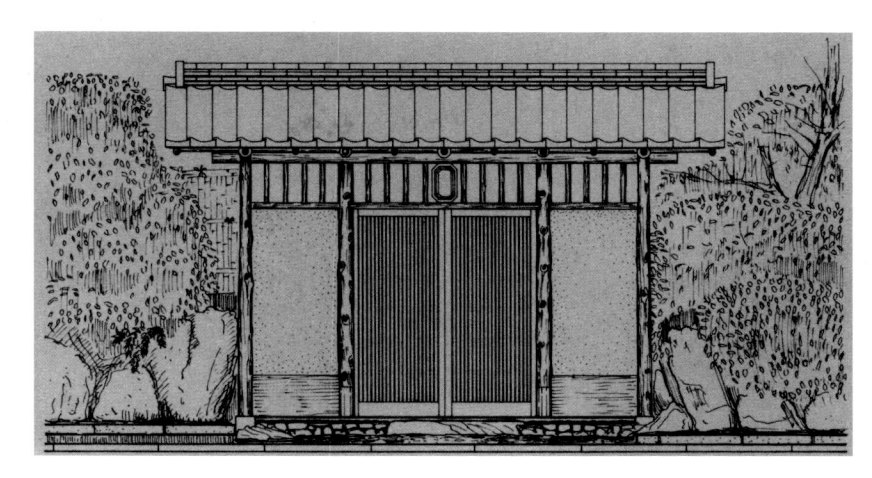

藤井邸

所有者 藤井章
所在地 京都市左京区
建造时间 不明
设计、施工 不明

正面立体图　比例尺1:50

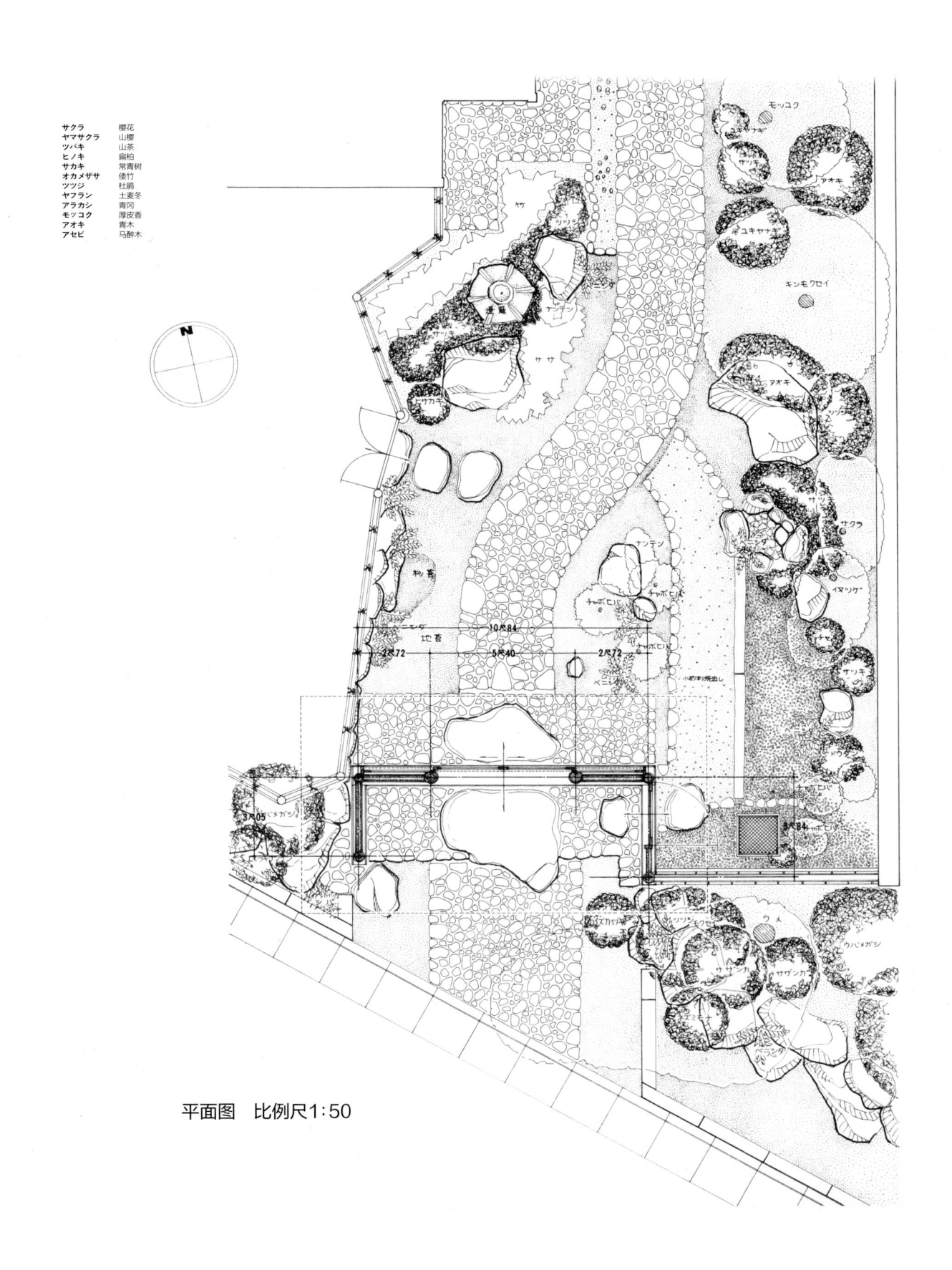

サクラ	櫻花
ヤマザクラ	山櫻
ツバキ	山茶
ヒノキ	扁柏
サカキ	常青树
オカメザサ	倭竹
ツツジ	杜鹃
ヤブラン	土麦冬
アラカシ	青冈
モッコク	厚皮香
アオキ	青木
アセビ	马醉木

平面图　比例尺1:50

藤井邸　实测图

门窗隔扇等的尺寸和材料		
	双开门	单开门
高度	5尺8寸	4尺9寸
宽度	2尺5寸	2尺4寸
厚度	1寸	1寸
竖框	柱付2寸9分 内侧1寸8分	3寸
上栈	2寸	3寸
下栈	4寸	2寸3分
竖条	外框宽1寸×厚度8分 20根	
贯	外框宽1寸×厚度3分 5根	
细木		1寸9分 3根
完成		3寸板 6块

大门内侧

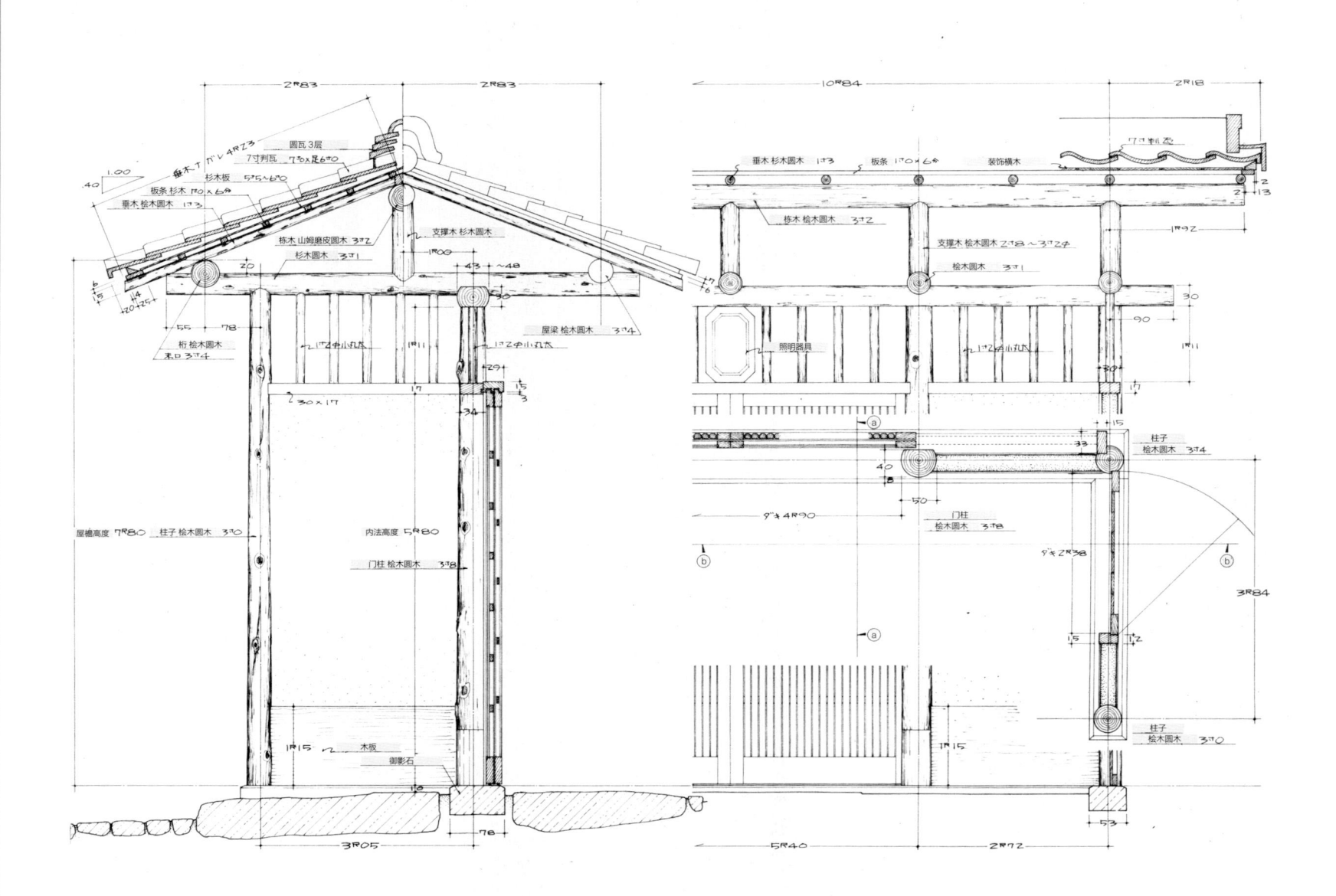

a-a断面详细图　比例尺1:20

平面详细图及b-b断面详细图　比例尺1:20

藤井邸　实测图

长濑邸

所有者 长濑博
所在地 京都市右京区
建造时间 不明
设计、施工 不明

这是一扇仿佛是从路上直接开到露地的门。踩着碎石子往里走就是主屋。

铺有茅草的铜板屋顶向深处延伸，给人一种宽敞大方的感觉。大门和两边的侧门都是竹排板，营造出一种闲寂的氛围。屋顶用香节圆木和杉木交替地布置成扇状，和天花板上的席子等相呼应。相对于门柱之间的宽度，屋檐显得较长，屋顶一角的流水线和微微翘起的屋檐线，优美地展现出大门的姿态。

另外，与通道成直角的平面规划，可以说是这个门的重点。

门窗隔扇等的尺寸和材料

	双开门	单开门
高度	6尺9寸	
宽度	2尺6寸	2尺5寸
厚度	1寸7分	1寸3分
竖框	固定，不开合2寸5分 2寸	不固定，开合2寸2分
上栈	2寸7分	2寸5分
下栈	2寸7分	2寸5分
横栈	2寸6分	
完成	表 竹板钉 里 杉木板 3块	表 竹板钉 里 3分板

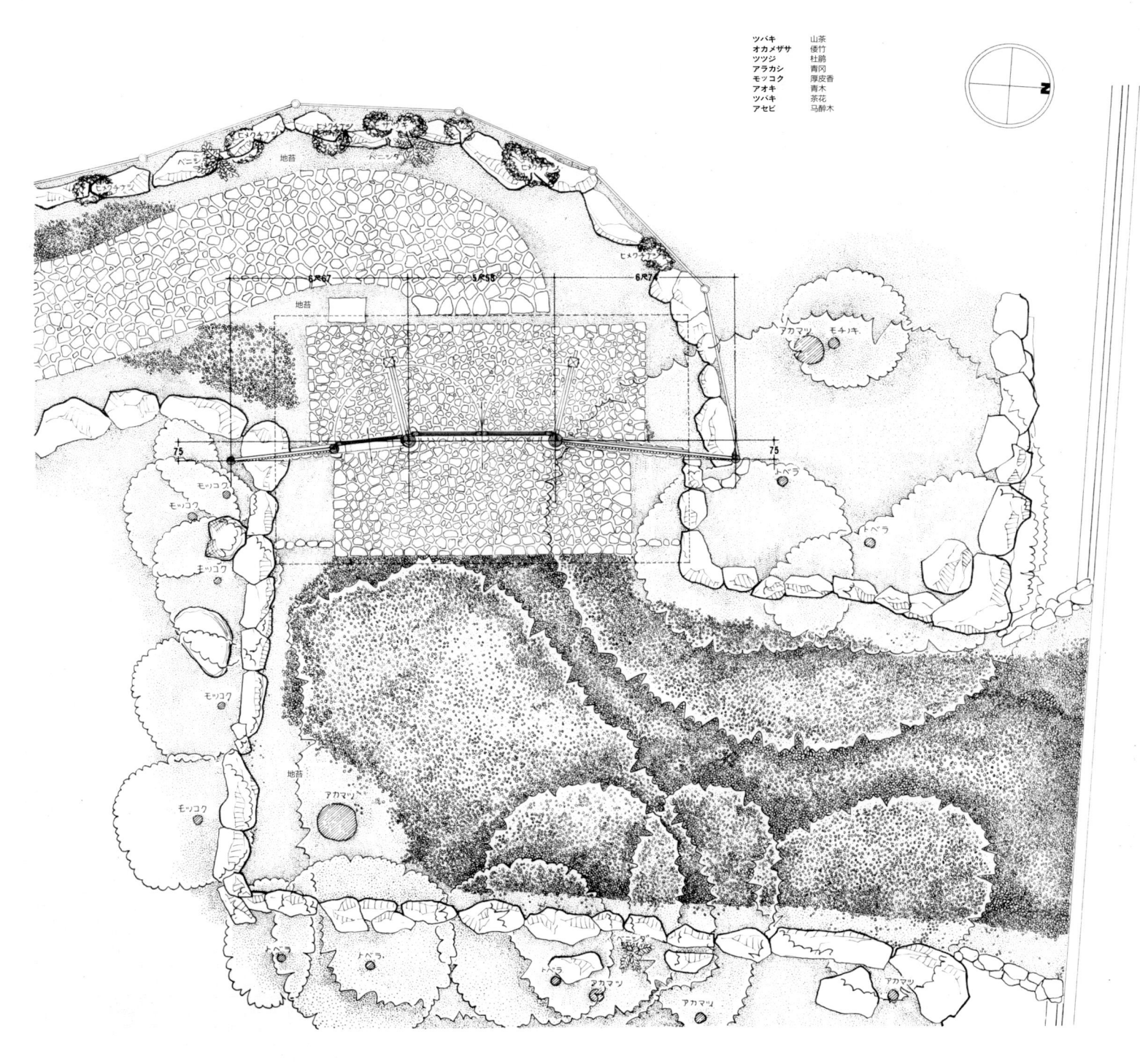

ツバキ　山茶
オカメザサ　倭竹
ツツジ　杜鹃
アラカシ　青冈
モッコク　厚皮香
アオキ　青木
ツバキ　茶花
アセビ　马醉木

平面图　比例尺1:50

长濑邸　实测图

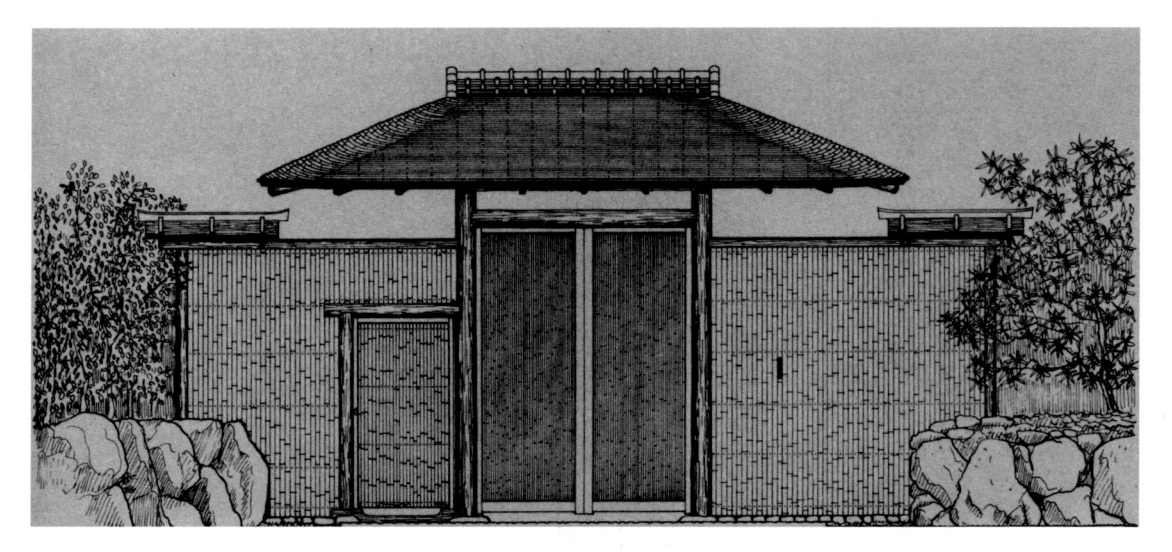

正面立体图　比例尺1:50

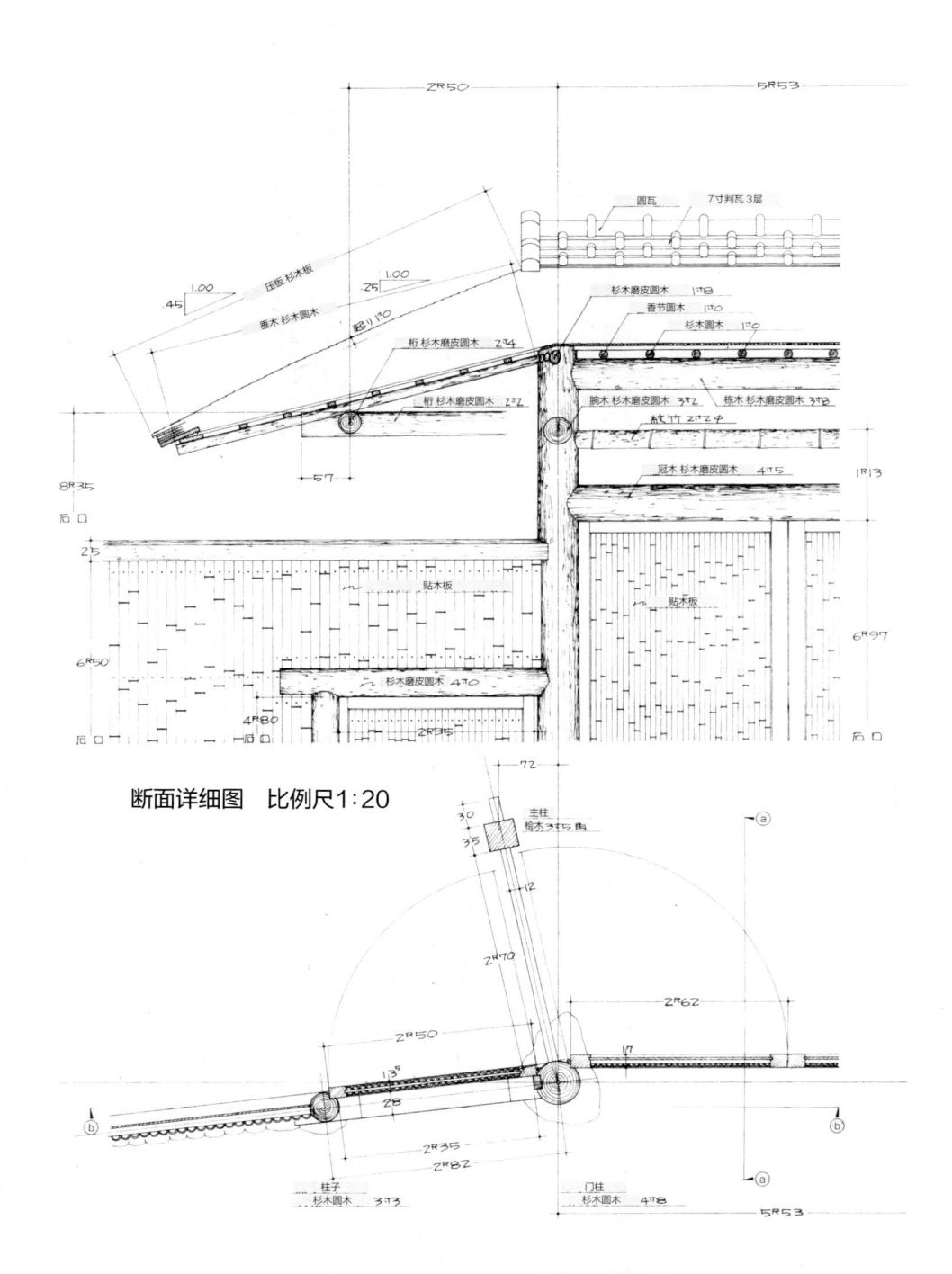

断面详细图　比例尺1:20

小门附近平面详细图　比例尺1:20

长濑邸　实测图

靠近山墙的屋顶上部

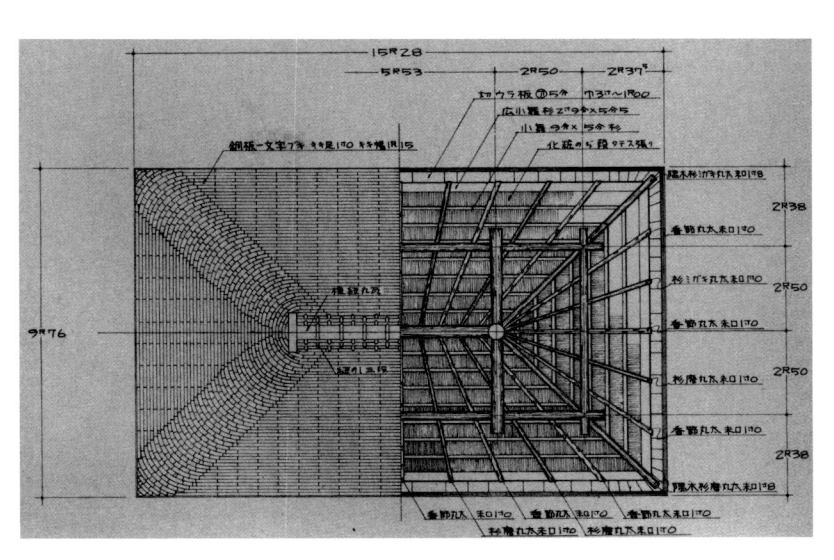

屋顶平面图和天花板平面图　比例尺1:50

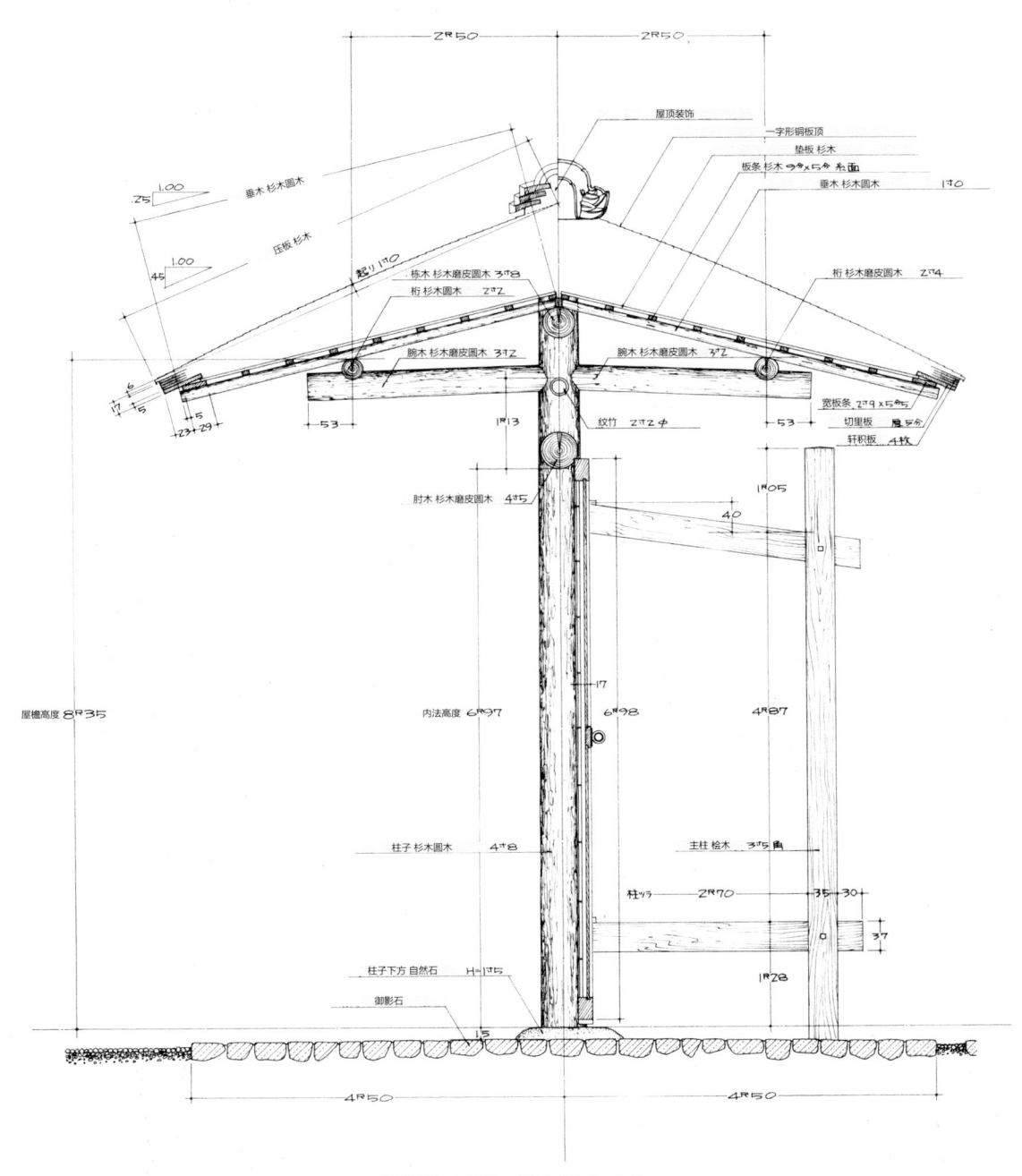

断面详细图　比例尺1:20

长濑邸　实测图

建筑大门的袖壁像翅膀一样向左右延伸，过于对称也可以说是一大难点。门上装饰着竹子，门顶内侧挂着竹箔，做了栏间和墙底窗，花了不少工夫。板条使用的是胡麻竹加工而成的，在细节上非常用心。

实践伦理宏正会
逗子寮

管理者 社团法人实践伦理宏正会
所在地 神奈川县逗子市
建造时间 不明
设计、施工 不明

门窗隔扇等的尺寸和材料	
推门窗	
高度	5尺7寸
宽度	2尺9寸
厚度	1寸5分
竖框	2寸
上栈	2寸
下栈	4寸
细木	1寸3分
完成	杉木板镜面

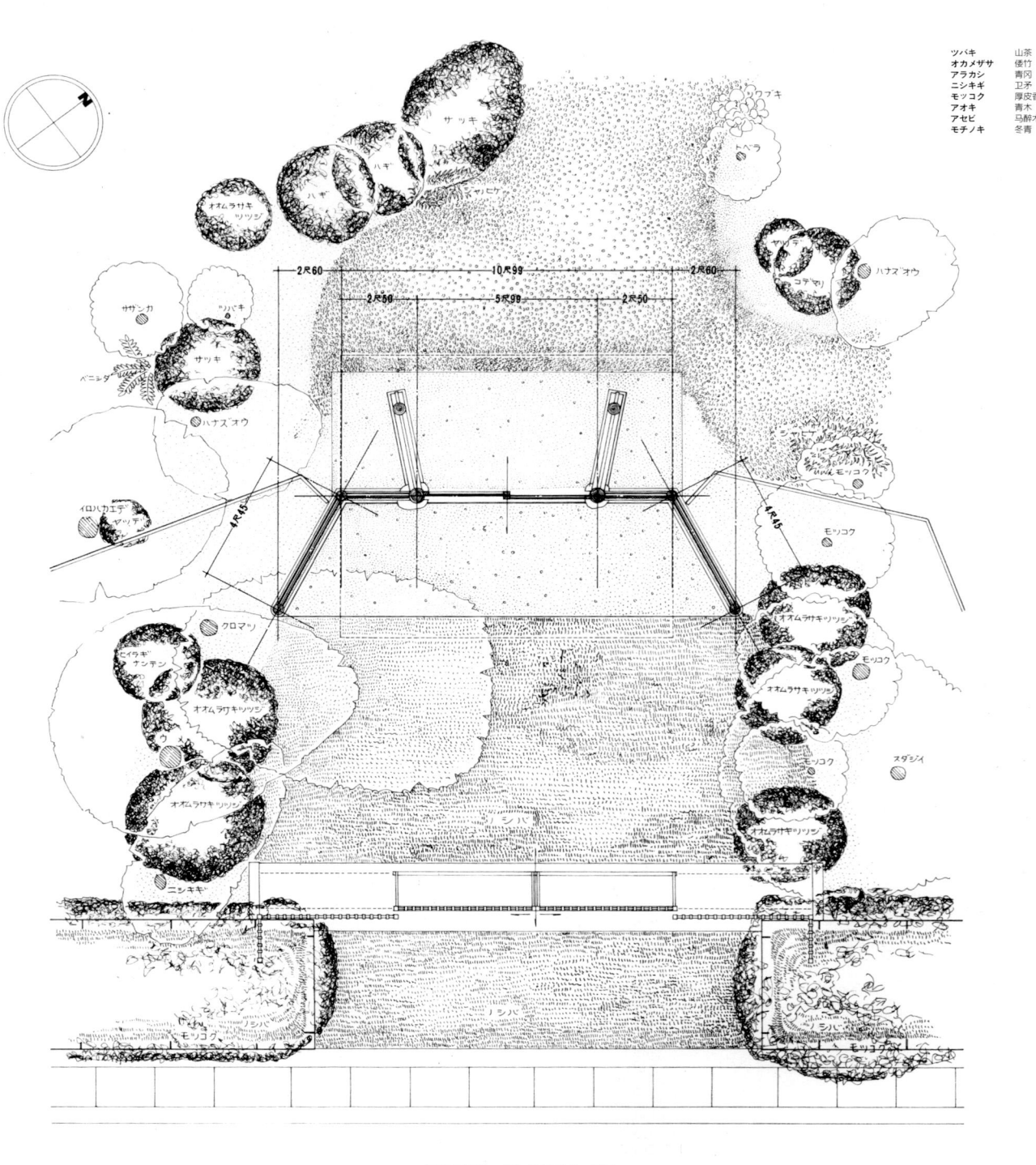

ツバキ	山茶
オカメザサ	倭竹
アラカシ	青冈
ニシキギ	卫矛
モッコク	厚皮香
アオキ	青木
アセビ	马醉木
モチノキ	冬青

平面图　比例尺1:50

实践伦理宏正会逗子寮　实测图

桁架和横梁

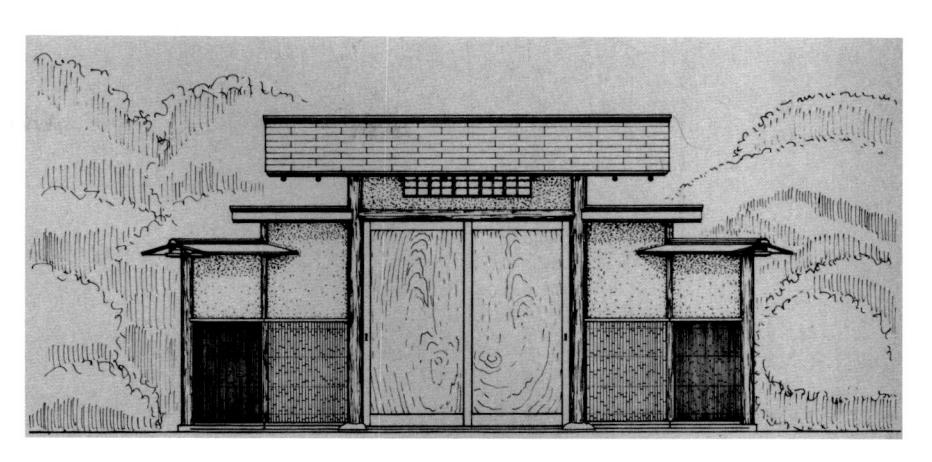

正面立体图　比例尺1:50

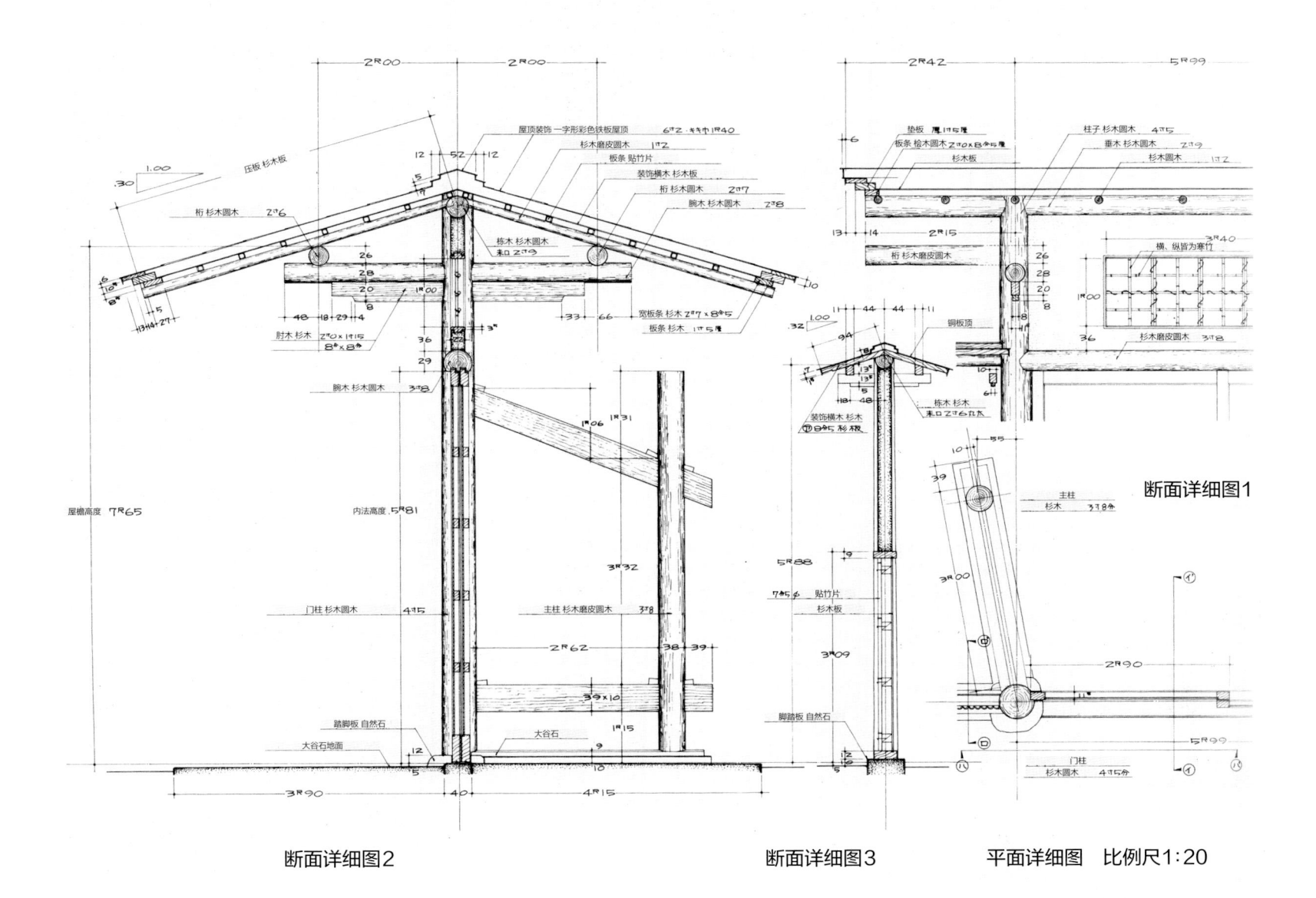

断面详细图2　　　断面详细图3　平面详细图　比例尺1:20

实践伦理宏正会逗子寮　实测图

片山邸

广田邸
门闭合的状态

广田邸 门打开的状态

锄柄邸

门的外观

锄柄邸
上＝屋顶内部

日本建筑集成　数寄屋门

都酒店 佳水园
上＝屋脊装饰　下＝屋顶内部
右＝门的外观

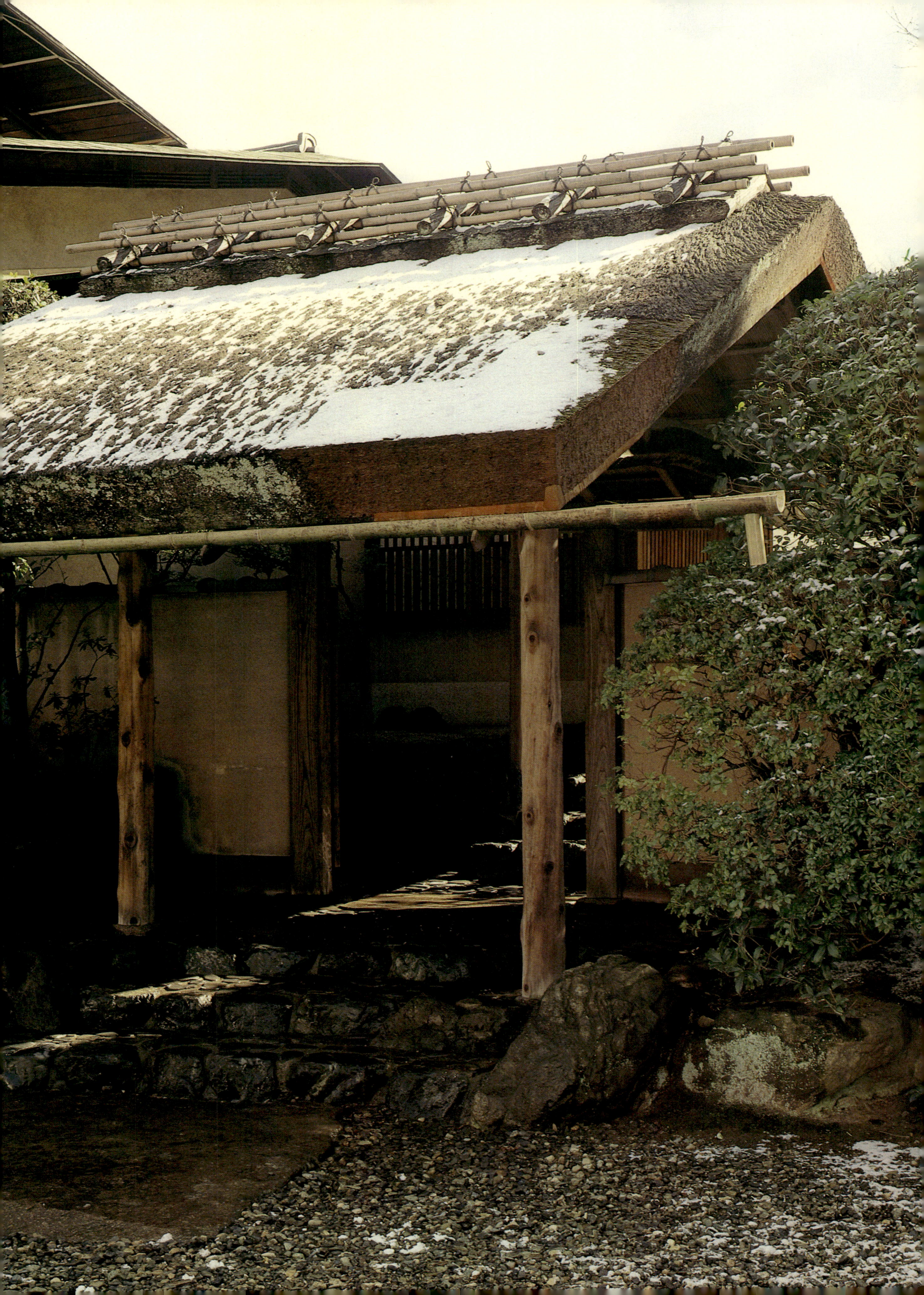

铃木邸※

门的外观

※铃木邸又名"洗心庵"。

铃木邸
上＝匾额和栏间　下＝格子窗部分

小泽邸

上＝门的外观　下＝屋顶内部

小泽邸 门打开的状态

木下邸

上＝门的外观
右＝门的内侧

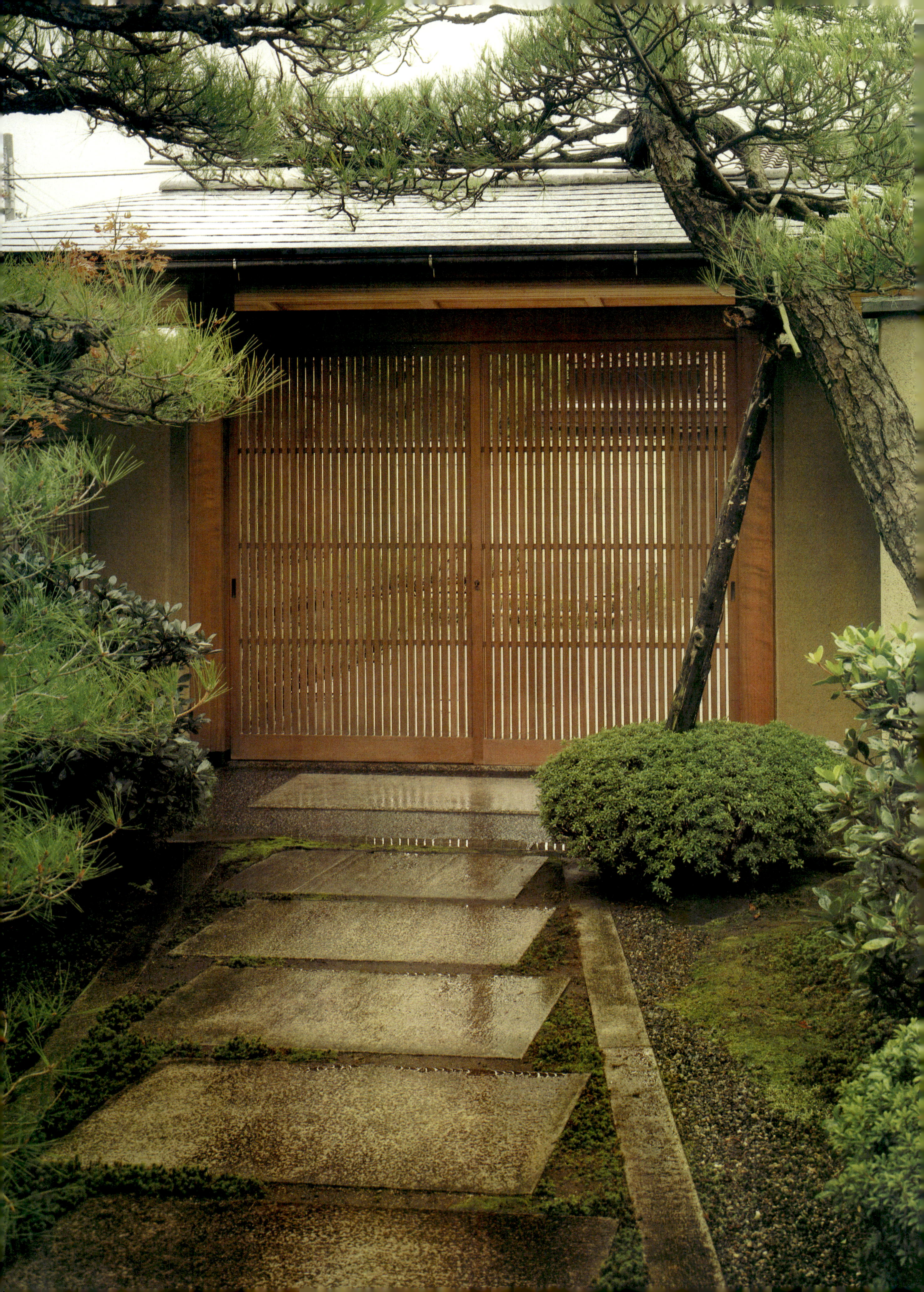

山下邸

门的外观

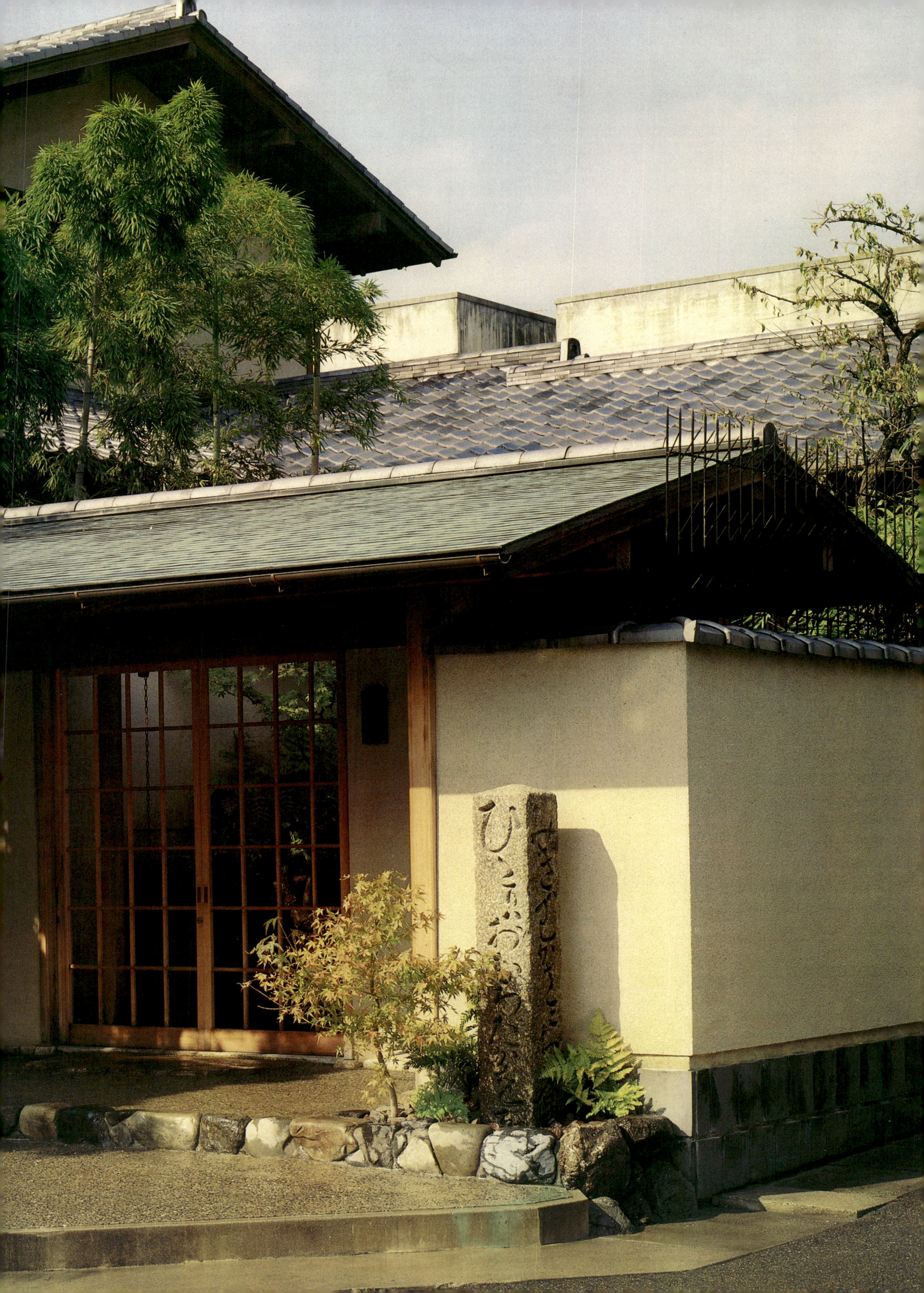

山下邸 门的正面

猪股邸
上＝门的正面

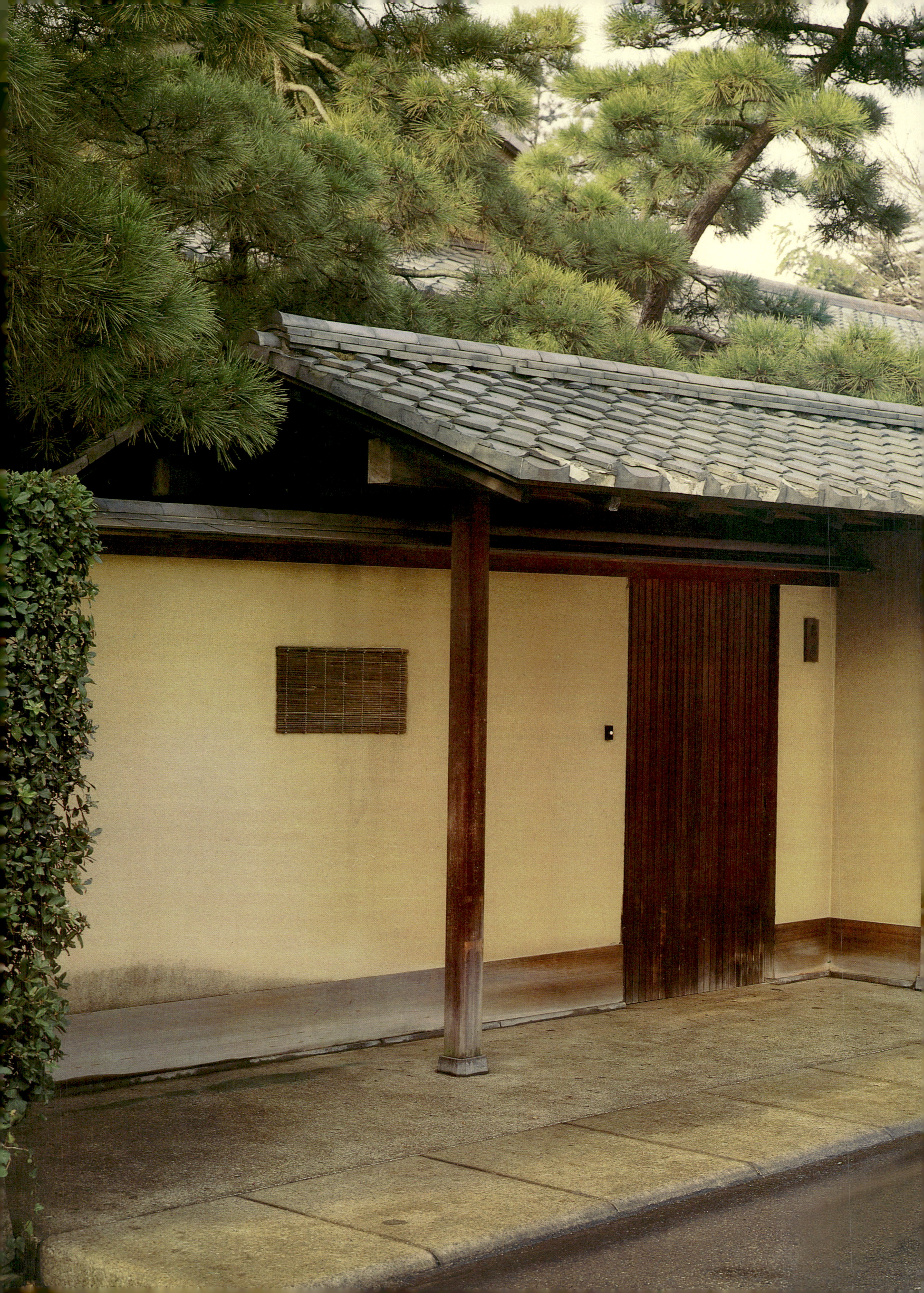

猪股邸
上＝屋顶内部
左＝门及周边

日本建筑集成　数寄屋门

登原邸

上=前庭
右=门的正面

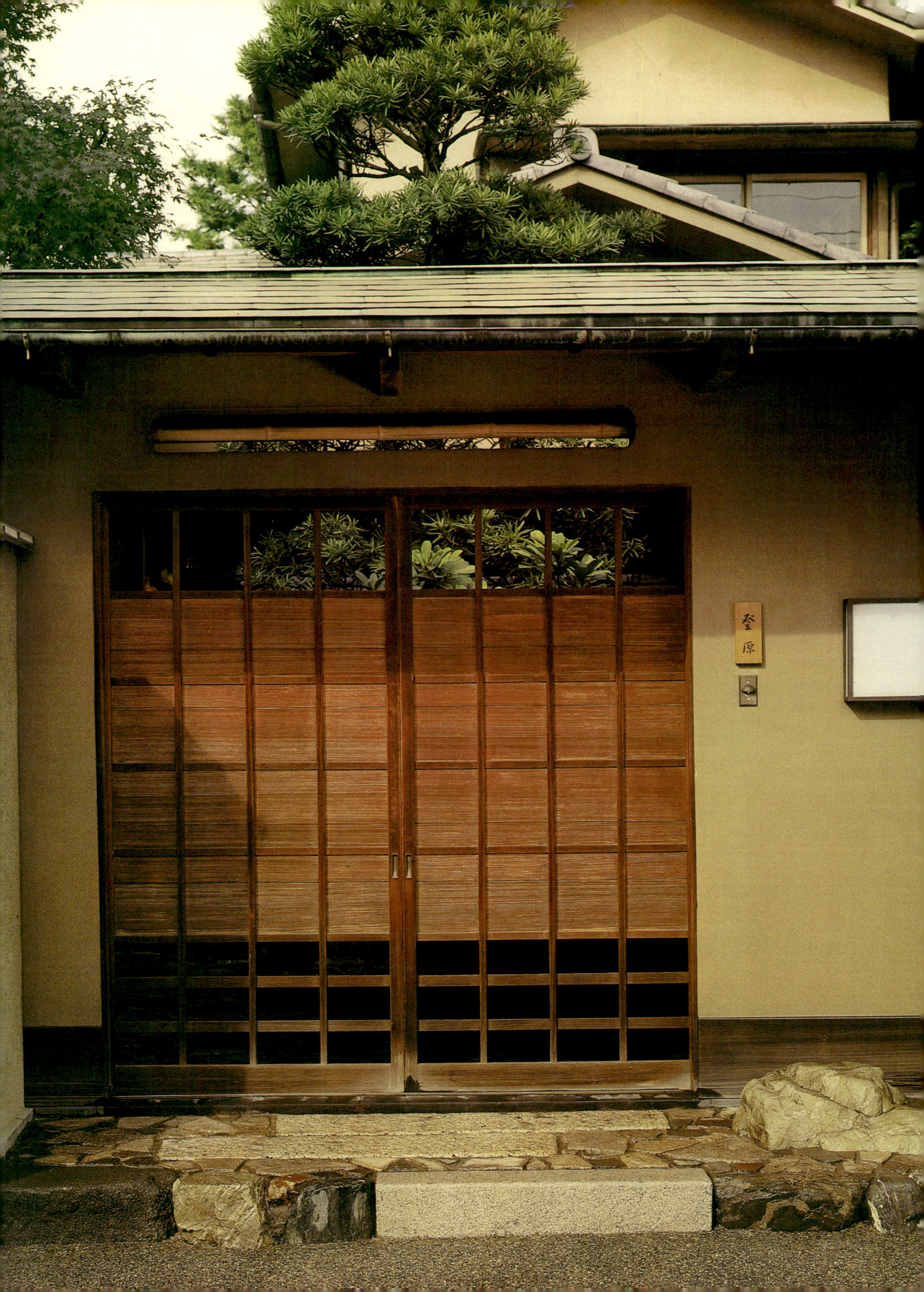
登原

登原邸 门的内侧

川口邸

上＝门的正面

川口邸
上＝门的一部分
右＝门的内侧

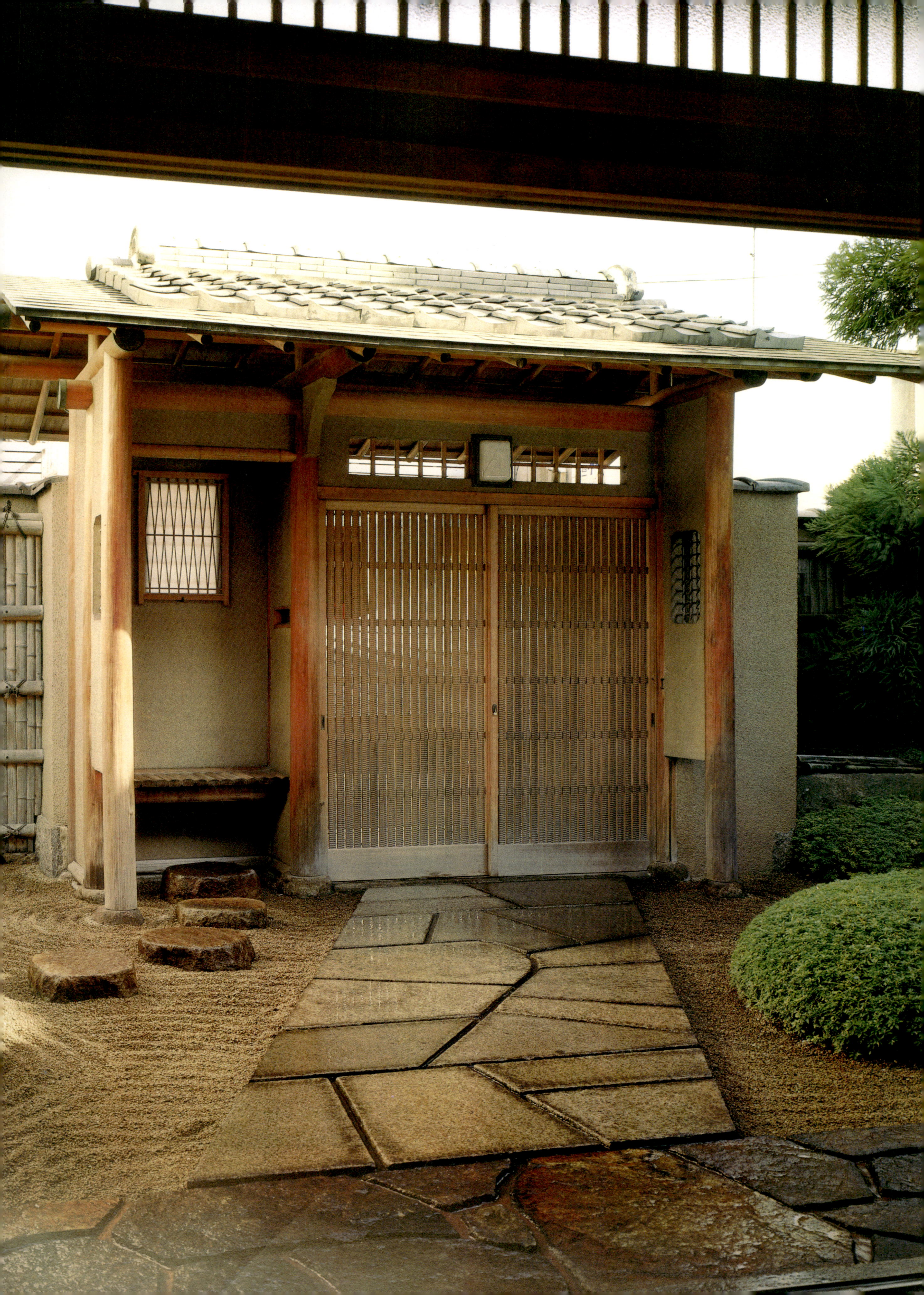

M氏邸

上＝宅邸周边
下＝门的外观

M氏邸 上＝门的正面

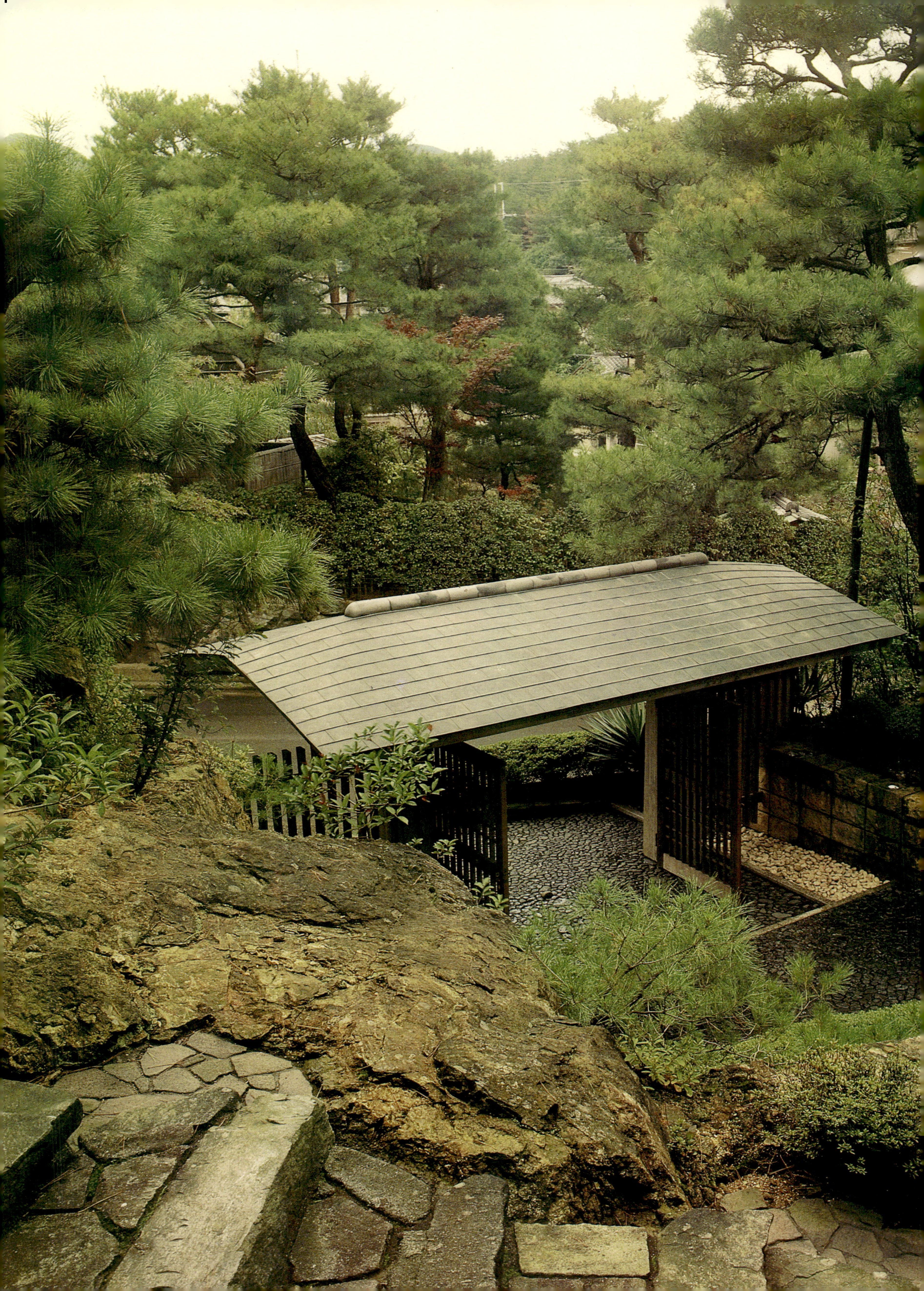

久保邸

上＝门的外观　下＝天花板的一部分
左＝门和前庭

杉本邸
门及周边

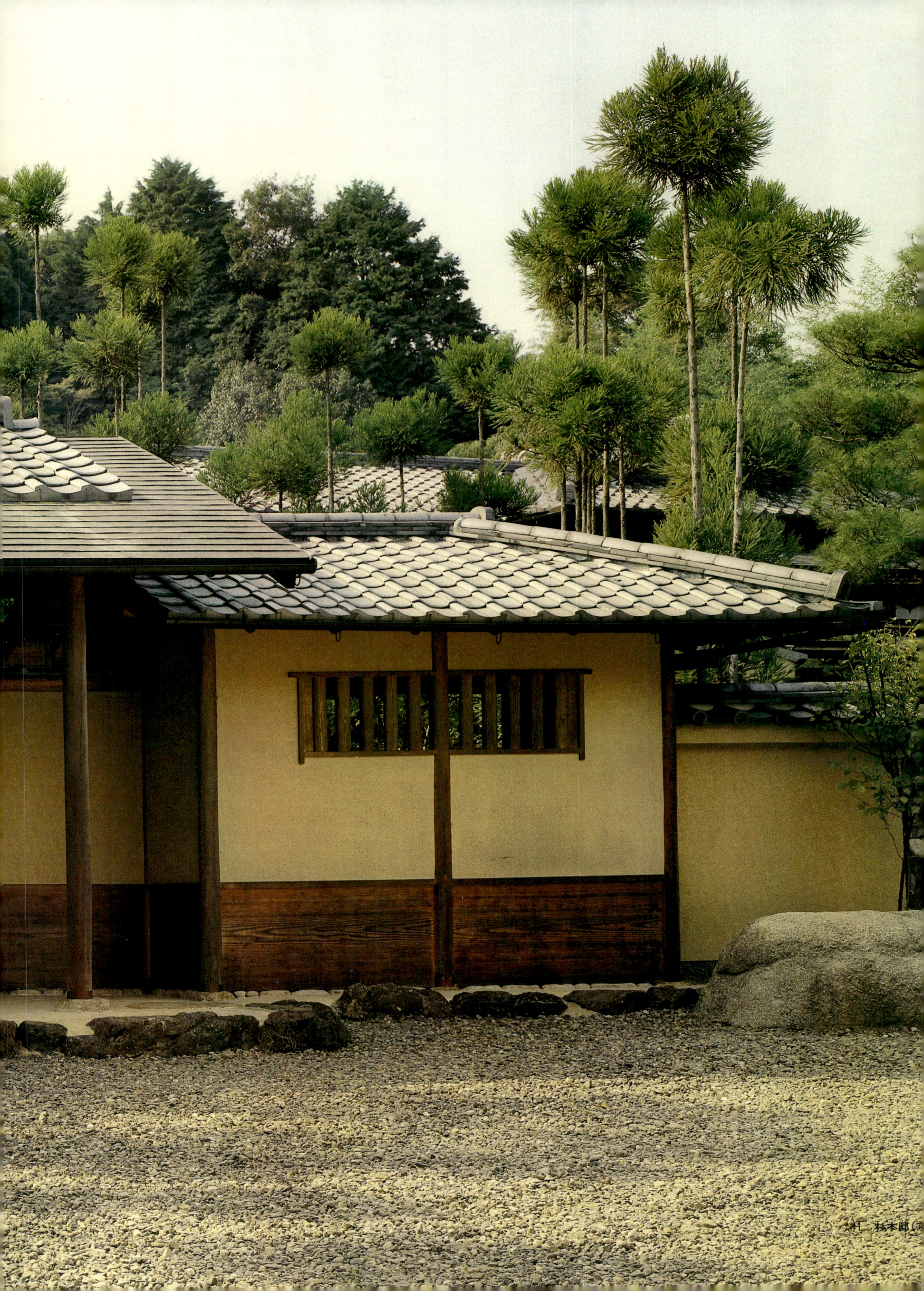

141　杉本邸（

杉本邸　上＝匾额

杉本邸 门的内侧

日本建筑集成　数寄屋门

柏冈邸※

上＝前庭　下＝柱子上部
右＝门的外观

※柏冈邸又名"柏松亭"。

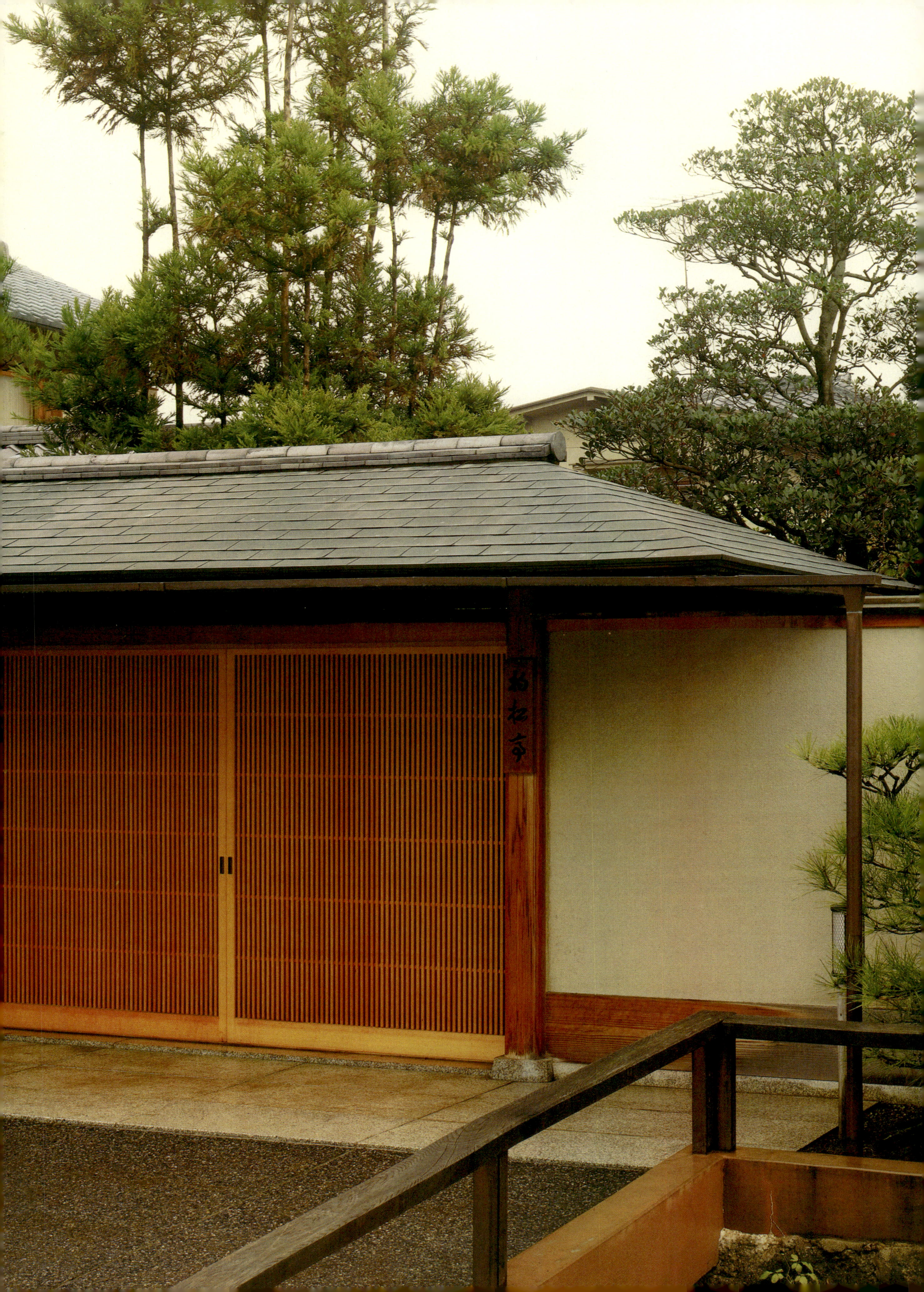

寺岛邸

上＝门的外观
左下＝隅木部分

寺岛邸
上＝门打开的状态
右下＝屋顶内部

辻井邸

上＝门的外观

辻井邸
上＝门的内侧　右下＝柱子上部

东山庄

上＝门的外观

设计图详解（三）

片山邸

所有者 片山清介
所在地 京都市左京区
建造时间 1957年
设计
施工 葵建设株式会社　北村公务店

该宅邸的正门面向下鸭的疏水渠，其两边的石墙和修剪的绿植都很漂亮，和主屋保持着良好的平衡。

正门整体较宽，但并不给人以压迫感。大概是因为门的腰板上的木纹十分优美，以及附近的树篱等的布置十分协调，显得很自然。

细节部分的做工很细致，门楣、门框上装饰用的横木、柱子都很美观。这些对细节的考究使得正门整体显得很精致。

门窗隔扇等的尺寸和材料

	双开门	单开门
高度	6尺3寸	4尺9寸
宽度	2尺9寸	2尺5寸
厚度	1寸	9分
竖框	2寸5分	
上栈	3寸4分	
下栈	5寸	
完成	杉木板	杉木板　6块

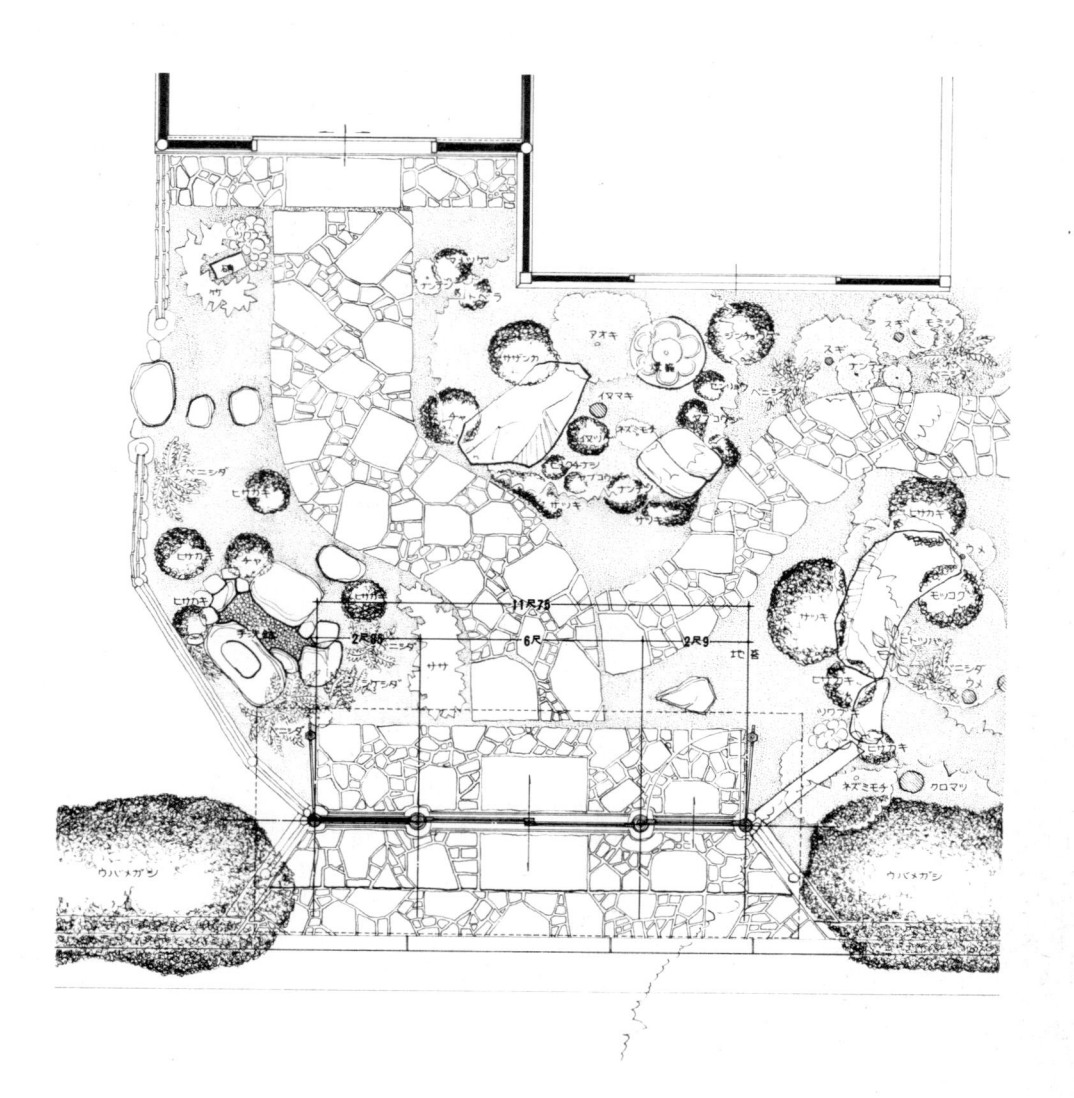

モチノキ	冬青
ヒイラギ	柊树
クチナシ	栀子
ヤマザクラ	山樱
ヤブラン	兰花
ネズミモチ	日本女贞
ハゼ	野漆树
サカキ	常青树
ヤマモモ	杨梅
トベラ	海桐花
ドウダン	日本吊钟
モミジ	枫树
カクレミノ	半枫荷
イスノキ	蚊母树
クロマツ	黑松
ワスノキ	香樟
アオキ	青木

平面图　比例尺1:50

片山邸　实测图

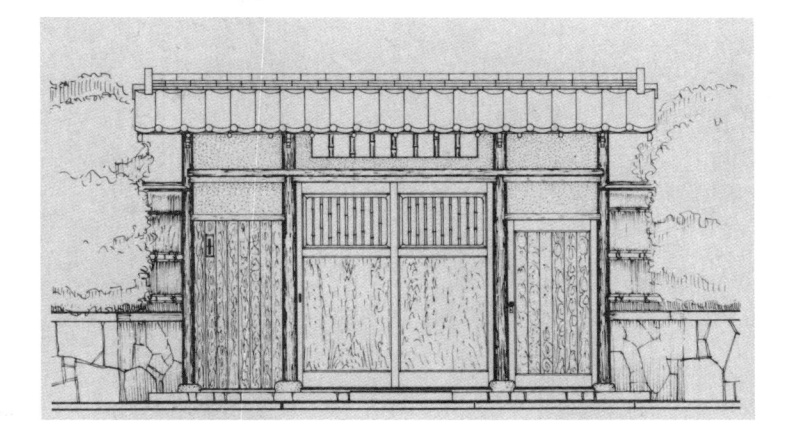

门柱　　　　　　　腰板和信箱　　　　　　正面立体图　比例尺1:50

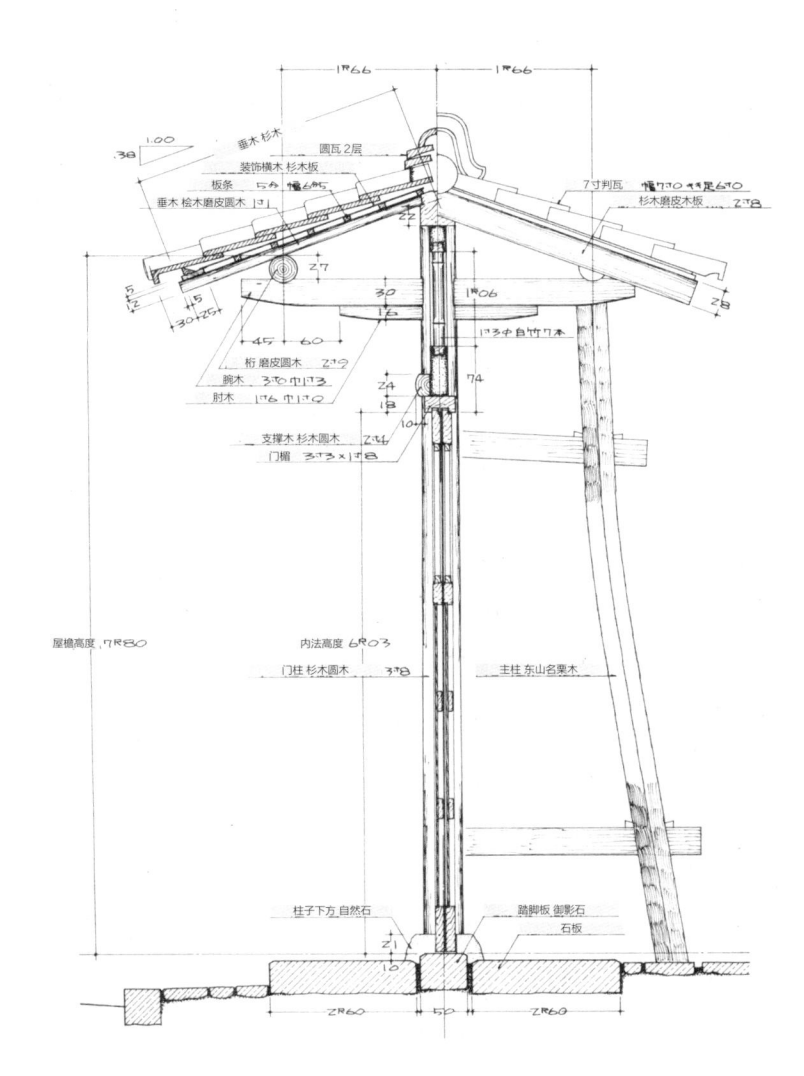

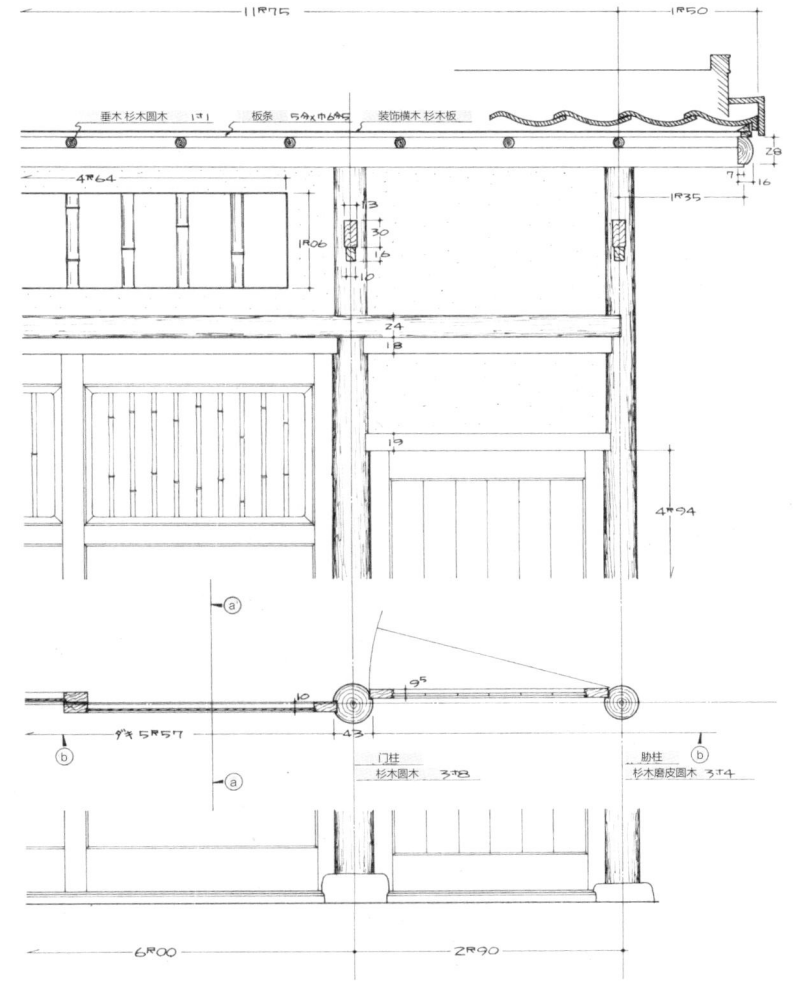

a-a断面详细图　比例尺1:20　　　　　　平面详细图及b-b断面详细图　比例尺1:20

片山邸　实测图

广田邸

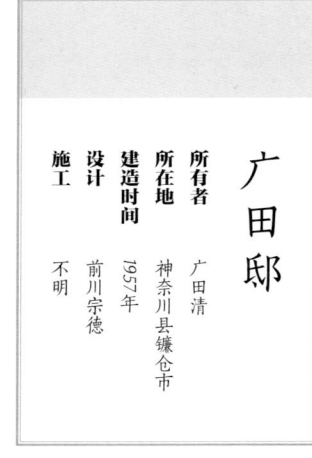

所有者	广田清
所在地	神奈川县镰仓市
建造时间	1957年
设计	前川宗德
施工	不明

沿着北镰仓的幽静住宅区的街道一直往里走，有一扇小巧幽静的门映入眼帘，与茶人的住所很相称。

门的顶部风格简约，以六角名栗木做成了屋脊。椽子用的是小节原木，屋顶内侧用杉皮，柱子等也用了丝柏圆木，很好地营造了数寄屋闲寂的气氛。

门窗隔扇等的尺寸和材料

	双开门	单开门
高度	5尺7	5尺3寸
宽度	2尺4寸	2尺5寸
厚度	1寸3分	1寸
竖框	固定，不开合侧1寸9分 固定，不开合侧1寸8分	不固定，开合侧1寸8分 不固定，开合侧1寸7分
上栈	3寸8分	2寸5分
下栈	3寸8分	2寸5分
中栈	1寸8分	
横栈	3寸1分	
细木	1寸3分	1寸
完成	表 竹板 里 杉木 2块	表 里 杉木板

トベラ	海桐花
クス	樟树
ハクチョウゲ	满天星
カシ	栎树
ヤブコウジ	紫金牛
ヤブラン	土麦冬
ウルシ	漆树
シズスギ	垂穗石松
ヒラト	平藤
クサソテツ	荚果蕨
アオキ	青木
マサキ	大叶黄杨
イワナンテン	筒花木黎芦
サカキ	常青树
カナメモチ	光叶石楠

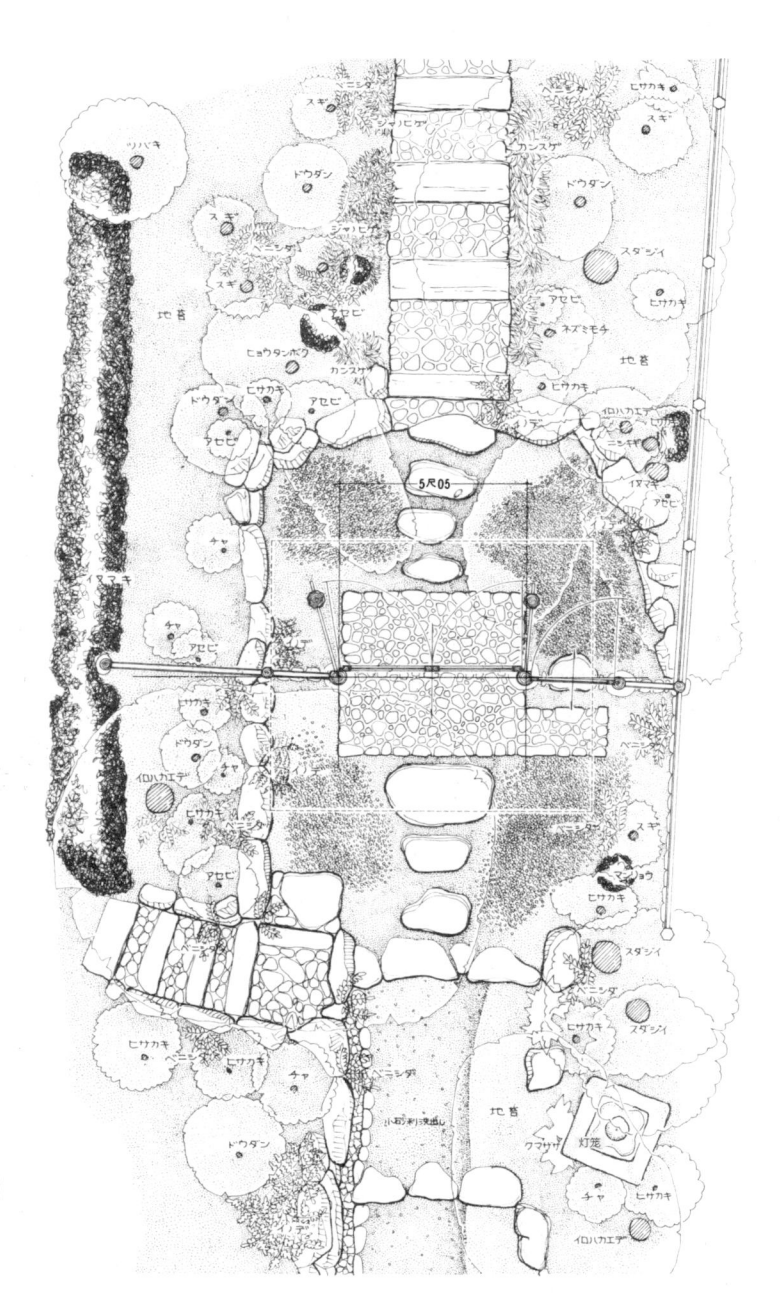

平面图　比例尺1:50

广田邸　实测图

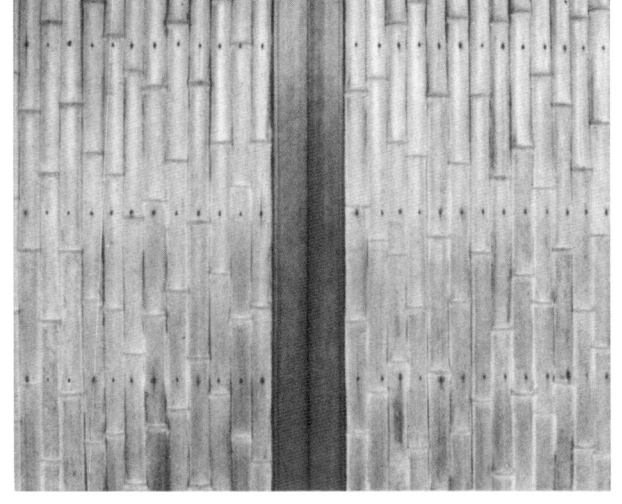

屋顶　　　　　　　　　　　　　　门上的竹板

断面详细图1　　断面详细图2

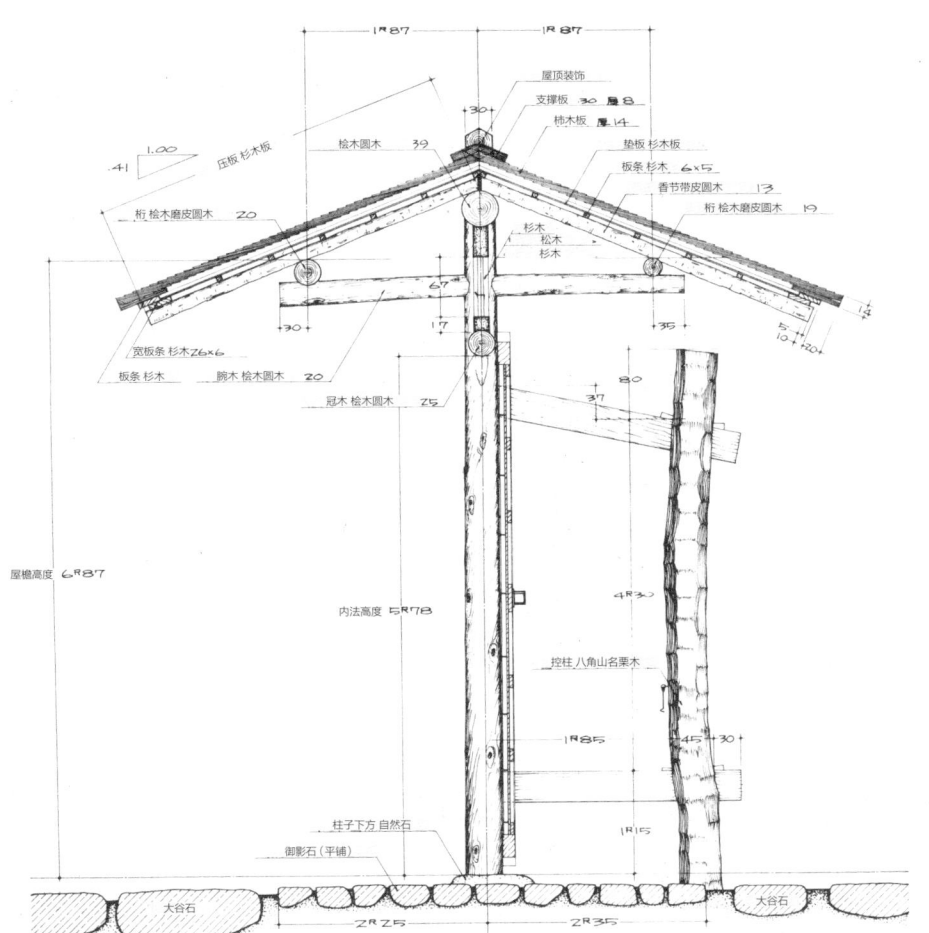

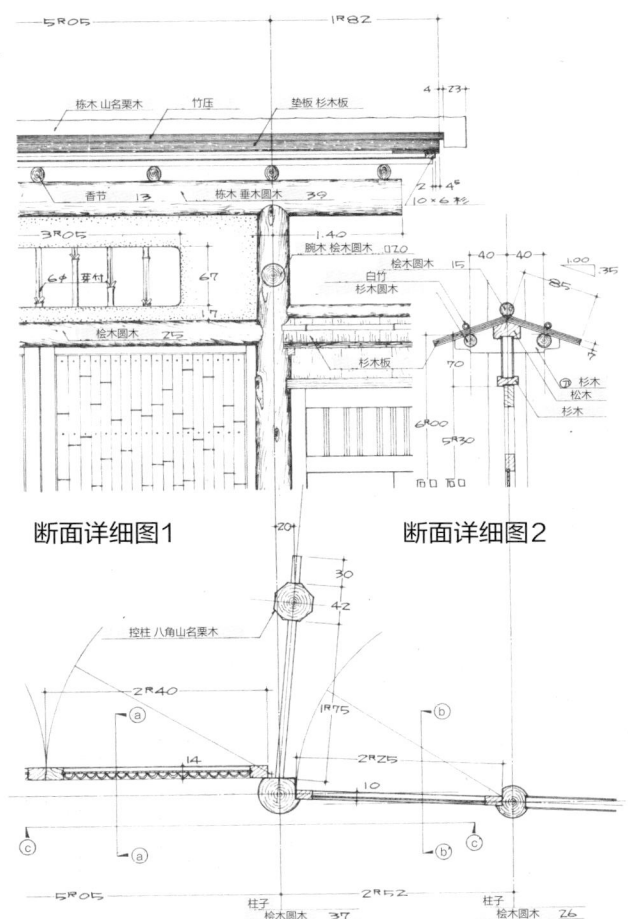

断面详细图3　比例尺1:20　　　　小门附近平面详细图　比例尺1:20

广田邸　实测图

锄柄邸

所有者	锄柄初朗
所在地	东京都杉并区
建造时间	1958年
设计、施工	不明

这个门建造在静静的角落，门虽小，但与周边环境十分和谐，给人格外清幽之感。门位于角落，选择这种建造方式是非常绝妙的。

门的形式并不特殊，是关东地区常见的一种门，利用门柱，支撑起造型简单的屋檐，给人一种轻巧的感觉。

屋檐下方显得很暗，有助于增强整体的厚重感。门整体的色调柔和而古朴，让人过目不忘。

门窗隔扇等的尺寸和材料

	双开门	单开门
高度	5尺5寸	3尺9寸
宽度	2尺6寸	2尺1寸
厚度	1寸4分	1寸
竖框	固定，不开合侧3寸2分 不固定，合侧3寸1分	固定，不开合侧1寸9分 不固定，开合侧1寸8分
上栈	4寸3分	2寸7分
下栈	5寸4分	3寸1分
中栈	1寸8分	
横栈	3寸7分	
细木	外框 宽1寸7分×厚度8分 2根	
竖条	外框 宽1寸4分×厚度5分 2根	
完成	外框 宽1寸5分×厚度8分 杉木镜面板	杉木镜面板

トベラ	海桐花
クス	樟树
ハクチョウゲ	满天星
クロガネモチ	铁冬青
ハマシノブ	铁杆蒿
ツワブキ	大吴风草
ヒノキ	扁柏
オカメザサ	倭竹
シャシャンボ	南烛
カシ	枥树
ヤブコウジ	紫金牛
ヤブラン	土麦冬
ウノレシ	漆树
シズスギ	垂穗石松
ヒラト	平藤

平面图　比例尺1:50

锄柄邸　实测图

袖壁　　　　　　　　　　门的内侧　　　　　　　　　　　　　　　门的下半部分

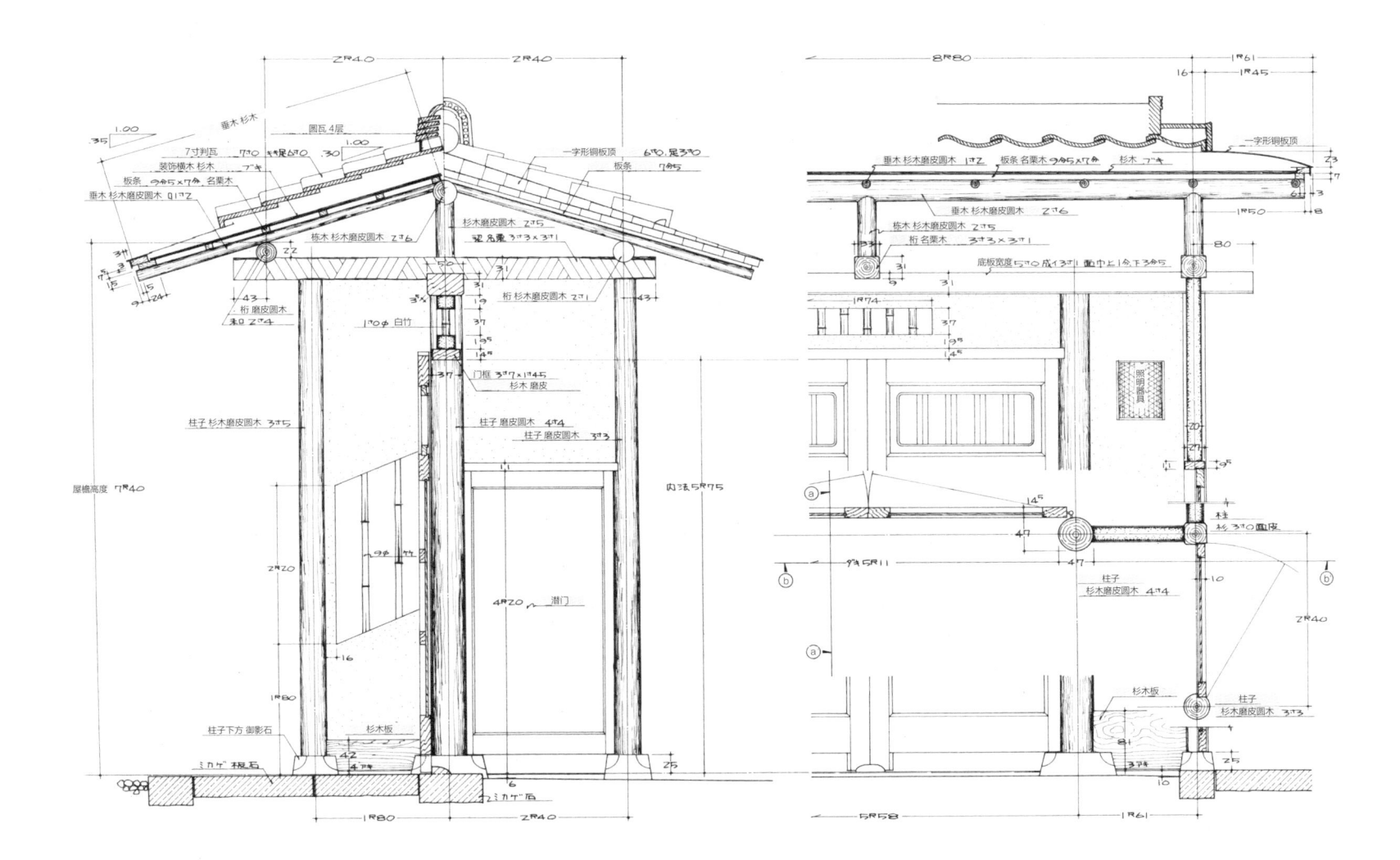

a-a断面详细图　比例尺1:20　　　　　　　平面详细图及b-b断面详细图　比例尺1:20

锄柄邸　实测图

沿着碎石路边走边往前看，建筑的正门和其左右的树篱很漂亮，给人一种动感十足的感觉。这可能是因为柱子的位置不在同一直线上，显得很活泼。另外，左侧柱子的基石的高度比靠右侧的柱子低，这种新奇的设计让人印象深刻。

在丝柏皮铺成的屋顶下形成的空间很大，使正门整体看起来更加气派。

都酒店 佳水园

管理者	都酒店
所在地	京都市东山区
建造时间	1960年
设计	村野藤吾
施工	木林组

门窗隔扇等的尺寸和材料

双开门

高度	4尺7寸
宽度	2尺2寸
厚度	1寸2分
竖框	固定，不开合侧1寸5分 不固定，开合侧1寸5分
上栈	1寸8分
下栈	1寸8分
中栈	2寸7分×3分　2根
横栈	外框　宽3寸5分×厚度5分　1根
竖条	外框　宽8分×厚度8分　2根
完成	1寸3分×1寸5分　3根

b-b断面详细图

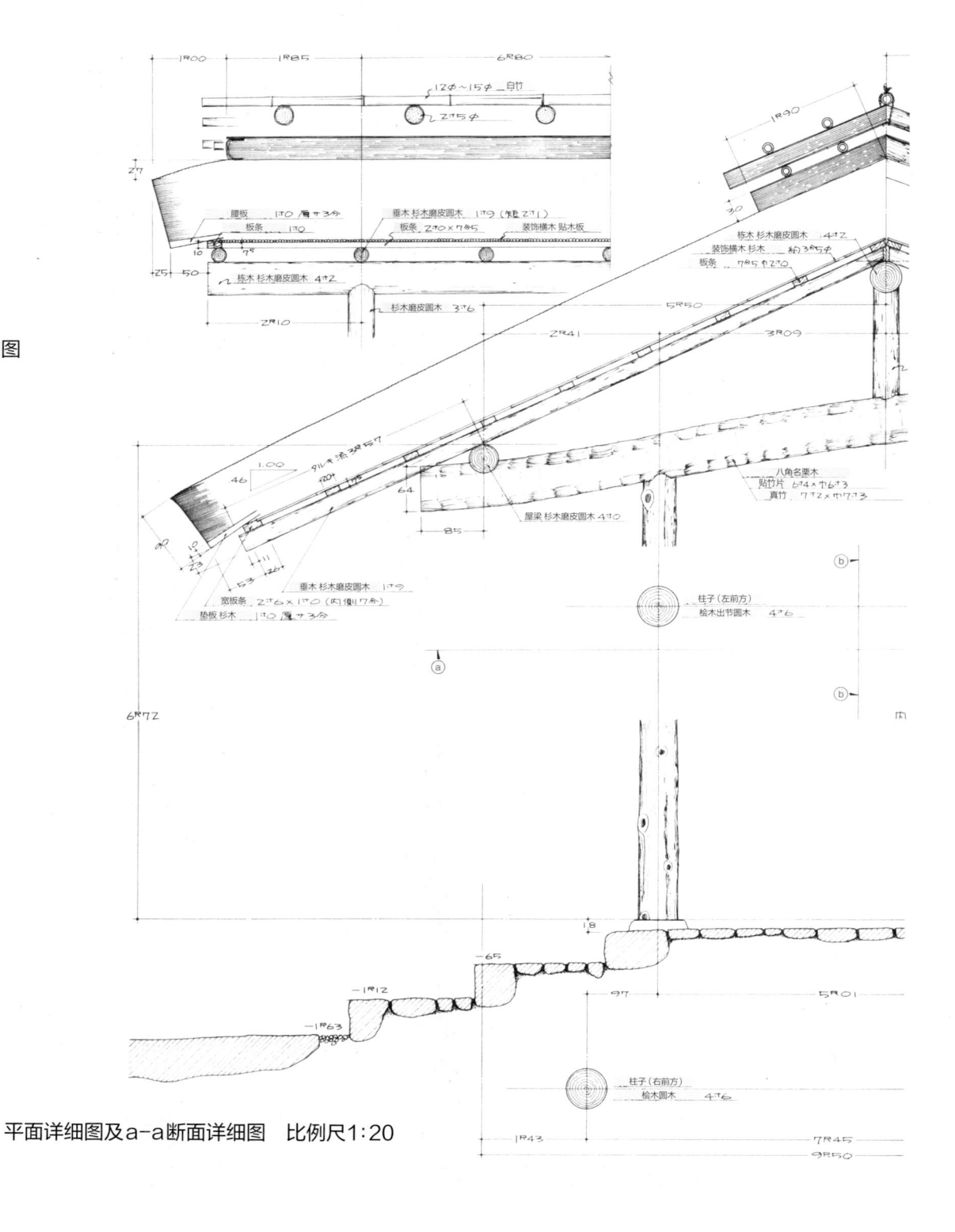

平面详细图及a-a断面详细图　比例尺1:20

都酒店 佳水园　实测图

梁、桁架和屋檐

屋脊装饰

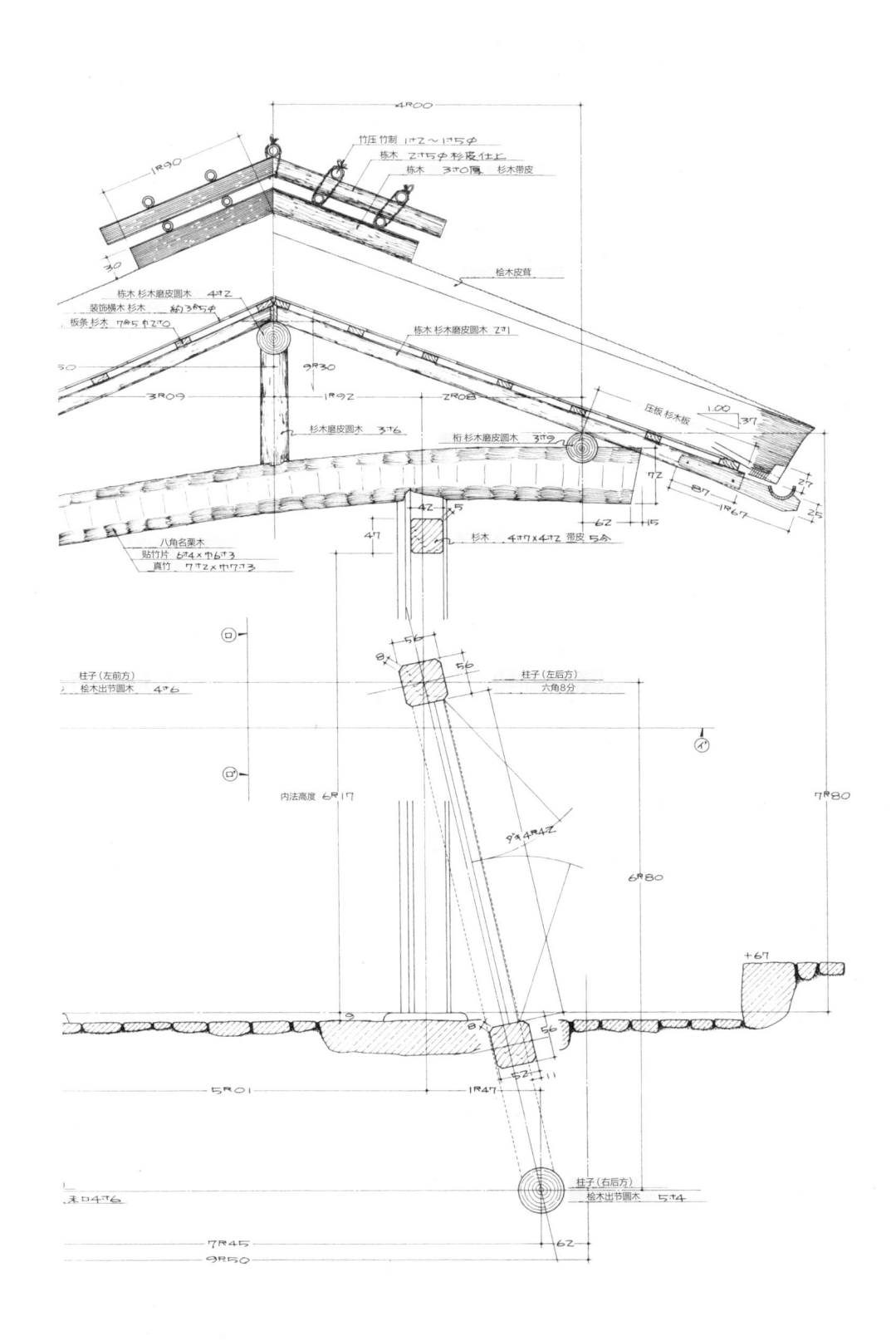

都酒店 佳水园 实测图

アオキ	青木
アセビ	马醉木
イロハカエデ	变色枫树
ネズミモチ	日本女贞
タイショウチワ	大明竹
クサソテツ	荚果蕨

平面图　比例尺1:50

都酒店　佳水园　实测图

铃木邸	
管理者	铃木宗康
所在地	京都市北区
建造时间	1961年
设计	铃木贞夫
施工	木子工作室

该宅邸石砌的围墙延伸开来,门布置在东南方的一角。

门的宽度、高度、顶部的大小都很协调。门两侧的宽木墙显得很简朴,给人一种茶人之家大门的感觉。

丝柏的柱子和门楣、圆形的椽子、天花板等,都选用常见的材料,但做工精良,可见匠心。

门窗隔扇等的尺寸和材料

推拉门

高度	6尺7寸
宽度	3尺3寸
厚度	9分
竖框	1寸9分
上栈	2寸5分
下栈	5寸9分
竖框	外框 宽7分×厚度8分
横栈	里框 宽4分×厚度8分
贯	框 宽7分×厚度3分 5根

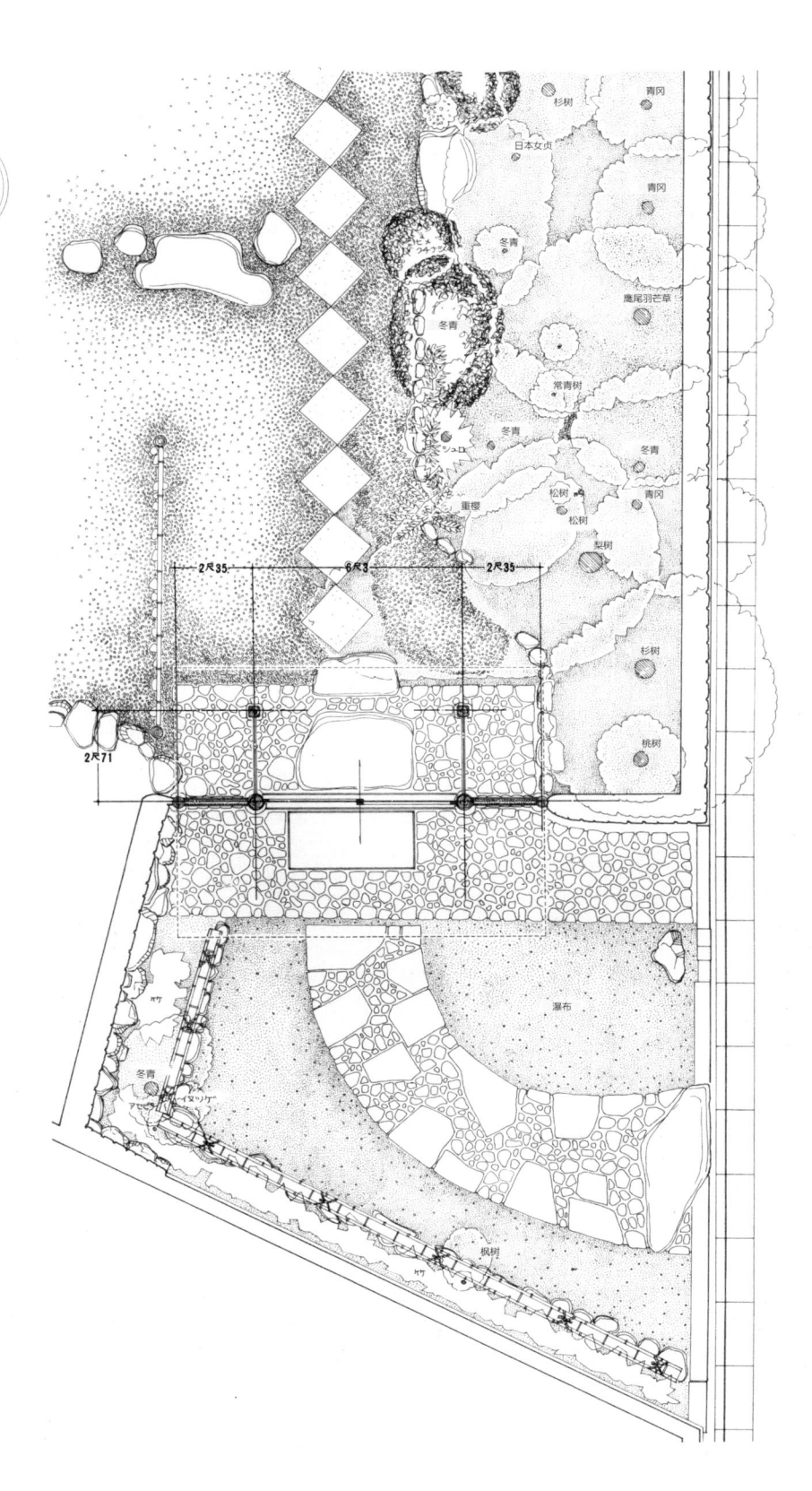

平面图　比例尺1:50

铃木邸　实测图

日本建筑集成　数寄屋门　204

门的内侧 　　　　　　　　屋顶内侧仰视图

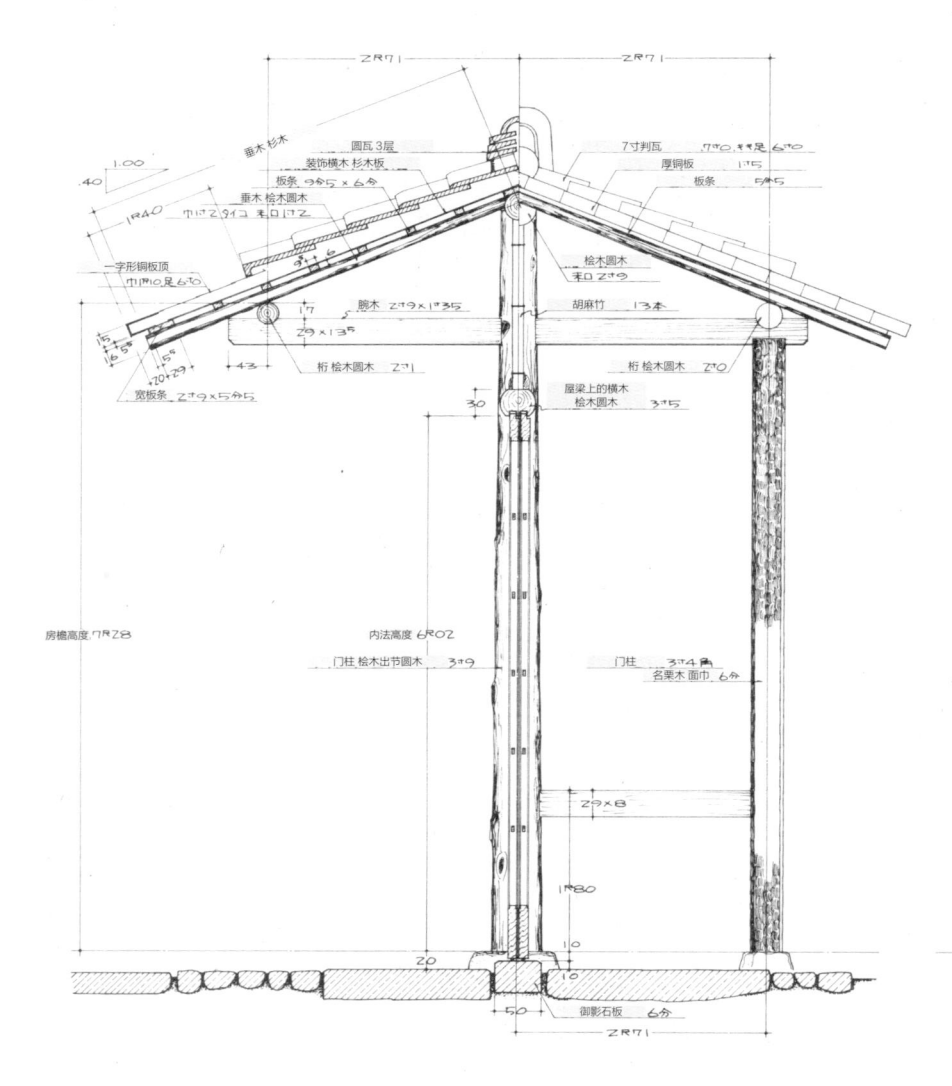

a-a断面详细图　比例尺1:20 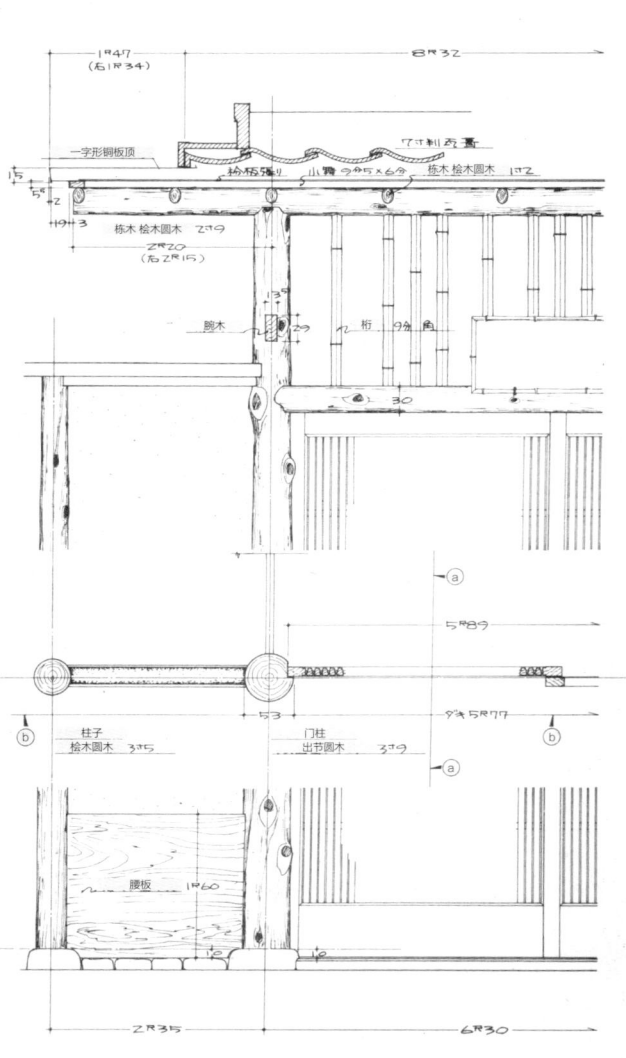　　　　　平面详细图及b-b断面详细图　比例尺1:20

铃木邸　实测图

这扇门充分体现了木结构的趣味性。从柱子到椽子，多用圆木，整体的组合表现了对木材的灵活应用。

格子推拉门和宽腰板使这扇门充满紧张感。打开门，通向玄关的露地上，大大小小的飞石组合在一起，与周围的杉苔融为一体，非常美丽。

小泽邸

所有者	小泽悦治
所在地	京都市右京区
建造时间	1963年
设计	小泽悦治
施工	木村工务店

门窗隔扇等的尺寸和材料

	双开格子推拉门	单开门
高度	5尺9寸	5尺1寸
宽度	2尺9寸	2尺
厚度	1寸	1寸
竖框	2寸	2寸
上栈	2寸5分	2寸8分
下栈	4寸9分	2寸9分
竖条	外框　宽6分×厚8分　27根	
贯	外框　宽3寸3分×厚4分	
完成	杉木板	

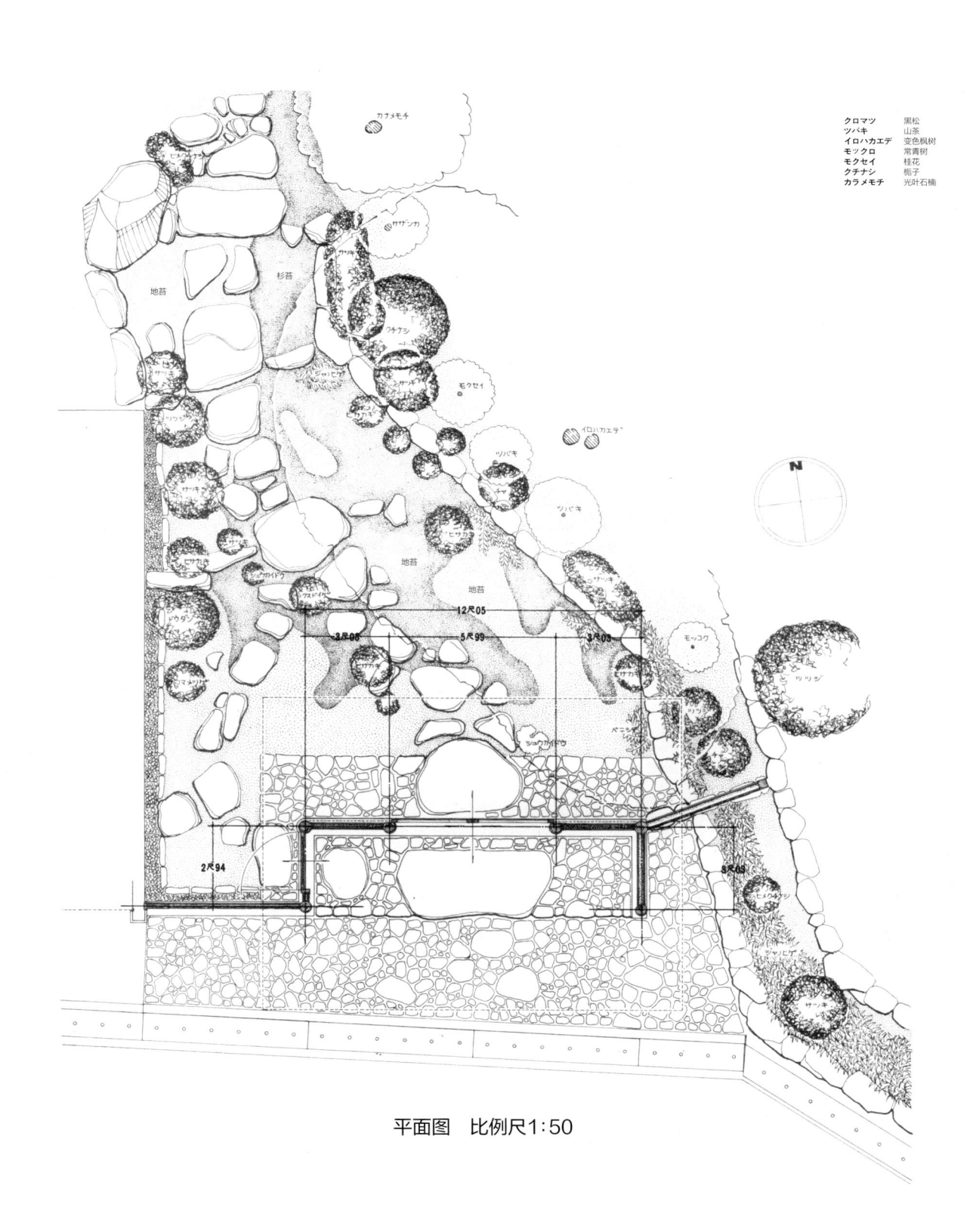

クロマツ　　黑松
ツバキ　　　山茶
イロハカエデ　变色枫树
モッコク　　常青树
モクセイ　　桂花
クチナシ　　栀子
カラメモチ　光叶石楠

平面图　比例尺1:50

小泽邸　实测图

日本建筑集成　数寄屋门

门的内侧

屋顶侧面

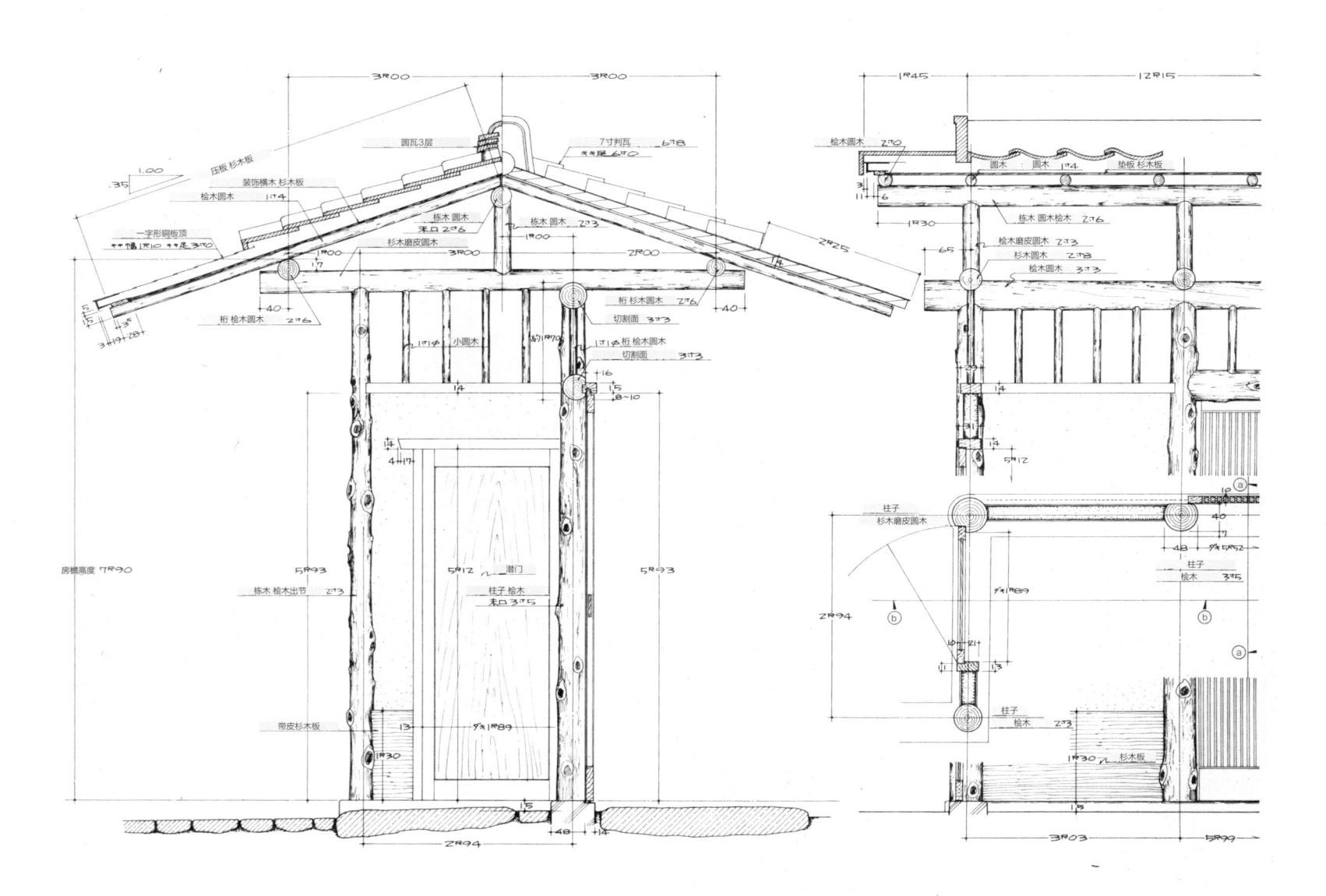

a-a断面详细图　比例尺1:20

平面详细图及b-b断面详细图

小泽邸　实测图

木下邸	
所有者	木下信义
所在地	京都市伏见区
建造时间	1968年
设计、施工	上野工务店

该宅邸的正门可以说是延续传统的门的构造进行创作的例子。门与主屋的协调性非常好，可以看出设计者非常重视建筑整体的平衡。

虽然从外部看不出来，但是门的内部使用了铁架，去掉了门柱。

门窗隔扇等的尺寸和材料

推拉门

高度	6尺3寸
宽度	3尺9寸
厚度	1寸5分
竖框	1寸5分
上栈	2寸
下栈	3寸8分
竖条	外框　宽8分×厚9分　28根
贯	外框　宽8分×厚3分　3根

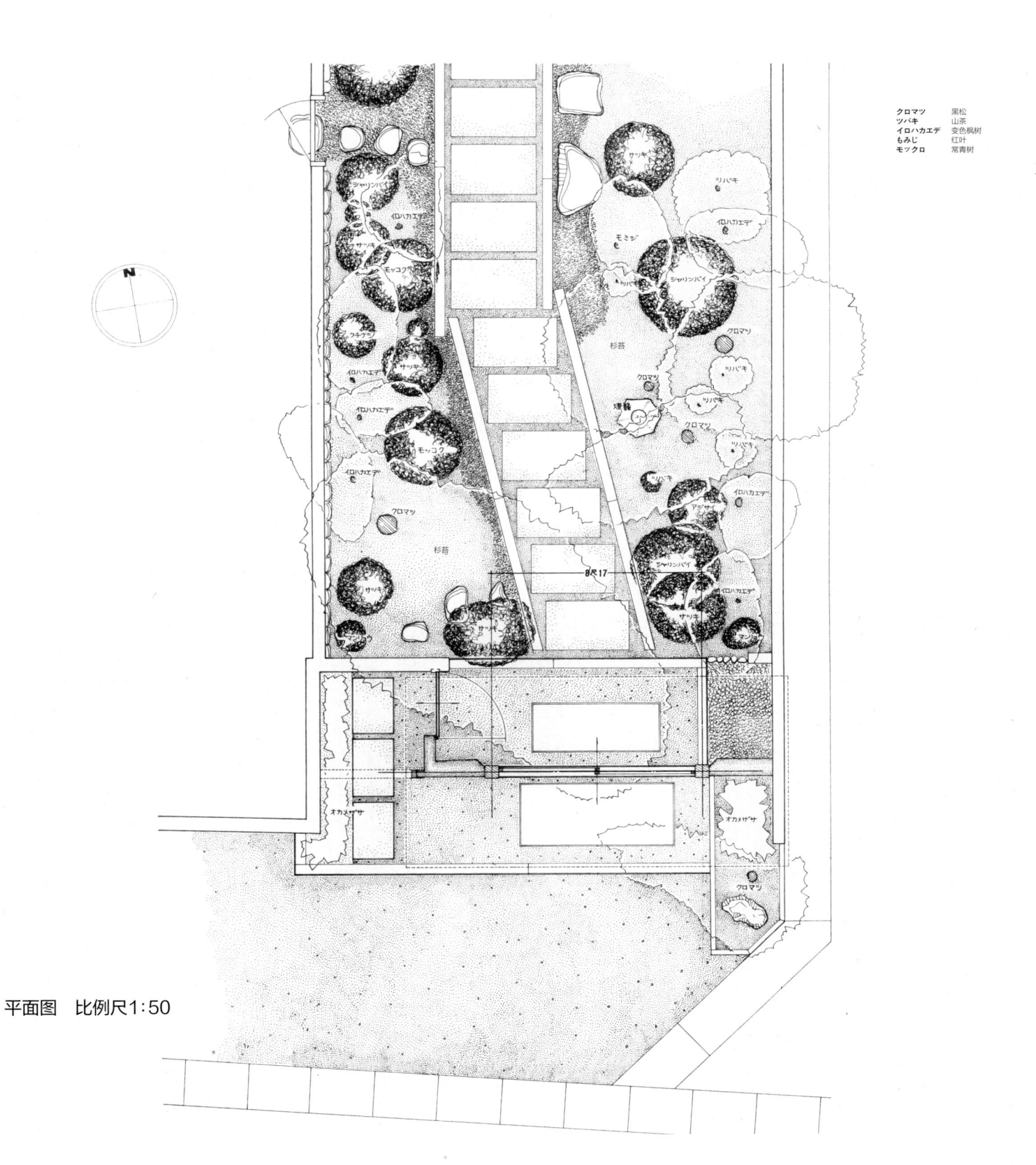

クロマツ	黑松
ツバキ	山茶
イロハカエデ	变色枫树
もみじ	红叶
モックロ	常青树

平面图　比例尺1:50

木下邸　实测图

屋顶内部

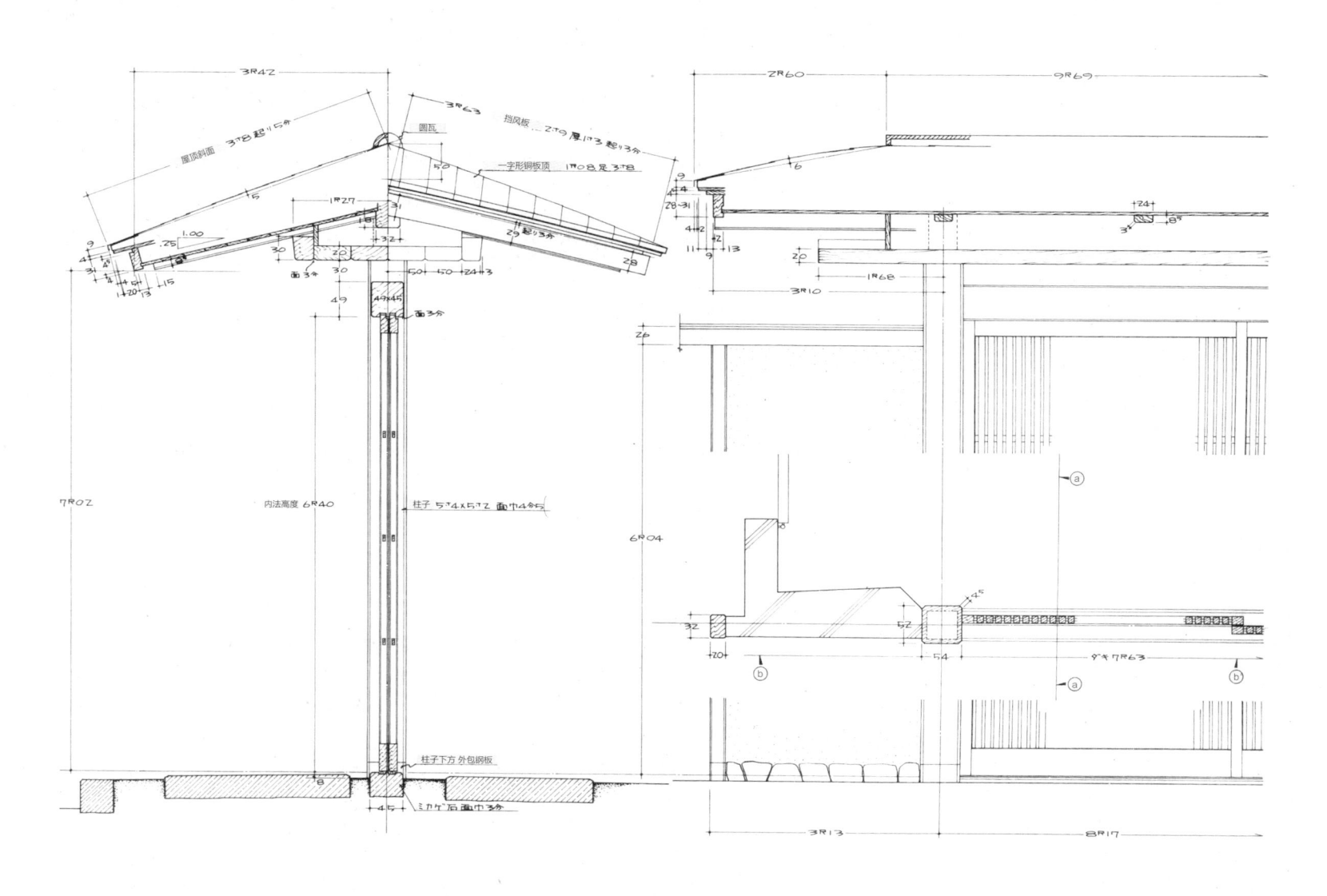

a-a断面详细图　比例尺1:20

平面详细图及b-b断面详细图　比例尺1:20

木下邸　实测图

山下邸

所有者	山下达雄
所在地	京都市北区
建造时间	1966年
设计	山下达雄
施工	上野工务店

山下邸位于平野神社附近，巧妙地利用角地建造而成。

正门的设计强调纵深感，虽然使用了多种不同的材料，但是整体的构成给人朴素的感觉。门两侧的墙壁显得自然古朴，附近摆放有石头，整体布置得很悠闲自得。

门窗隔扇等的尺寸和材料

	双开推拉门	单开门
高度	6尺2寸	5尺5寸
宽度	2尺7寸	2尺3寸
厚度	1寸	
竖框	1寸3分	
上栈	1寸6分	
下栈	3寸5分	
竖条	外框　宽6分×厚7分	
横条	外框　宽6分×厚7分	
完成	表里均为杉木名栗板	

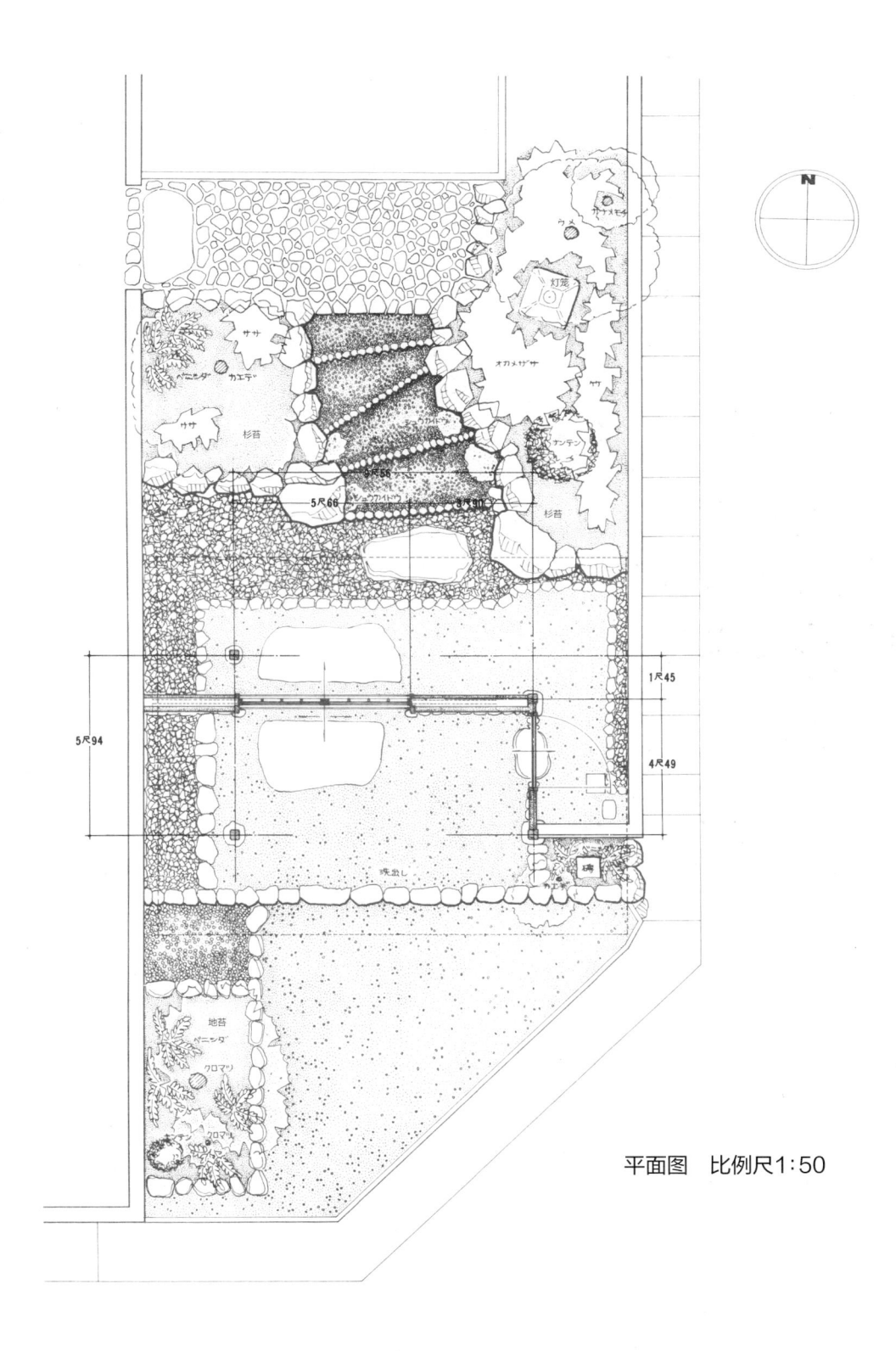

カエデ	枫树
ササ	细竹
おかめザサ	日本倭竹
クロマツ	黑松
キャラボク	紫杉
スギ	杉树
シュロチク	棕榈竹

平面图　比例尺1∶50

山下邸　实测图

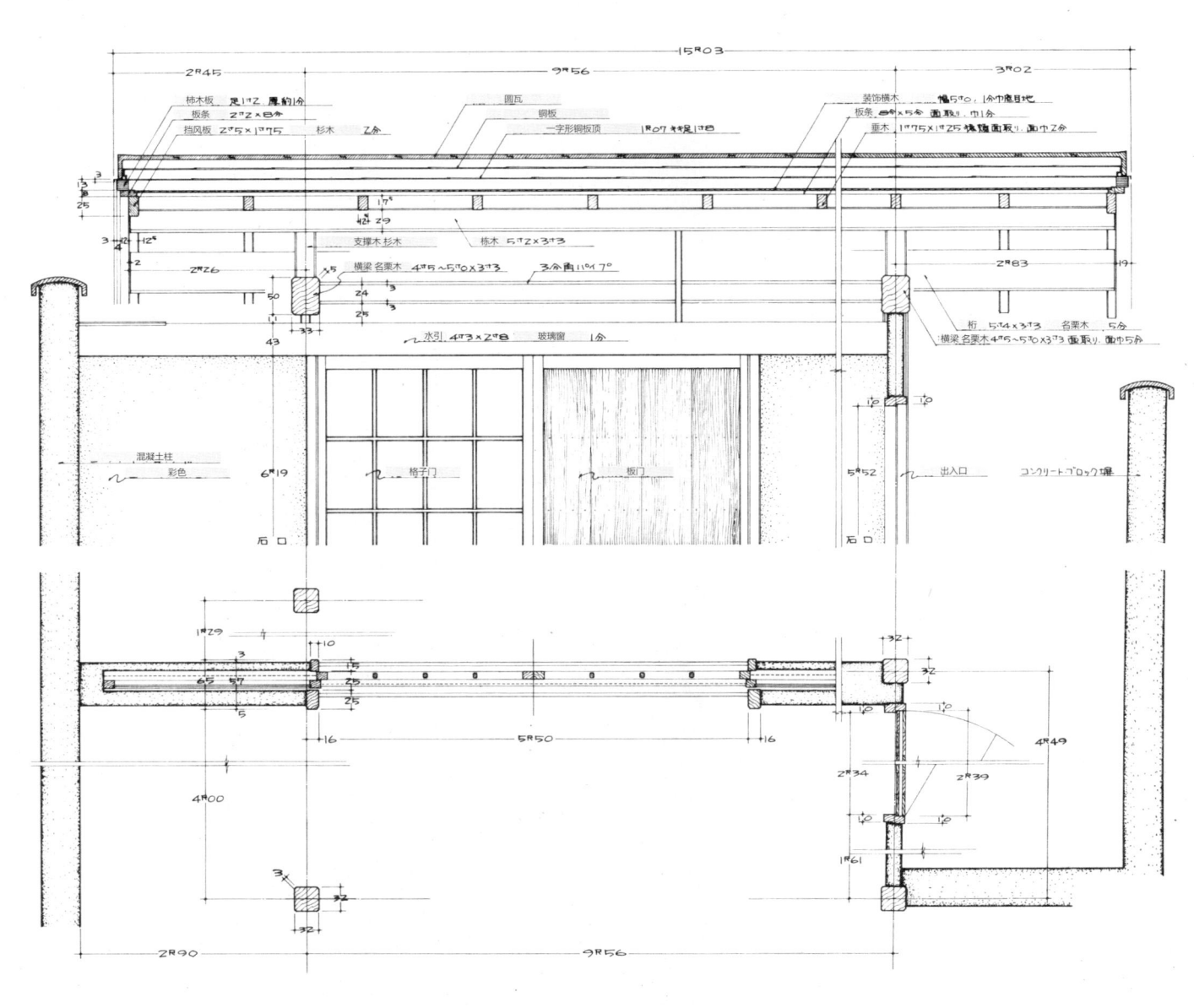

平面详细图及断面详细图　比例尺1∶20

山下邸　实测图

檐头　　　　　　　　屋顶内部　　　　　　小门上部

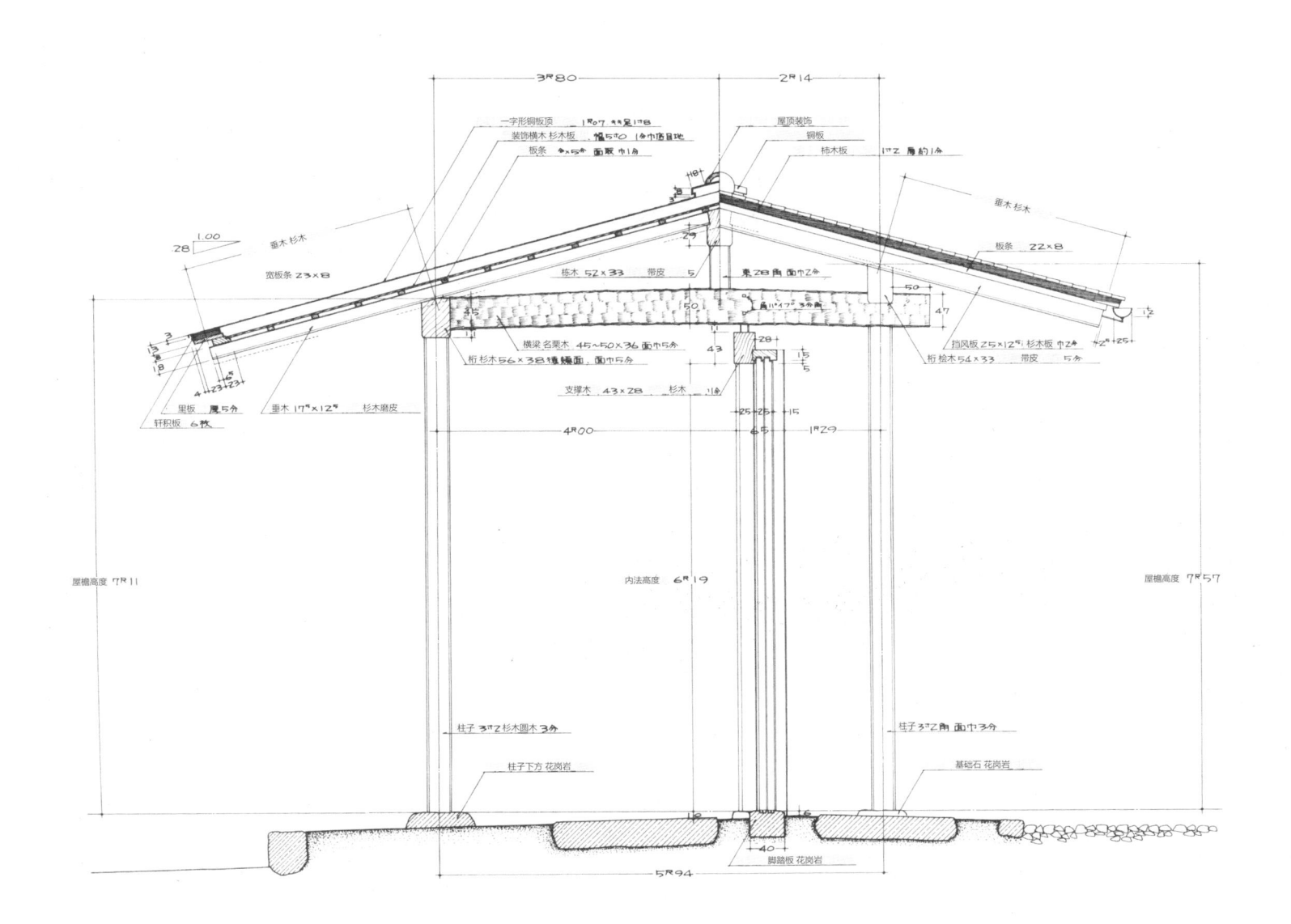

大梁断面详细图　比例尺1:20

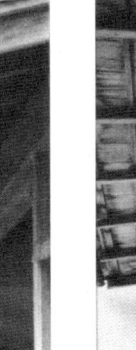

山下邸　实测图

猪股邸

所有者	猪股猛
所在地	东京都世田谷区
建造时间	1966年
设计	吉田五十八
施工	水泽工务店

在幽静的住宅区里，有一道漂亮的树篱，其后栽着大大小小的松树，这道门便在这里立着。

乍一看构造简单，但墙面、入口、灯具的布置都经过计算，让人感受到空间构成的绝妙。

门窗隔扇等的尺寸和材料

单拉门

高度	5尺9寸
宽度	3尺2寸
厚度	1寸2分
竖框	外框宽 1寸5分
上栈	1寸3分
下栈	2寸3分
竖条	外框 宽1寸1分×厚1寸2分
贯	外框 宽1寸3分

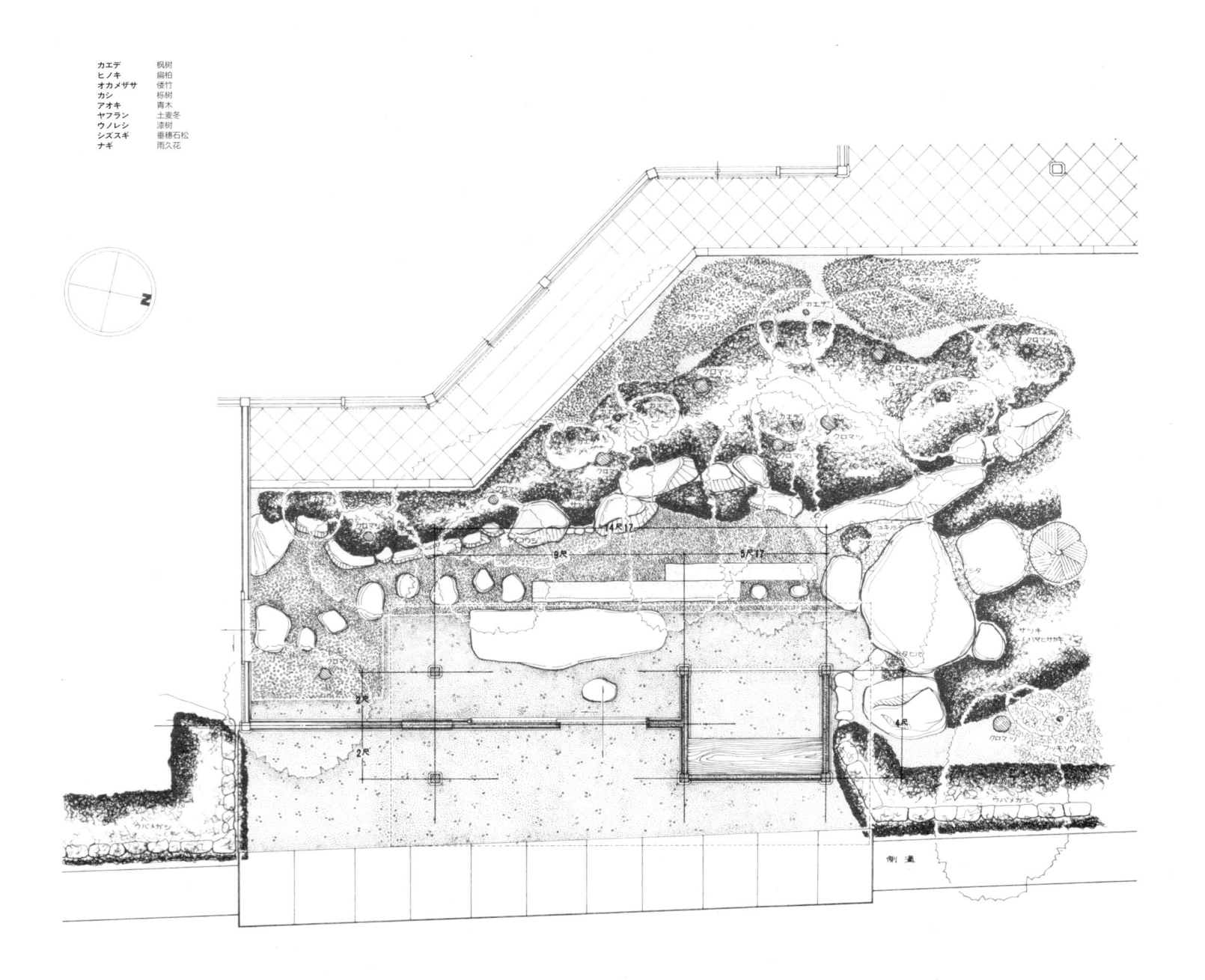

カエデ	枫树
ヒノキ	扁柏
オカメザサ	倭竹
カシ	栎树
アオキ	青木
ヤブラン	土麦冬
ウノレシ	漆树
シズスギ	垂穗石松
ナギ	南久花

平面图　比例尺1∶50

猪股邸　实测图

大门内侧 　　　　　　　　　　　从屋檐内看露地口 　　　　　　　门的下部

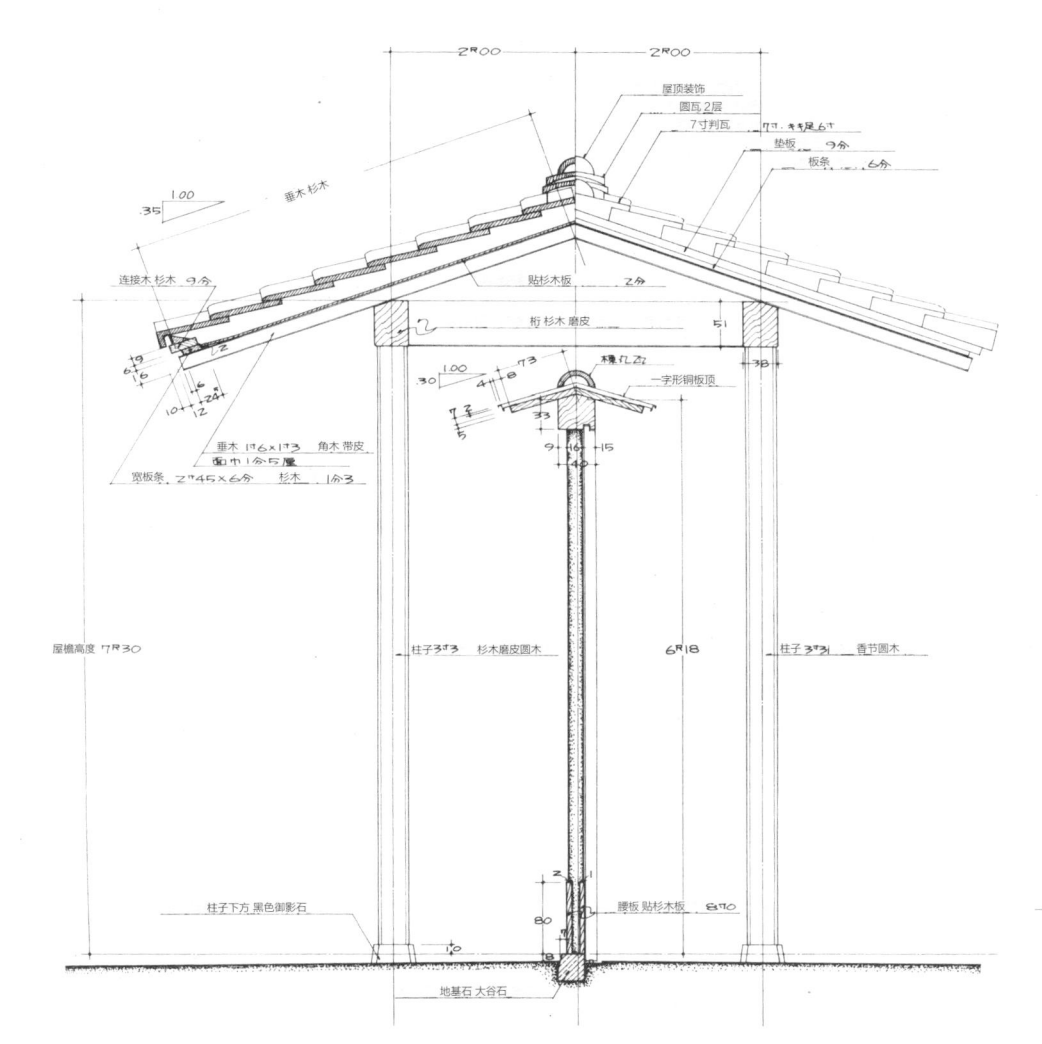

a-a断面详细图　比例尺1:20 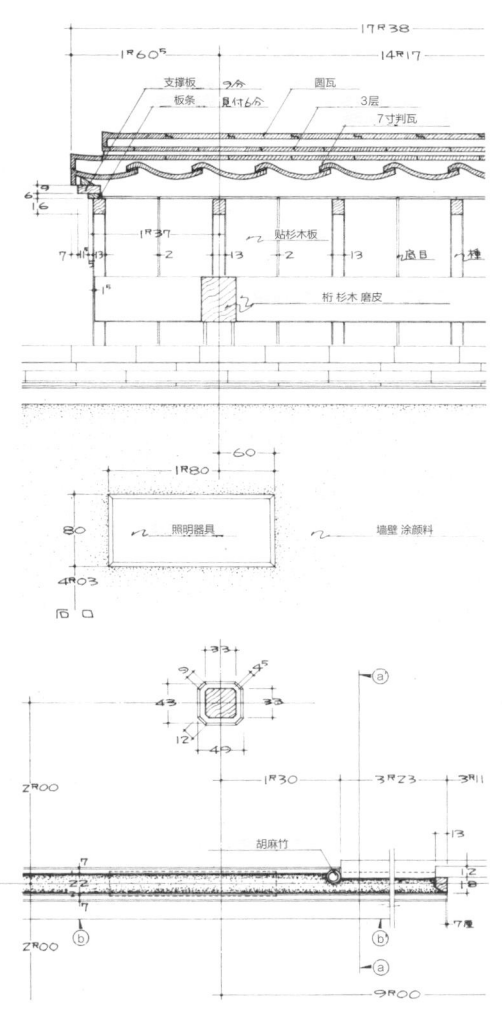　　　　　　　左端平面详细图　比例尺1:20

猪股邸　实测图

登原邸

- 所有者　登原久美子
- 所在地　东京都涩谷区
- 建造时间　1965年
- 设计　田中青滋
- 施工　株式会社叶家

登原邸位于面向涩谷高台的斜坡上。建筑以现代数寄屋的风格建造而成，入口的框架较小，强调左右两边的墙面。进入宅邸和出来时的景色截然不同，给人一种别样的感觉。

正门给人一种雅致的感觉，圆木椽子、桁架、横梁等都是用纤细的木材做成的，整体显得十分协调。

门窗隔扇等的尺寸和材料

双开推拉门

高度	5尺9寸
宽度	2尺9寸
厚度	9寸5分
竖框	1寸3分
上栈	1寸1分
下栈	2寸9分
竖条	外框　宽6分×厚7分　4根
贯	1寸1分×2寸　2根 7寸×2寸　5根
完成	杉木板

桁架和横梁

タイショウチワ	大明竹
クサソテツ	荚果蕨
アオキ	青木
マサキ	大叶黄杨
イワナンテン	筒花木藜芦
サカキ	常青树
カナメモチ	光叶石楠
ラカンマキ	小叶罗汉松
キャラボク	彩杉
スギ	杉树

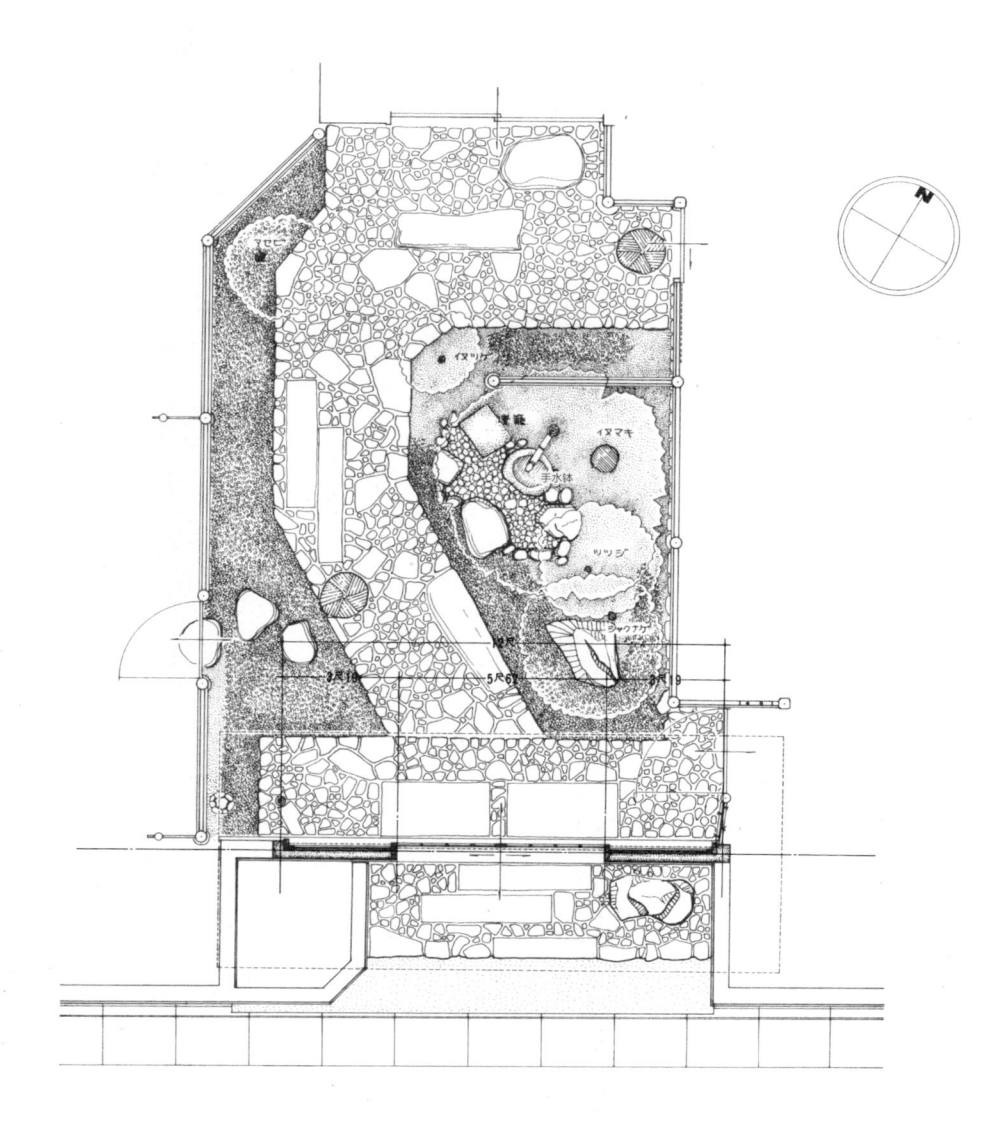

平面图　比例尺1:50

登原邸　实测图

推拉门内侧 　　　　　　　推拉门外侧 　　　　　　　门柱

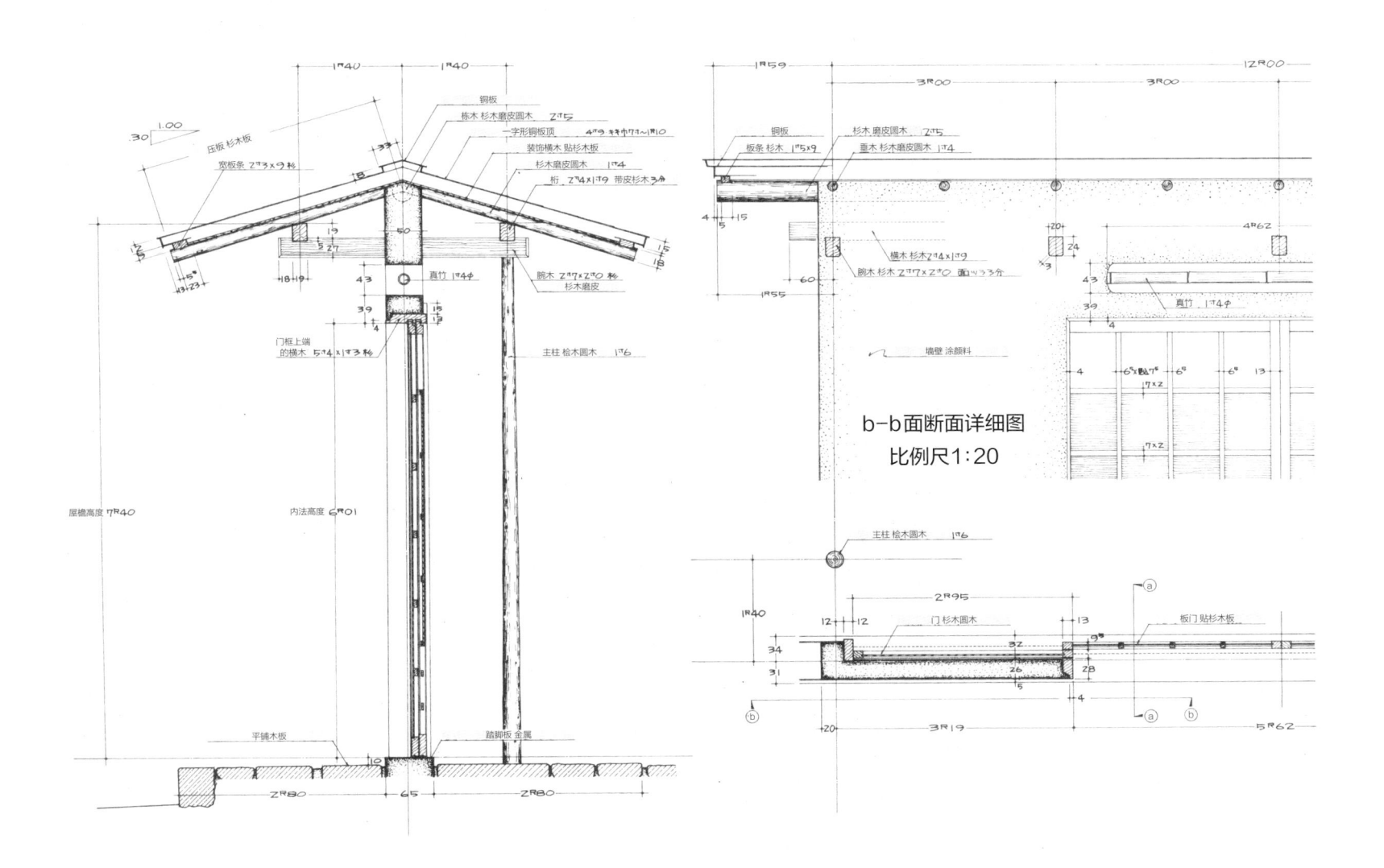

a-a面断面详细图　比例尺1:20　　　　　　　左侧平面详细图　比例尺1:20

b-b面断面详细图
比例尺1:20

登原邸　实测图

川口邸

所有者	川口正夫
所在地	大阪府吹田市
建造时间	1967年
设计	松村次郎
施工	大西工务店

宅邸的正门不宽，周围也没有绿植，但是门与周边的景色保持着非常良好的平衡。作为所谓的小型住宅的门，这一正门的设计是可圈可点的。

门的右侧设有一个小的等候室，那里开着一扇墙底窗，平衡了门的单调感。柱子、桁架、横梁等都是用杉树圆木经过仔细斟酌布置而成。栏间的设计也下了一番功夫。

门窗隔扇等的尺寸和材料

推拉门

高度	5尺6寸
宽度	2尺7寸
厚度	1寸
竖框	1寸3分
上栈	1寸6分
下栈	4寸8分
竖条	外框　宽1寸×厚7分　19根
贯	外框　宽9分×厚3分

サカキ	常青栎
ヤマモモ	杨梅
トベラ	海桐花
クス	樟树
ハクチョウゲ	满天星
クロガネモチ	铁冬青
ハマシノブ	铁杆蒿
ツワブキ	大吴风草
ヒノキ	扁柏
オカメザサ	倭竹
シャシャンボ	南烛
カシ	栲树

平面图　比例尺1:50

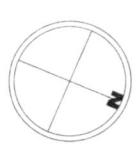

川口邸　实测图

柱子下端　　　　　　　　　　等候室　　　　　　　　　　　格窗

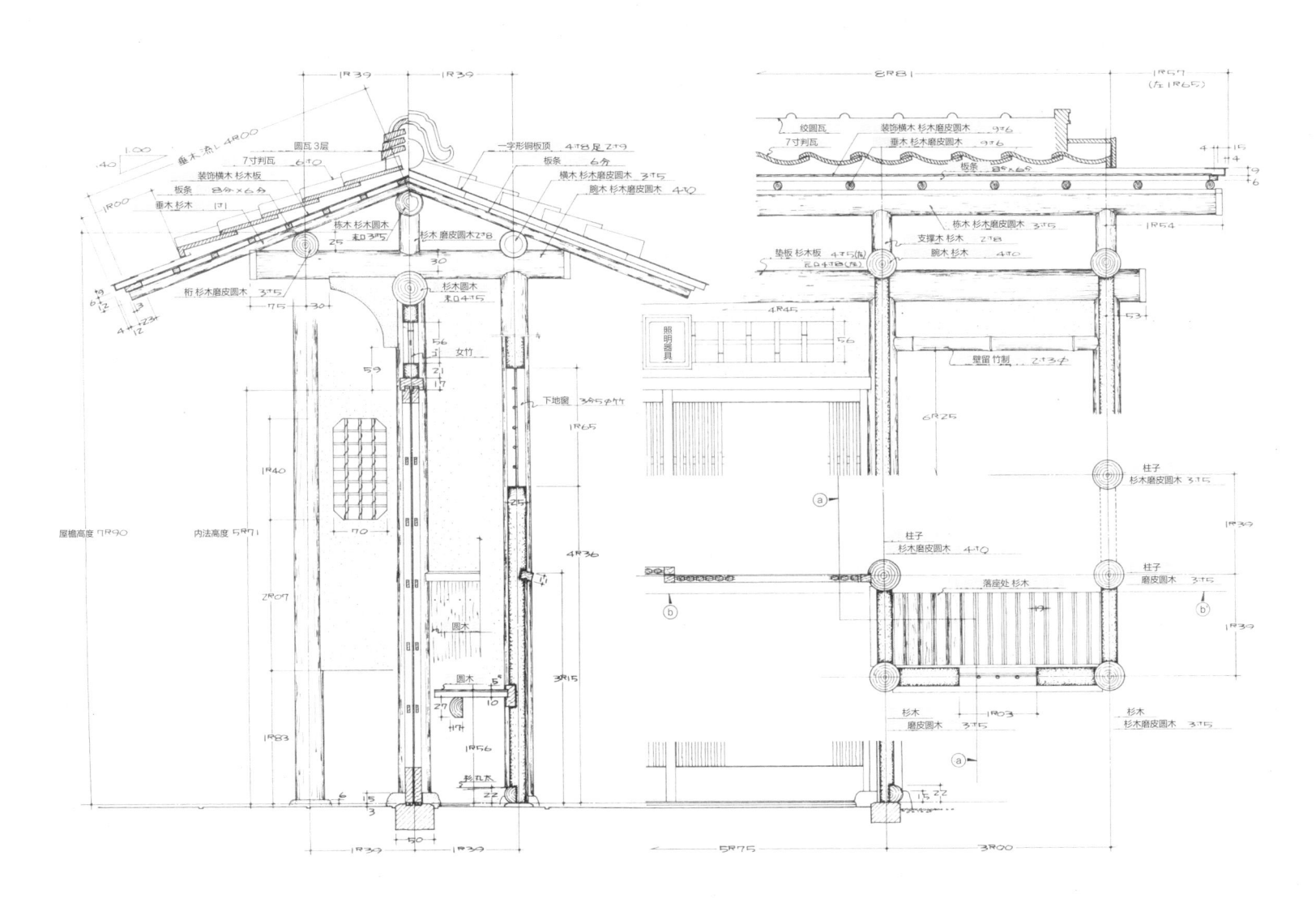

a-a面断面详细图　比例尺1:20　　　　　平面详细图及b-b面断面详细图　比例尺1:20

川口邸　实测图

| 日本建筑集成　数寄屋门 | 218 |

门窗隔扇等的尺寸和材料
双开推拉门

高度	6尺2寸
厚度	1尺1寸
竖框	1寸6分
上栈	1寸5分
下栈	2寸5分
贯	外框　宽6分×厚3分
竖条	外框　宽6分

M氏邸

所在地　东京都世田谷区
建造时间　1971年
设计　吉田五十八
施工　水泽工务店

整个建筑建在有着高低差的土地上，门建在和街道差不多高的土地上，而主屋建在用石头砌成的高地上。

正门整体的风格比较简单，给人一种自然的感觉。左侧的石墙和右侧的雪白墙壁，给人留下了深刻的印象。门窗的格子的粗糙度和门楣上部也给人一种新鲜的感觉。对空间的处理非常好。

モッコク　厚皮香
ネズミモチ　日本女贞
ヤブコウジ　紫金牛
エゴ　野茉莉
ヤマモシジ　山枫
シャラ　婆罗树
ナラ　栖栎
クヌギ　橡栎
アカマツ　赤松
ヒソシヤラ　丝柏
ヤマツツ　杜鹃花

平面图　比例尺1:50

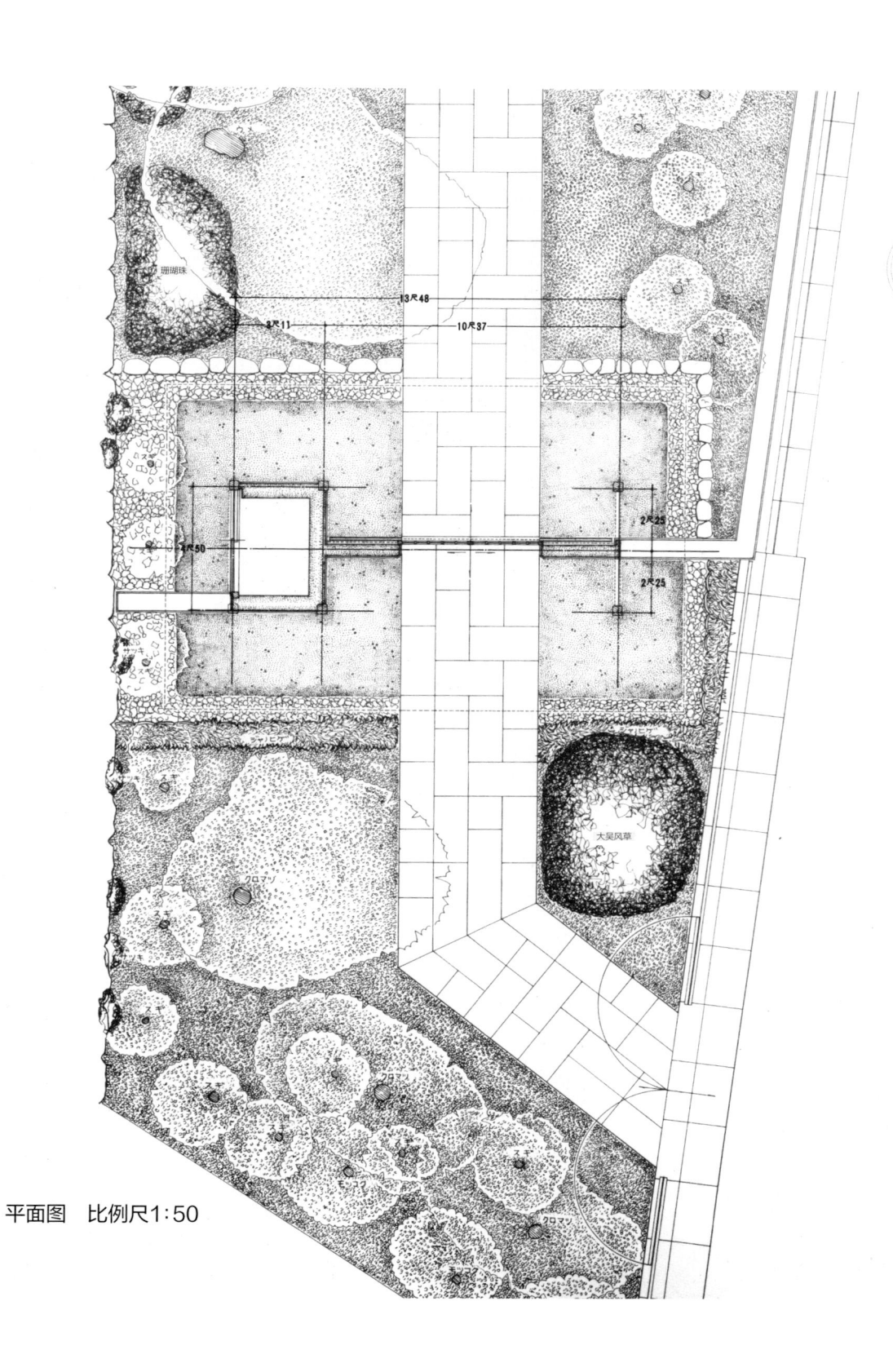

M氏邸　实测图

门的内侧 　　　　　　　　门 　　　　　　　　柱子上方 　　　　　　　　屋顶

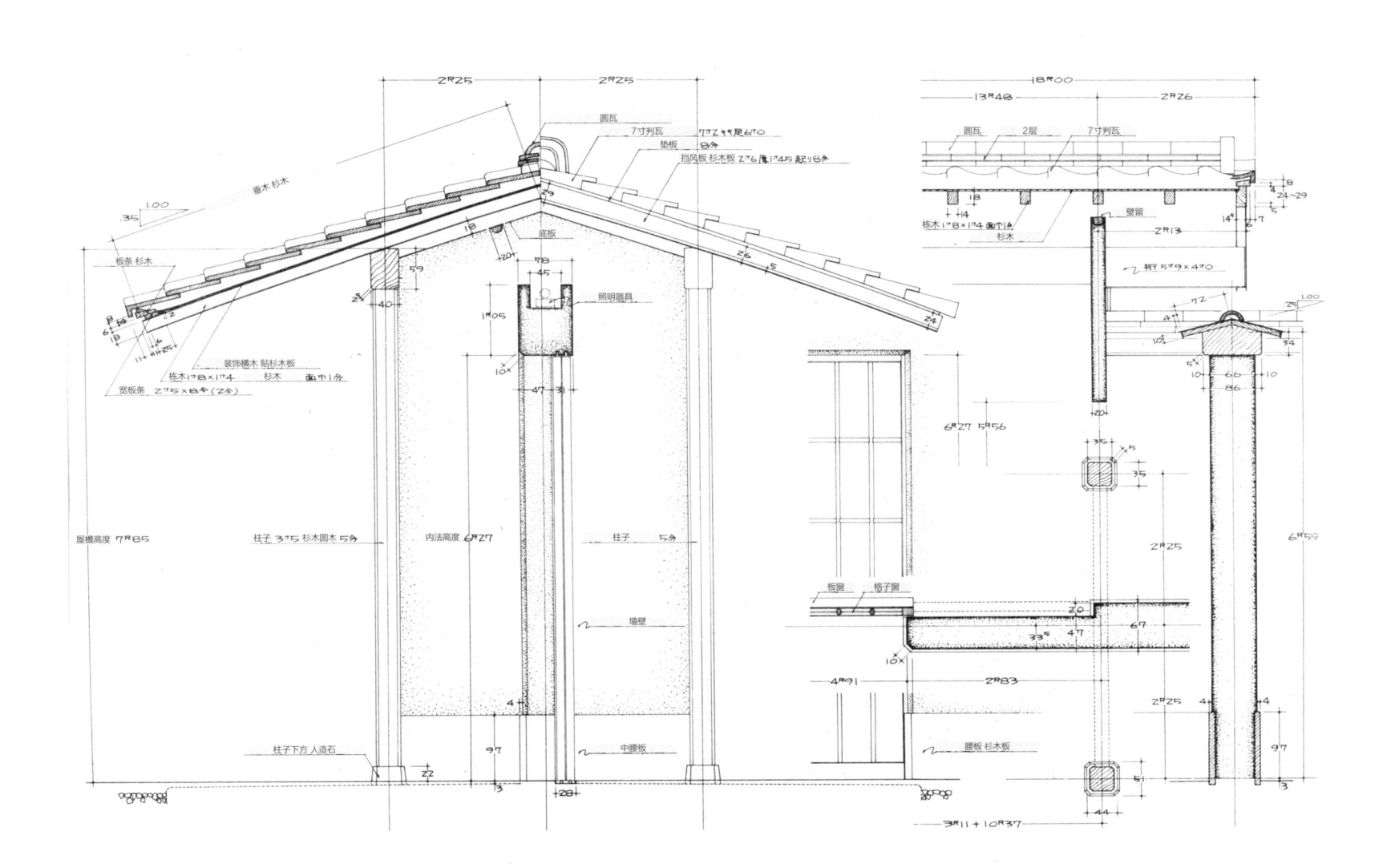

平面详细图及断面详细图　比例尺1:20

M氏邸　实测图

久保邸

所有者	久保友明
所在地	京都市右京区
建造时间	1971年
设计	株式会社吉村建筑事务所
施工	藤木工务店

久保邸非常特殊，是直接用混凝土建成的。虽然混凝土很难将数寄屋建筑的氛围完全表现出来，但这座建筑可以说是非常成功的作品。

杉木的柱子、搭在上面的门楣、用铜板铺成的屋顶看上去非常协调。门上的格子和左右两边的粗格子也很协调。

门窗隔扇等的尺寸和材料

双开门

高度	2米
宽度	1.3米
厚度	44毫米
竖条	外框 宽19毫米
横条	外框 宽20毫米
贯	外框 宽6分×厚3分
竖条	外框 宽6分

平面图　比例尺1:50

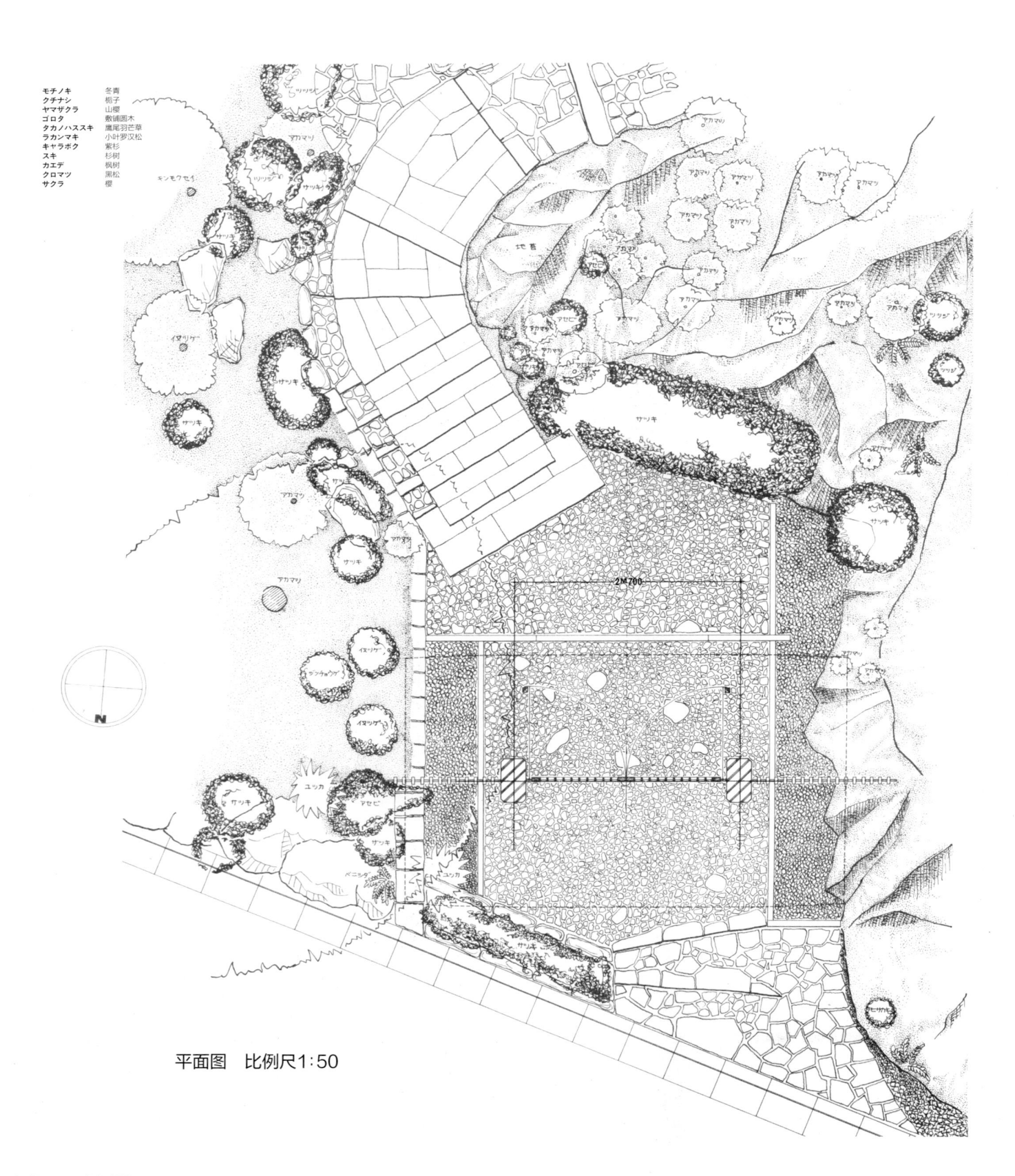

久保邸　实测图

屋顶内侧

屋顶的铜板

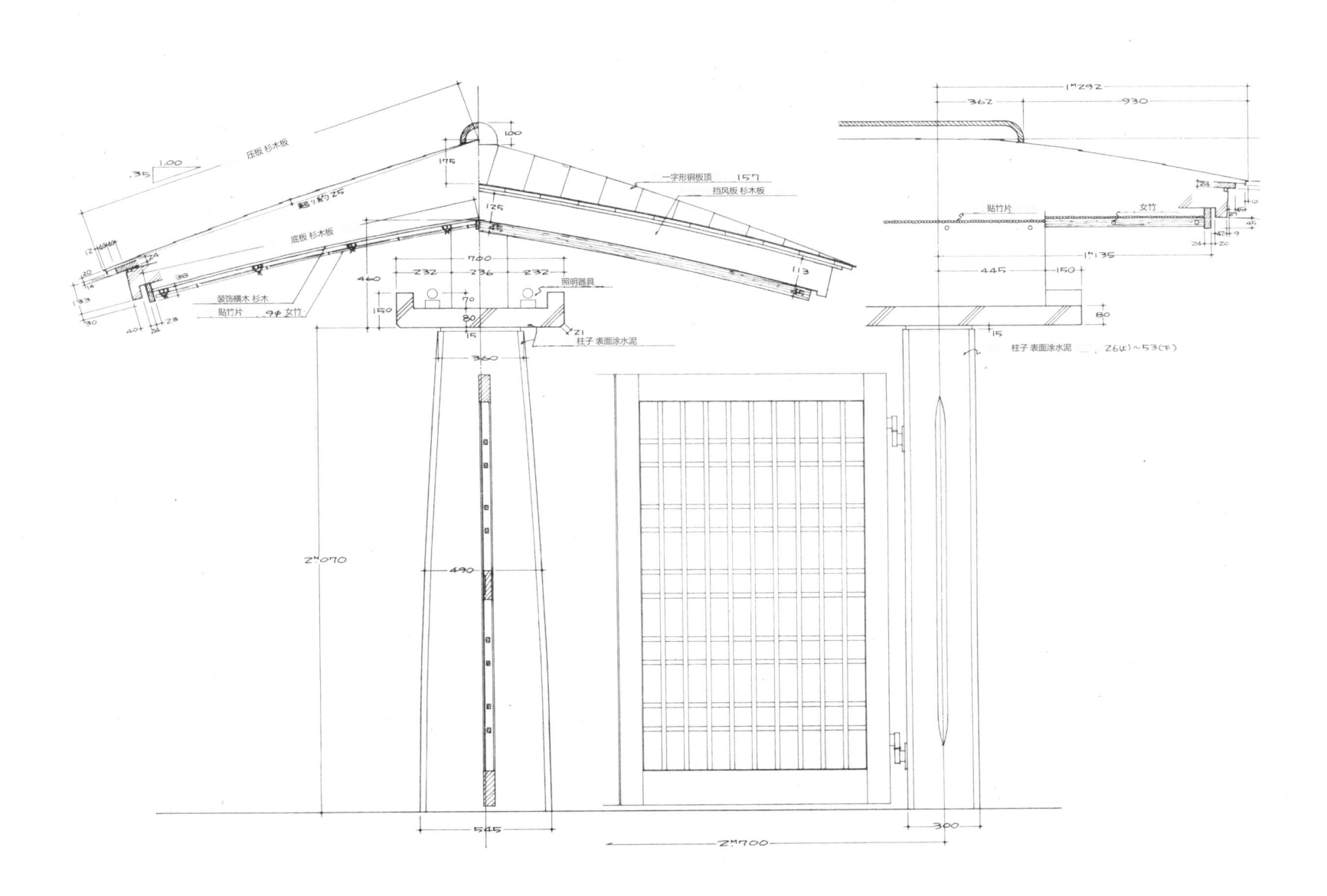

断面详细图　比例尺1:20

久保邸　实测图

杉本邸

所有者 杉本哲郎
所在地 京都市右京区
建造时间 1972年
设计 福井晟
施工 杉本哲郎

杉本邸建在与嵯峨野的御陵相接的广阔的土地上。沿着大道走下去，就会看到宅邸的大门，给人一种开阔的感觉。

门很大，右边是一栋小楼，设有等候室。

柱子、横梁、椽子等选用了北山的绞圆木（一种剥掉树皮，木头上有凹凸不平的竖向纹路的圆木）。

门窗隔扇等的尺寸和材料

	双开门	单开门
高度	6尺6寸	2尺8寸
宽度	3尺3寸	2尺5寸
厚度	1寸6寸	1寸6分
竖框	固定，不开合一侧3寸4分 不固定，开合一侧2寸8分	固定，不开合一侧3寸8分 不固定，开合一侧3寸5分
上栈	3寸9分	3寸9分
下栈	4寸9分	4寸9分
中栈	3寸9分 2根	
细木	外框 宽2寸6分 1根	外框 宽2寸5 4根
竖条	外框 宽6寸5分 1根	
完成	杉木板	杉木板

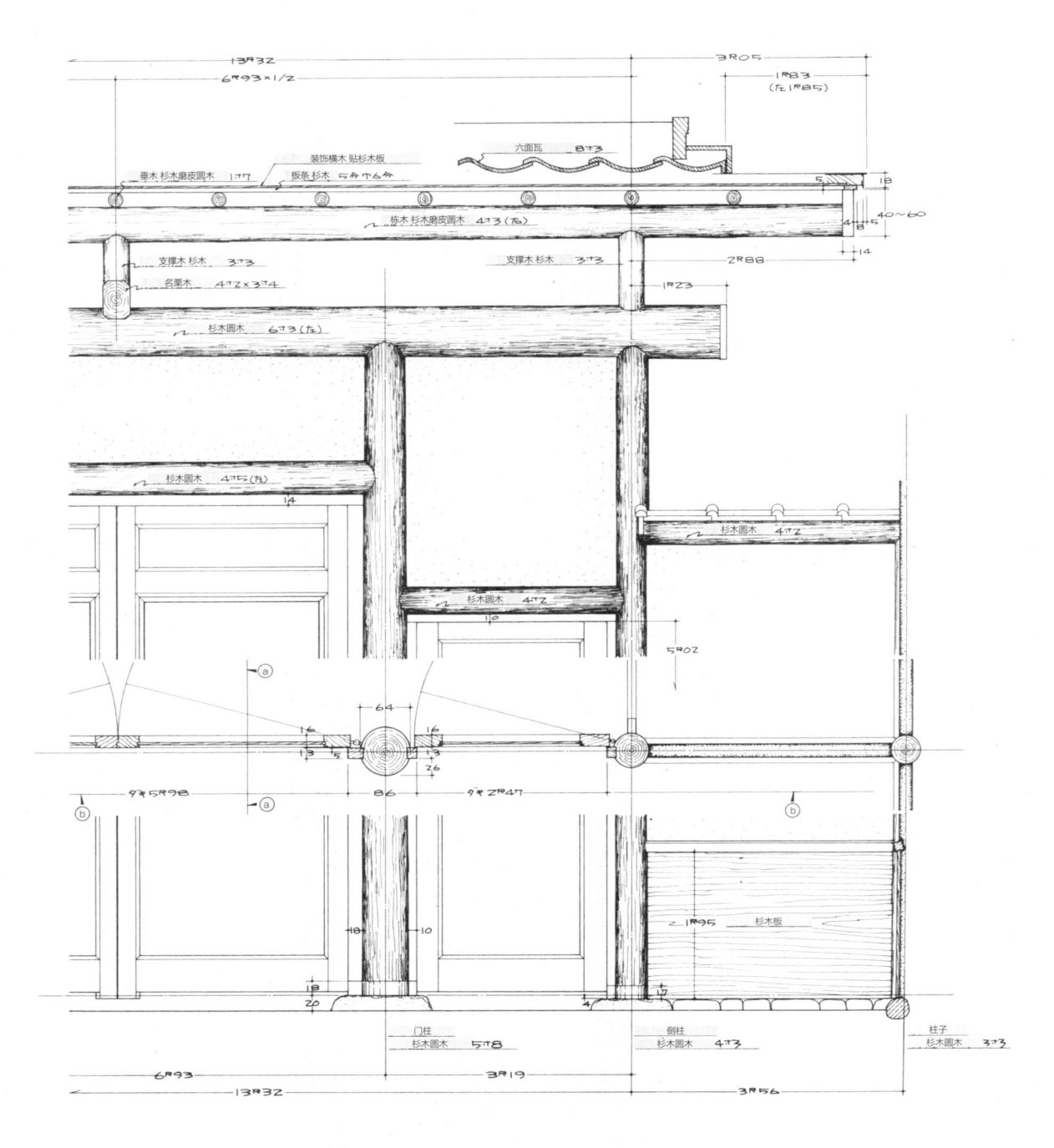

平面详细图及b-b断面详细图　比例尺1:20

杉本邸　实测图

装饰屋顶

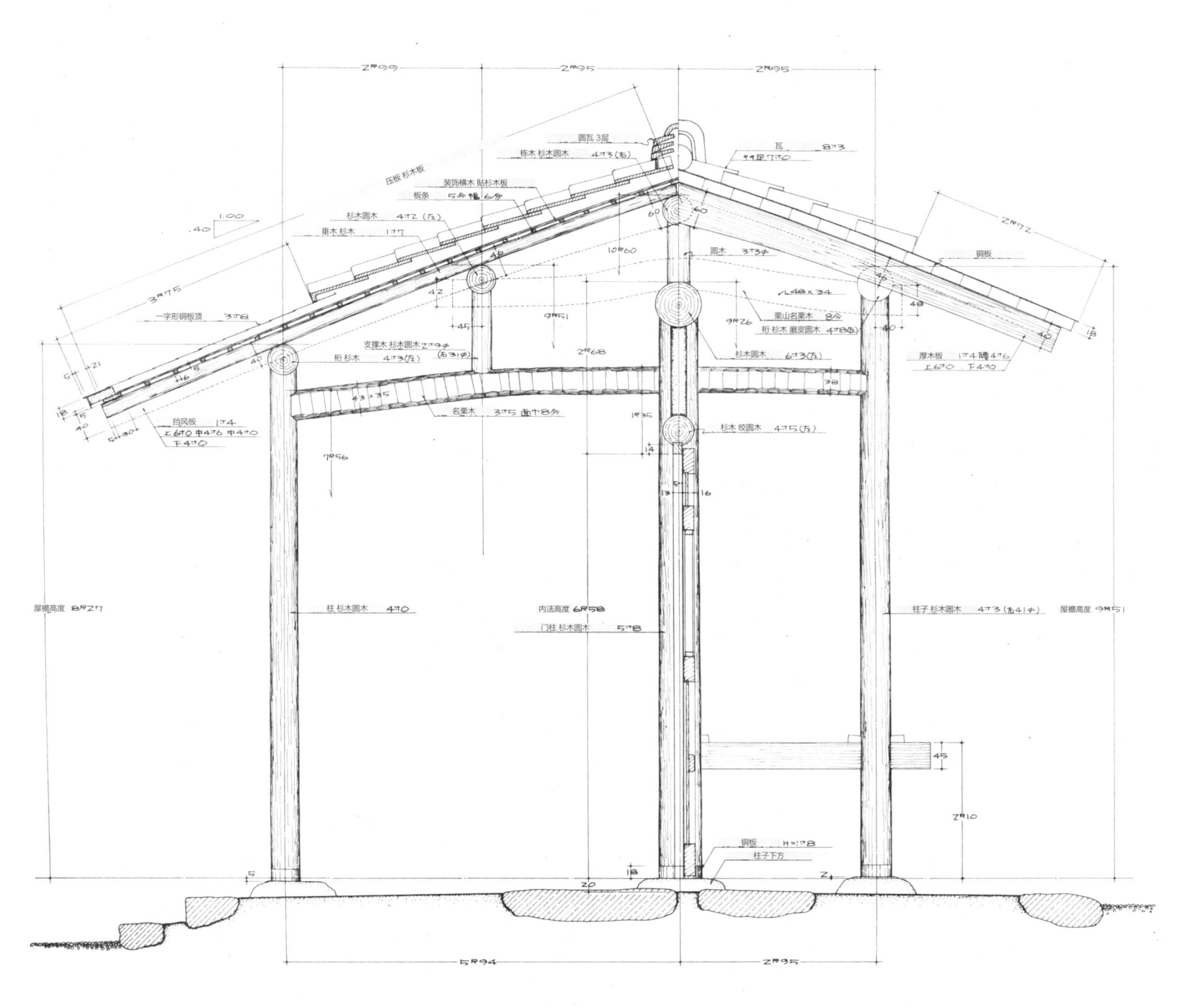

a-a断面详细图　比例尺1:20

杉本邸　实测图

等候室屋顶内侧

等候室

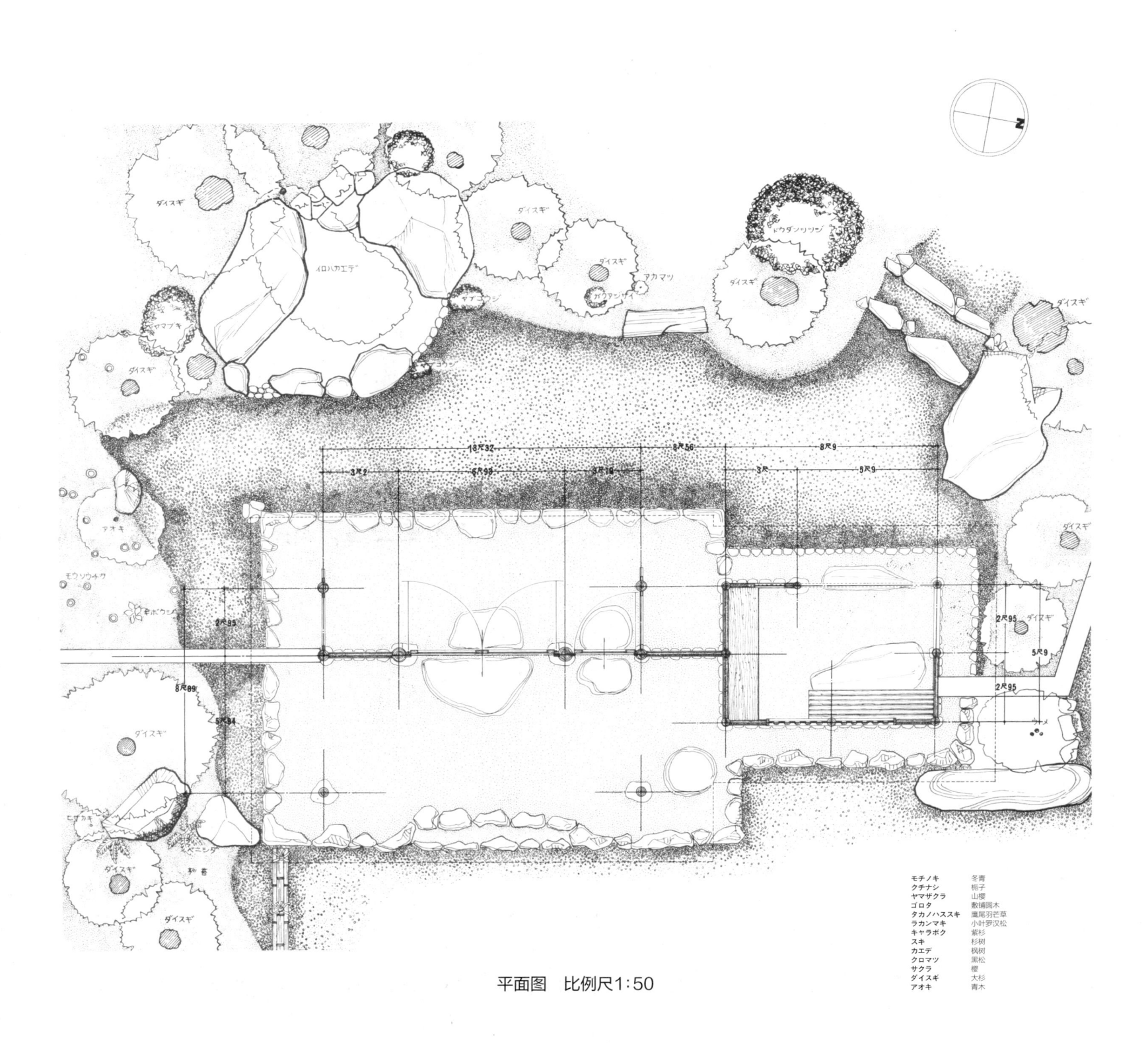

モチノキ	冬青
クチナシ	栀子
ヤマザクラ	山樱
ゴロタ	敷铺圆木
タカノハススキ	鹰尾羽芒草
ラカンマキ	小叶罗汉松
キャラボク	紫杉
スギ	杉树
カエデ	枫树
クロマツ	黑松
サクラ	樱
ダイスギ	大杉
アオキ	青木

平面图　比例尺1:50

杉本邸　实测图

柏冈邸

所有者 柏冈德次郎
所在地 京都市左京区
建造时间 1973年
设计 堤顺市郎
施工 中村工务店

下鸭的疏水处架设了桥,通过桥便可到达柏冈邸。

柏冈邸是一座非常漂亮的建筑,所用木材都经过仔细斟酌,大门处的选材也不例外。大门顶部的内侧没有架设任何木架,而是由两根柱子支撑着,是整体设计很简单利落的门。

门窗隔扇等的尺寸和材料

	推拉格子门	推拉板门	单开门
高度	6尺2寸	6尺2寸	5尺7寸
宽度	5尺8寸	5尺8寸	2尺8寸
厚度	1寸2分	1寸2分	1寸1分
竖框	2寸3分 外框 宽1寸5分	1寸8分	3寸6分
上栈	1寸7分	2寸1分	3寸8分
下栈	4寸3分	4寸7分	
细木		2寸×6分 4根	2寸3分×7分 3根
竖条		外框 宽5分 55根	外框 宽2寸5分 4根
贯	外框宽5分 5根		
完成		杉木板 5块	杉木板 6块

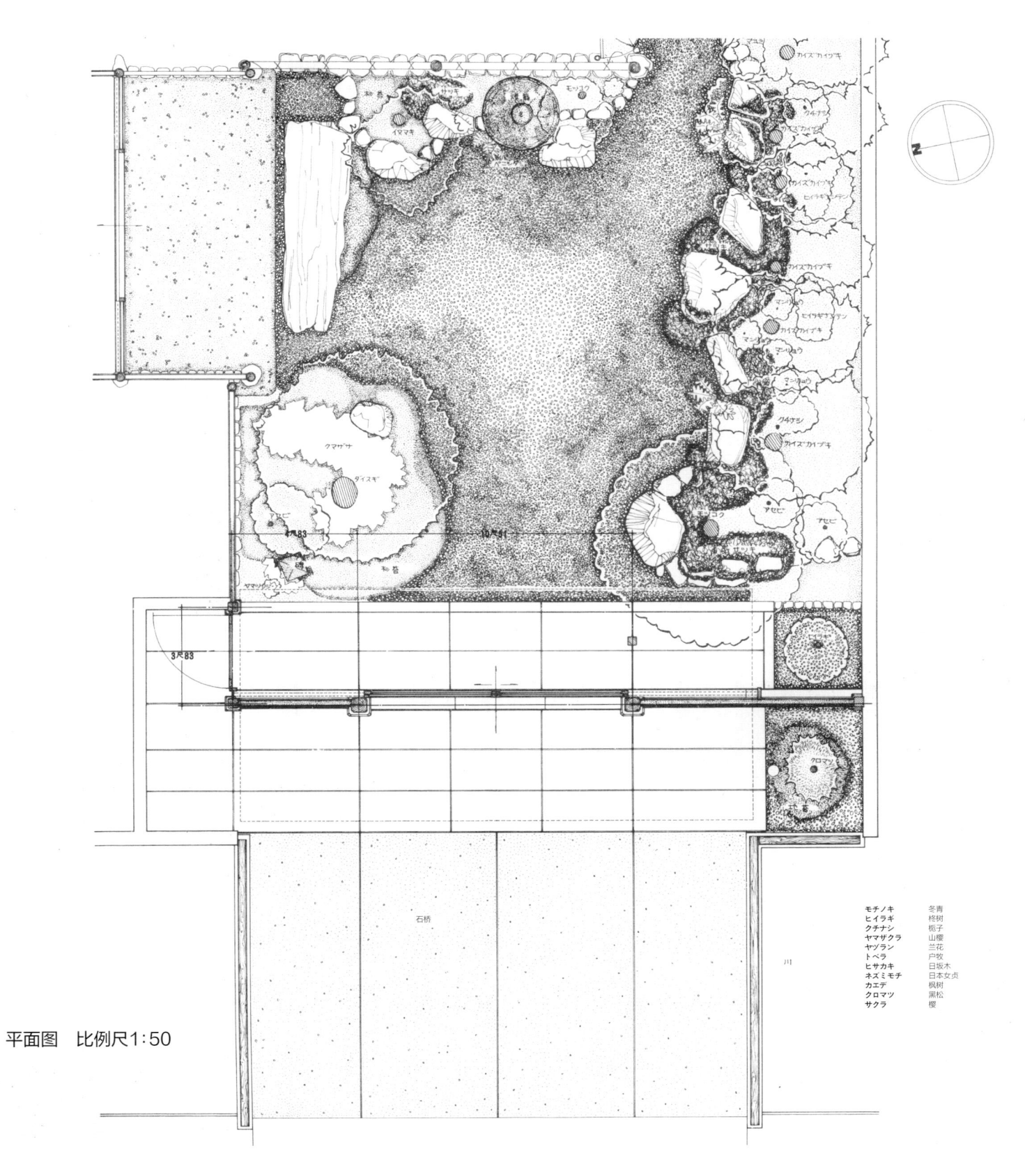

モチノキ 冬青
ヒイラギ 柊树
クチナシ 栀子
ヤマザクラ 山樱
ヤヅラン 兰花
トベラ 户牧
ヒサカキ 日本女贞
ネズミモチ 日本女贞
カエデ 枫树
クロマツ 黑松
サクラ 樱

平面图 比例尺 1:50

柏冈邸 实测图

日本建筑集成　数寄屋门　226

门的内侧

屋脊

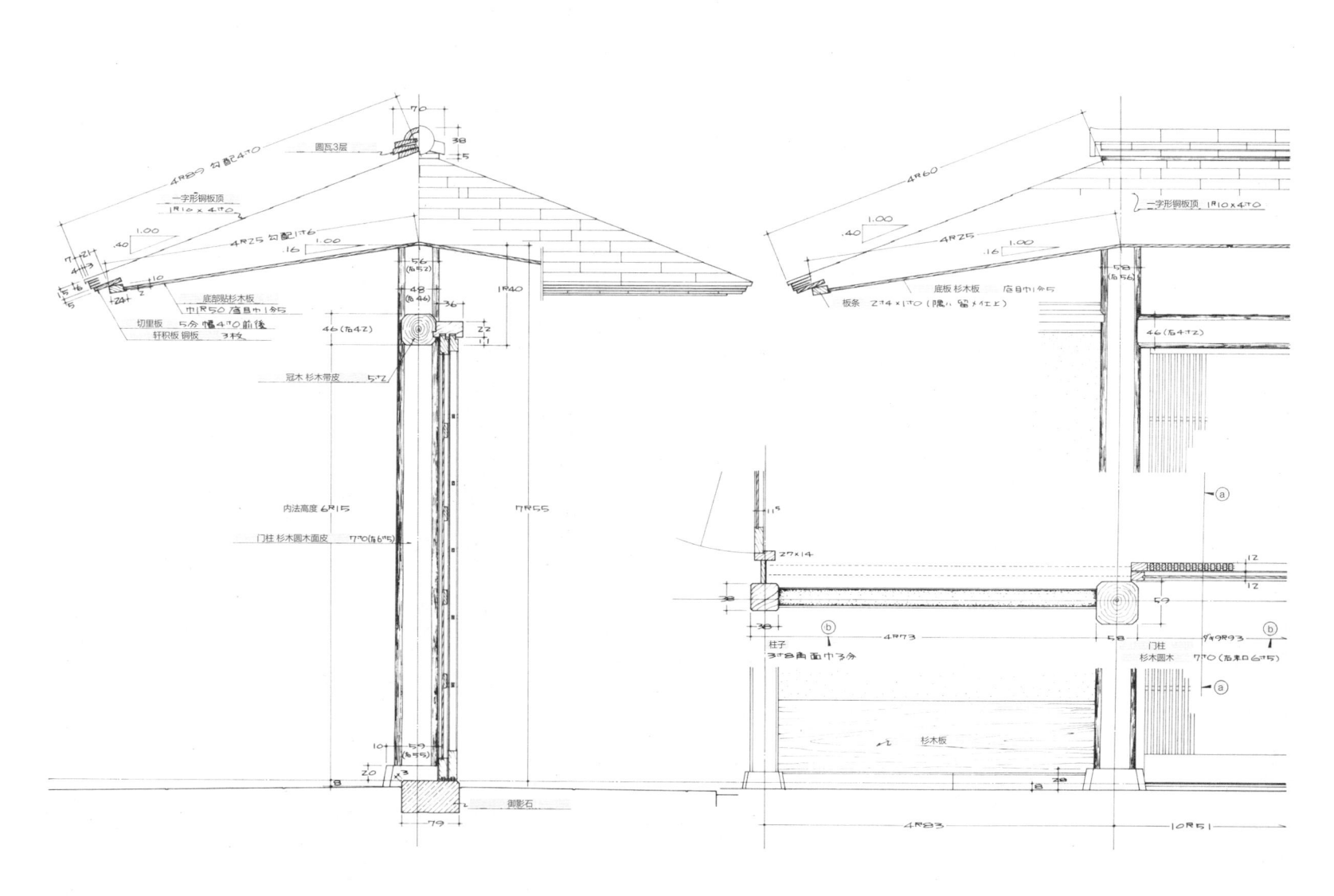

a-a断面详细图　比例尺1:20

平面详细图及b-b断面详细图

柏冈邸　实测图

茅草屋顶所营造出的氛围与简约设计的大门完美地融合。

门顶部的内侧全部由方木组成，恰当地展示了方木的各个面。

大门与左右两边高大的石墙保持着平衡，这样的设计是花费了很多心思的，最终呈现的效果十分和谐。

寺岛邸

所有者	寺岛繁久
所在地	京都市右京区
建造时间	1975年
设计	寺岛繁久
施工	上野工务店

门窗隔扇等的尺寸和材料

	双开门	单开门
高度	6尺2寸	15尺2寸
宽度	4尺1寸	2尺1寸
厚度	1寸6分	1寸3分
完成	表 杉木名栗板 12块	表里均为杉木板 16块
	里 杉木板 30块	

门把手

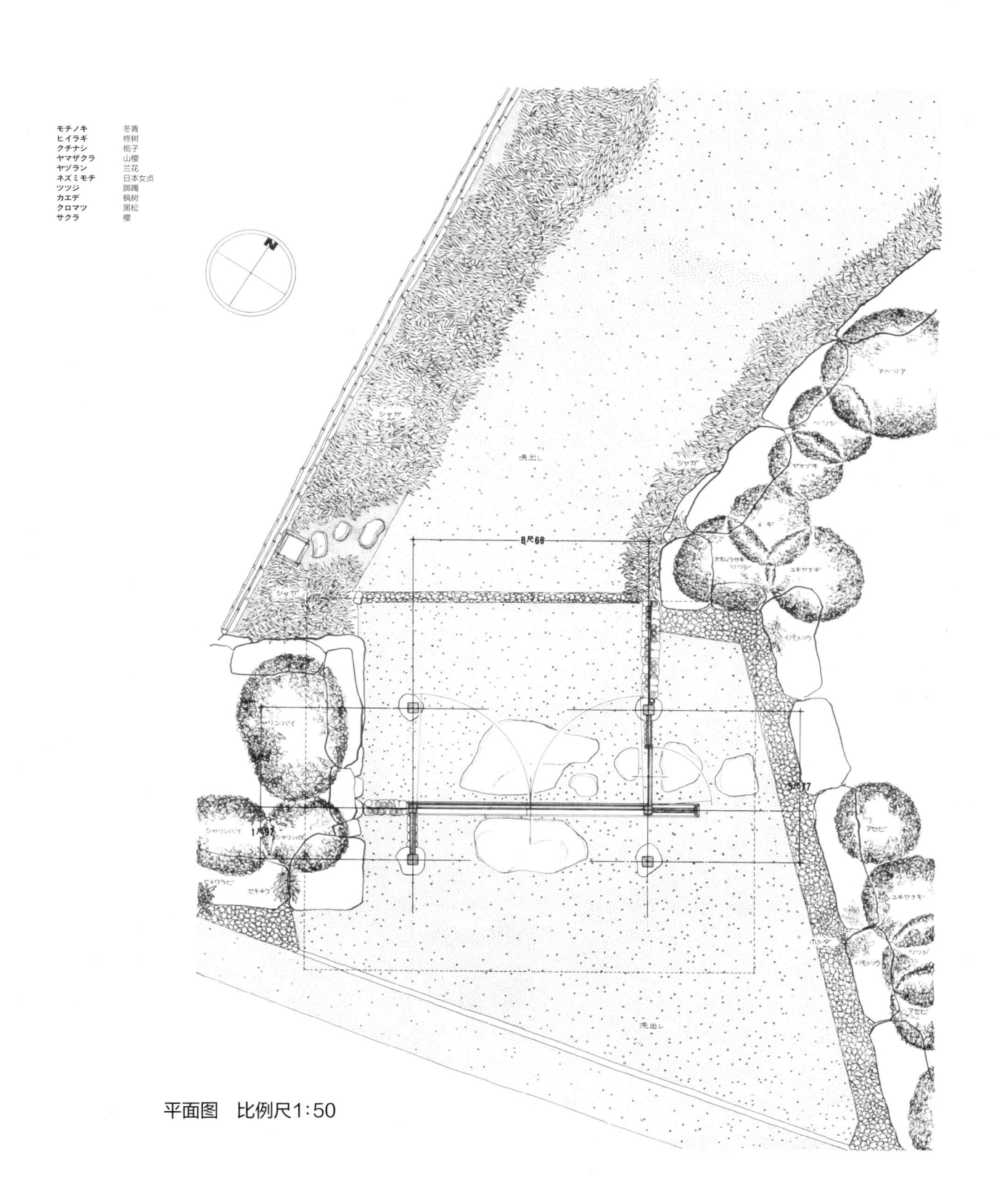

モチノキ 冬青
ヒイラギ 枸骨
クチナシ 栀子
ヤマザクラ 山樱
ヤブラン 兰花
ネズミモチ 日本女贞
ツツジ 踟躅
カエデ 枫树
クロマツ 黑松
サクラ 樱

平面图　比例尺1:50

寺岛邸　实测图

屋脊装饰

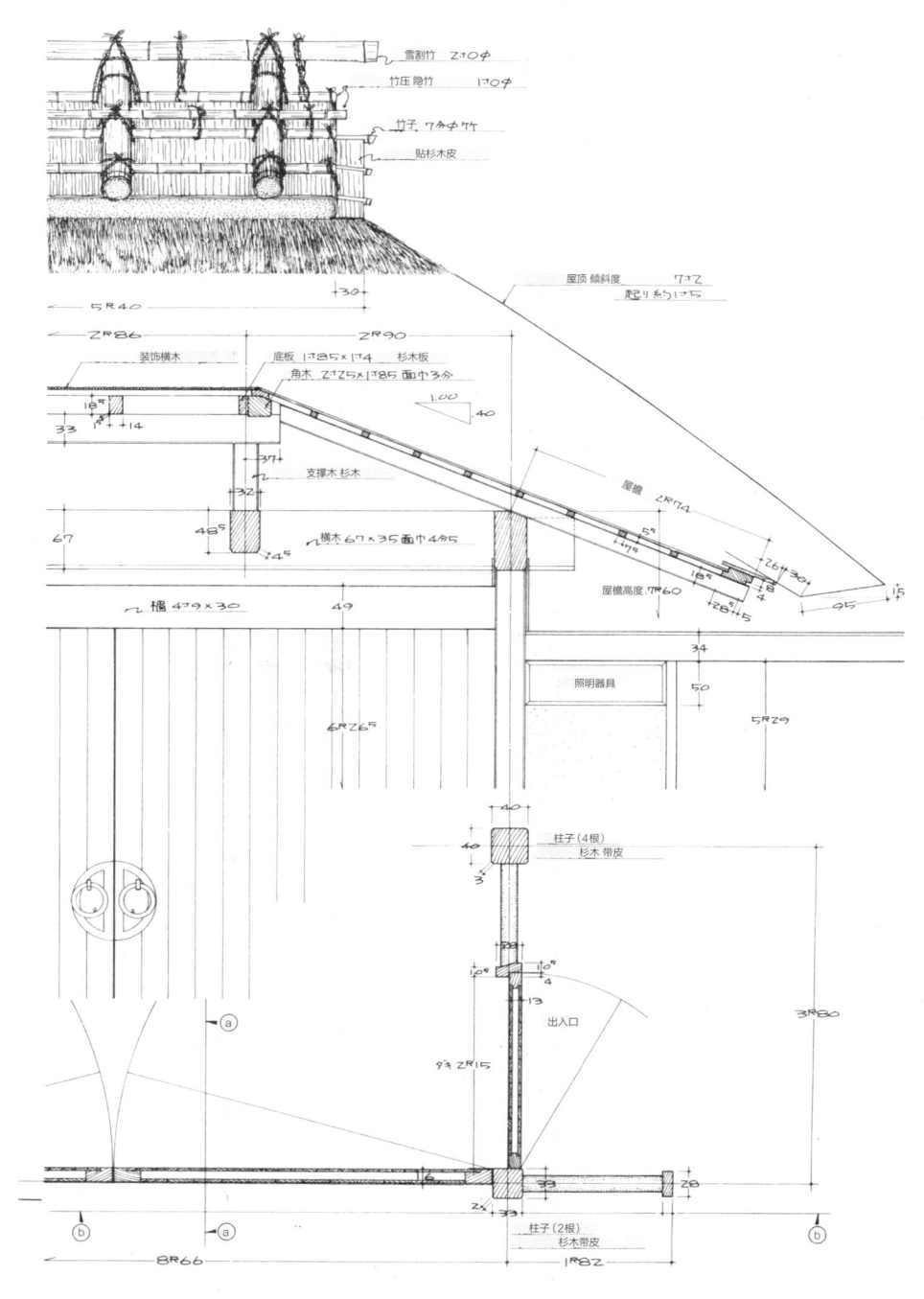

平面详细图及b-b断面详细图　比例尺1:20

寺岛邸　实测图

横木

屋顶内部

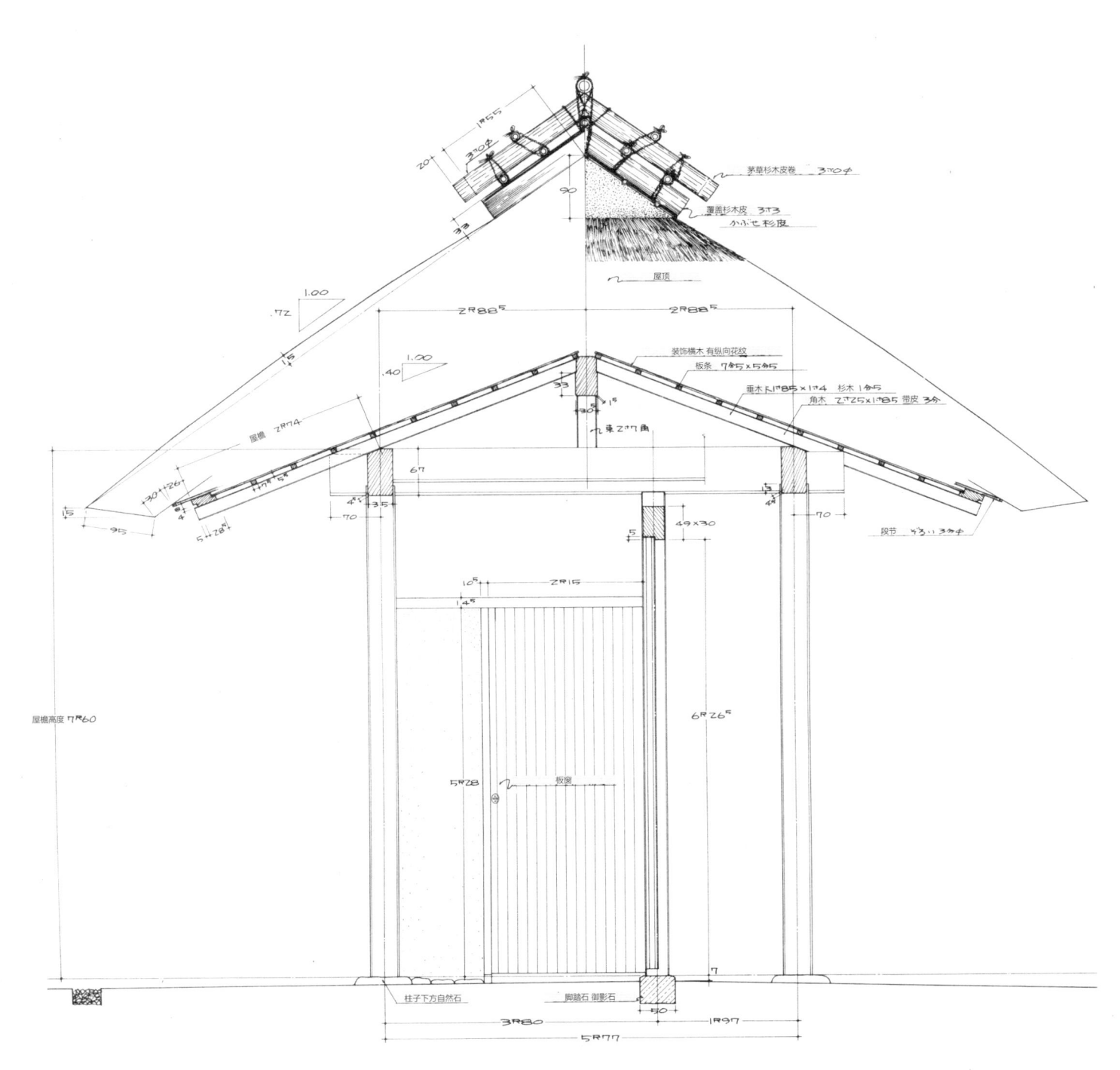

断面详细图　比例尺1∶20

寺岛邸　实测图

辻井邸

所有者	辻井健志
所在地	京都市左京区
建造时间	1975年
设计	株式会社吉村建筑事务所
施工	上野工务店

辻井邸建在下鸭的住宅区。建筑的特殊之处是引入了现代化的车库。但是车库并没有显得格格不入，建筑整体的数寄屋风情依旧很浓厚。大门和主屋之间显得很协调。虽然宅邸所占面积不大，但成功地展现出了数寄屋的情趣。

门窗隔扇等的尺寸和材料		
	推拉门	单开门
高度	6尺2寸	5尺
宽度	3尺1寸	2尺1寸
厚度	1寸3分	2寸
竖框	1寸3分	2寸
上栈	1寸6分	
下栈	3寸8分	
竖条	外框 宽6分5分	
贯	外框 宽6分5分	
完成	表里均为杉木板 9块	

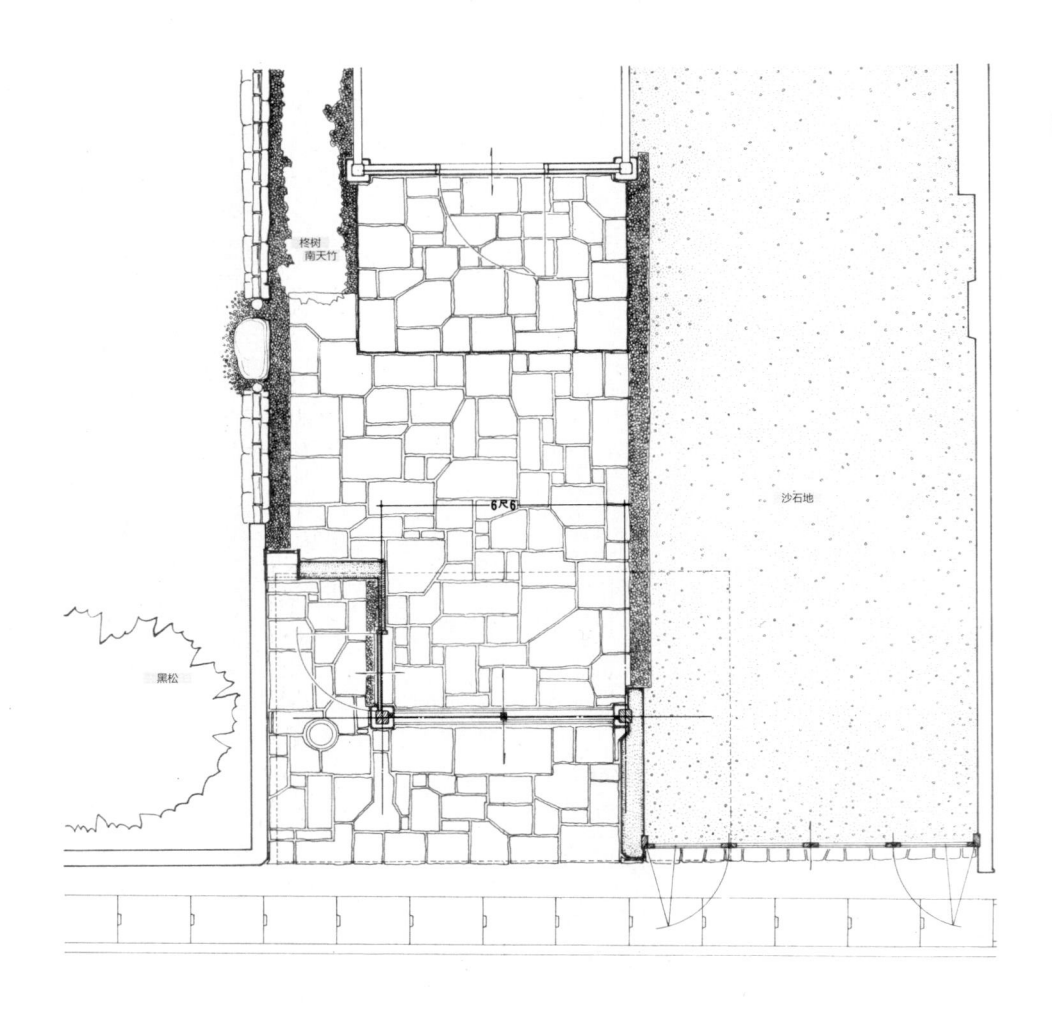

平面图　比例尺1:50

辻井邸　实测图

山墙侧

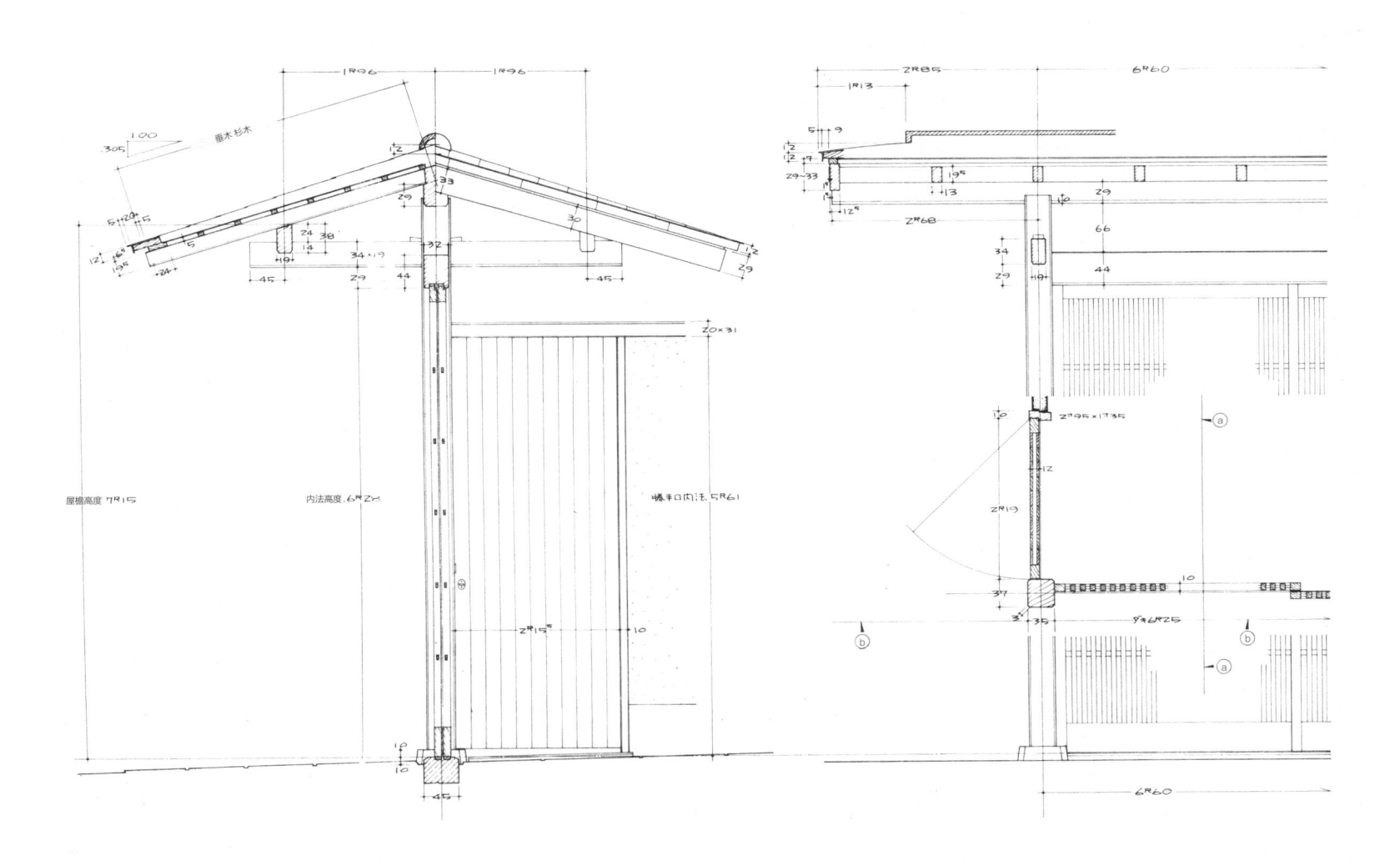

a-a断面详细图　比例尺1:20　　　　　　　　平面详细图及b-b断面详细图　比例尺1:20

辻井邸　实测图

东山庄

管理者	名古屋市教育委员会
所在地	名古屋市瑞穗区
建造时间	大正时代
设计、施工	不明

东山庄曾是由个人经营的山庄。这一建筑曾是棉布商伊东信一运用茶之道，利用山崎川东岸台地的自然地形和树木，从大正初年开始，历经十余年经营的。以建筑物为中心拥有自然回游式庭院，昭和十一年（1936年）被捐赠给名古屋市。

这个正门是歇山顶造茅草屋顶，柱子是丝柏树圆木，门柱使用六角的名栗柱，竹席挂在天花板上，门上部镶嵌着梧桐透雕的木板，下部以两段三角形的名栗柱收尾，构成了田园风格。

门窗隔扇等的尺寸和材料

双开门

高度	7尺1寸
宽度	4尺5寸
厚度	2寸
竖框	固定，不开合一侧3寸6分 不固定，开合一侧2寸8分
竖栈	3寸1分
横栈	上下3寸8分 中3寸1分

柱子上部

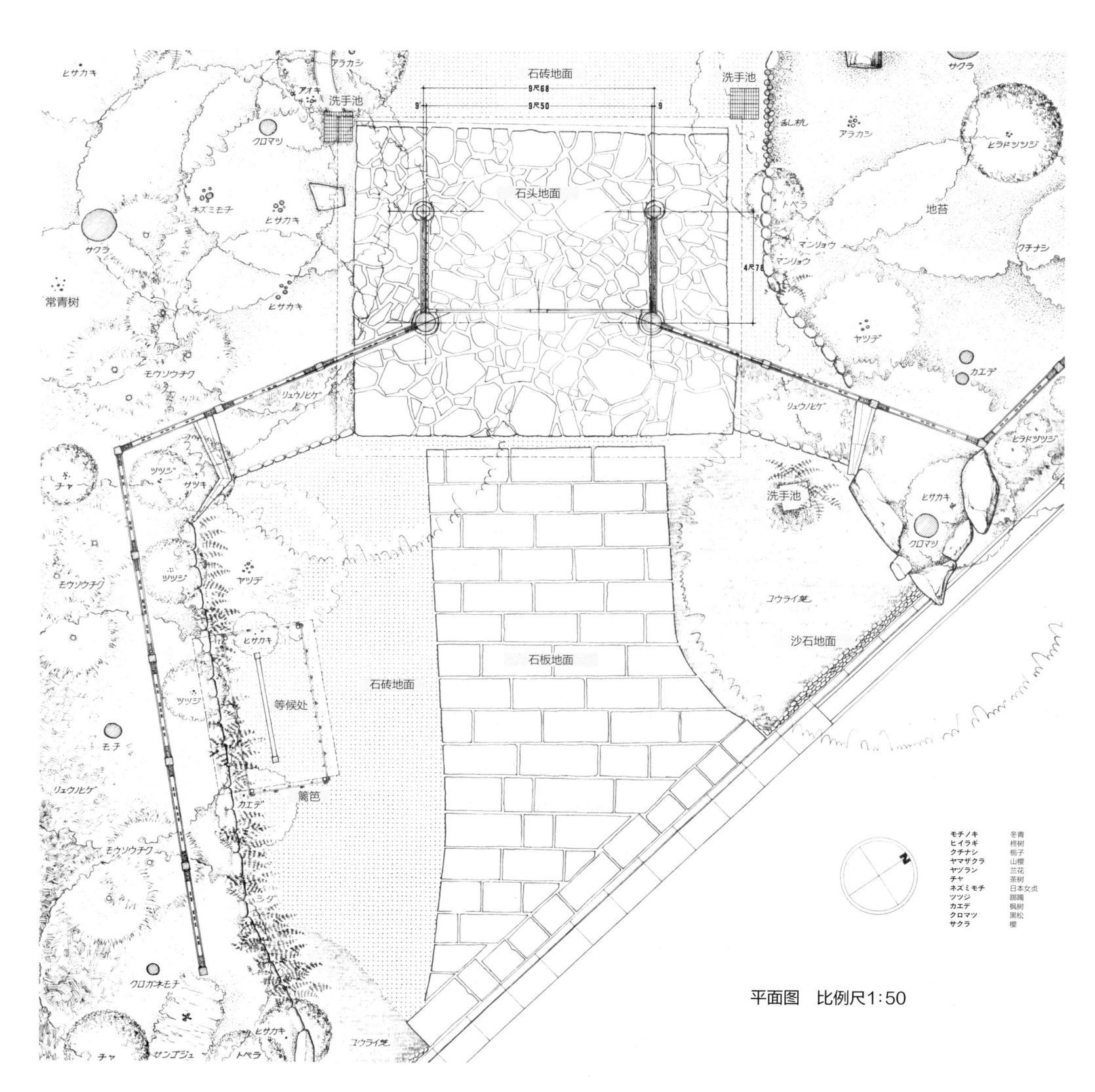

东山庄　实测图

平面图　比例尺1:50

モチノキ	冬青
ヒイラギ	柊树
クチナシ	栀子
ヤマザクラ	山樱
ヤブラン	兰花
チャ	茶树
ネズミモチ	日本女贞
ツツジ	踯躅
カエデ	枫树
クロマツ	黑松
サクラ	樱

总论

数寄屋门的形式

门是家的脸面。门的形状象征着整个住宅的形态，也表现出了住在里面的人的精神世界。通过门，人们可以尽情联想里面的样子。门本应是这样一种让人产生联想的存在。

但实际上，经常能看到与住宅不相称的大门。只有门独领风骚，或过于奢华，或过于显眼，有时会歪曲住在里面的人的思想。界定住宅内与外的围墙和篱笆都是与门不可分割的部分。在现代的住宅中，围墙和篱笆的形式变得极为轻快和开放。当然，门的构造也发生了变化，要求新的设计。数寄屋建筑一直以各种轻快的设计为人称道，在新的潮流下，数寄屋门也开始倾向于更加自由的设计，紧跟时代发展。如今，重新思考"门"是什么，以及设计"数寄屋门"的要点，是非常重要的。

说到数寄屋门，一般指的是数寄屋以及与数寄屋相连的露地的门。但是，本书中收录的实例有很多是普通住宅的门，这些门采用了数寄屋风格的设计。本书中的实例不限于传统意义上的数寄屋门，而是可以理解为广泛的和风建筑之门，只不过它们都展现了数寄风情。

天下数寄名师

在《长暗堂记》中记载了奈良的茶人长暗堂的趣闻。

在三井寺的山脚下，有一个叫道清寺的寺院。有一天，长暗堂身背重六斤的信乐壶，去宇治走访。在茶屋饮茶时，他听到从上京来喝茶的人说道清寺作为与茶道相关的建筑十分有名。长暗堂想亲自去探访一下，便出发了。到了寺院大门前，他觉得这座寺院非常漂亮，但毫无茶道的灵气。大门紧闭，难以想象门内是何情景，没有侘寂的样子。长暗堂感到毫无趣味，便直接回家了。

此外，在佐久间不干斋的随笔中，关于利休宅邸有如下的叙述：

聚乐城兴盛的时候，寺院和武士宅邸众多。有的建筑的门是陶板的，看起来既不像以往寺庙的风格，也不符合传统的武士宅邸的特色，样子很是气派。

而同位于聚乐城的利休宅邸，其大门不像上文所述的建筑那般豪华，但有一种难以言喻的"气派"，让人们不禁感叹这是一座与"天下数寄之名师"相称的宅邸。

以上的故事都讲到了通过建筑物的门，人们对建筑和住在其中的人产生某种印象。二者都是与茶道相关的建筑，一边漂亮却毫无茶道的灵气，且大门紧闭；另一边则有种难以言喻的"气派"。从二者的不同我们可以看出与茶道相关的建筑，比起漂亮但毫无灵气的东西，闲寂的风情更吸引人。茶道美学追求的是"朴素""参差""不显眼"的表现，这也直接成为数寄屋建筑的造型原理。

真、行、草的展开

在日式建筑中，有源于书法的三种境界——"真""行""草"。作为茶道理想的闲寂建筑，终极目标是追求"草"的境界（即"草体化"）。人们力求书院造建筑的极致简约化，体现在所有的细节中，最终达到了草庵的境界。利休和宗旦推崇的是只有两叠或一叠半的小型茶室，是对草体化追求的体现。

当然，茶室不是仅有闲寂的风格，其表现形式是多种多样的。而这种多样性可以说是在追求草体化的过程中所产生的。所谓草体，就是对"真"或"行"的形态的破坏和瓦解。室町时代的茶人们将茶具分为"入茶室"和"不入茶室"两

表千家 正门

里千家 正门

种。并且指出比起完全整齐的东西,"不入茶室更有趣",更适合品茗。通过瓦解,完整的形态所具有的威严性和威压感被洗涤,平稳地变成"优雅"的姿态。破坏夸张的造型,正是品茶所追求的美。人们追求一种不被样式所束缚的、非完美的、令人印象深刻的美。

像这样将真、行变为草,将样式性的东西瓦解为非样式性的表现,可以说是数寄屋设计的特质。瓦解方式取决于设计者的创意和感觉。因此,非常自由的造型是可以被接受的。但是,作为设计的起点,必须要有某种原形。就像日文的片假名就是以汉字为原型的。

以门来说,茶匠们精心设计的各种类型的露地门都可以说是草体化的设计。两侧立有柱子的栅栏门是典型的木制门,吊门(桔木门)是一种围墙门,萱门以四脚门为原形,梅见门以桁架门为原形,它们都可以看作草体化的形式。在这些门上,人们花了很多心思,设置了各种各样的小门扉,使之融入与理想山居情趣相符合的景色。人们还设计了小门,使之与茶道的礼仪相适应。被称为"中小门"的门与围墙门一样,只是把入口换成了"小门"而已。千直斋所喜欢的屋顶为曲面的编笠门也可以看作是有意将唐门草体化。

露地门的转用

露地门虽然形式多样,但不能直接作为住宅的门。因为露地门构造轻巧,不适合原封不动直接作为宅邸的大门。但是,别墅(山庄)等建筑的门可以借用露地门的某些设计,这种情况自古以来就有很多。桂离宫就是一个很好的例子。桂离宫的御幸门和中门都采用了与露地的萱门相同的形式,只是规模扩大了而已。这是因为山庄类建筑几乎都是数寄屋风格的建筑,所以门也要追求一种轻快感,这是理所当然的。

京都有很多别墅式建筑,因此,数寄屋门也很多见。这些别墅式建筑后来被用作住宅,也有不少被转用为旅馆或料亭。因此有很多原本作为别墅的门转而成了宅邸的门。在本书中,很多数寄屋门都带有露地门的特色。

另一方面,把目光移到京都的民宅,有门的房子,面对道路的一侧一般都设有高墙。有的民宅直接在高墙上开设入口,有的另找地方开设门。门除了常见的栋门、冠木门、桁架门、药医门等形式,还有长围门、橹门等。京都风的高墙门加上顶的形式,也可以说是数寄屋风格的。高墙的材料选择,门柱和桁架的处理,门(格子门)的用料选择和设计,入口的内外侧勘测和散水坡的完成,驱狗装置的制作……复杂的步骤和多样的设计以及蕴含在其中的工匠的巧思引导着数寄屋门的建造。

在茶道世家的宅邸中可以看到巧妙地运用民宅常见的门的各种形式的实例。京都有像三千家、薮内家那样从近世初期开始绵延不断的茶道世家。每个世家都有自己的偏好和见解。考虑到历代茶匠在生活文化上发挥了非同一般的影响力,他们的住宅构造也可以说是民家的典范。不可否认的是,茶道的精神也为一般民家的房屋建造带来了种种影响。

茶室的门

表千家的正门是文政五年(1822年)建造的,据说是从纪州移建而来的,是规模独特的橹门,在茶道建筑中实属罕见。但是其正面用京都风的细格子窗装饰,左右则采用长屋窗户的设计等在造型上下的功夫,让人感觉不到橹门的庸俗,从而正门成为与茶道世家相称的风格。移建之前毫无特色的门,作为茶道世家的门重生了。这一点体现了数寄屋风格的神奇之处。

与之相邻的里千家的门则呈现出端庄典雅的姿态。入口的左边是格子窗,右边则是小门,门整体被大大的门檐遮蔽着。近似于长屋门的形式却像露地门一样显得轻巧。顶部是用丝柏皮铺葺的,增添了格调。转到背面的话,门檐的中央部呈弧状,呈现了兜门的特色。说到兜门,最有代表性的要数大德寺龙光院的正门。这是一扇铺着丝柏皮的平唐门,用茅草盖起来的门檐的中央形成一个大大的半圆形。就像杉山信三曾指出的那样,这种设计灵感大概来自左右两侧分别架设门顶的门的形式,是为了防止雨水淋到门。将左右的门顶组合成整体而形成的便是兜门(杉山信三,《龙光院兜门》)。由此可见,兜门本身就是对高丽门进行数寄屋式设计的成果。作为里千家的正门的兜门,通过全部选用圆木以及数寄屋风格的手法,从而达成了草体化的境界。

武者小路千家宅邸的外观与普通的民宅几乎没有什么区别,人字形屋顶下的格子门错落有致。门连着一道高墙,高度的协调和用料的搭配,都很符合茶道爱好者的喜好。

武者小路千家 正门

薮内家 正门

堀内家 正门

乐家 正门

薮内家宅邸也有着独特的外观。初代薮内剑仲娶了古田织部的妹妹为妻，织部将茶室转给了剑仲，据说这就是最初的燕庵。据说薮内家宅邸的正门也是由织部宅邸的大门改建而成的。薮内家在元治元年（1864年）的大火中被烧毁，大门和围墙在之后重建，但据说仍然很好地沿袭了旧规。

薮内家的正门是长屋门的形式，在旁边加了一个小门。现在已经没有了等候室。门柱和门楣等使用的是带皮的麻栎木，屋脊的位置偏后，所以入口较低，内侧较高，上方是装饰屋顶，颇具武士住宅的格调。整体使用带皮的圆木和富于野趣的手法组装而成的门可以说是十分独特的形式。

高仓的久田家，在高墙的一端设有两个格子门，加上门顶，便形成了外观朴素的大门。这种形式的大门极其常见。透过格子门可以看到玄关前庭院中的井栏和蹲踞。围墙较矮，可以看到其中露地和主屋的样子。

釜座路的堀内家虽然规模小，但将橹门及长屋门的形式进行结合，最终形成了奢华的数寄屋门。正门有两层，屋顶呈人字形。正门连着向南延伸的高墙。入口设置在靠近中央的地方，配有门檐。二层设置细格子窗。右手边是用竹格子制成的凸出的窗格。高墙下部安置腰板，并用竹子做成腰围。门柱采用细长的圆木柱，入口右侧的柱子向上延伸到横梁的样子，颇具妙趣。正门的形式很是气派，在此之上巧用原木建造的技法，使门整体的风格草体化，更具数寄屋的风情。楼上、楼下的内部空间被用作等候室和茶室，与外观的造型十分协调。

在这里特别举出传统茶道世家的正门构造，是因为可以通过正门清楚地了解到不同家族的传统和其所追求的茶道的境界，以及偏好的数寄屋风格。

总而言之，设计数寄屋门的主要着眼点在于选择什么样的基本形式，以及如何将其改变。而在此基础上形成的门与内部的建筑融为一体时，它自然会吸引来访之人。

自古以来，门有着各种各样的形式，各具特色，建的位置也有着规则可循。这些几乎都被木割书籍（里面详细地记载了建筑相关的各种事宜，类似于教科书）《匠明》中的《门记集》所囊括。为了打造出令人满意的门，首先要从基本形态开始，选择与住所的风格相匹配的门，之后便需要将其逐步设计出住宅所追求的格调。打破基本形态的设计方法是由设计者自由的创意决定的。正因为如此，门才有了灵魂；正因为是自由的，所以在设计上必须下严格的功夫。可以说，茶道的历史，特别是在利休的闲寂茶大成之前，一直经历着草体化的历程。茶匠们在建筑的草体化造型方面具有丰富的经验。他们在草体化的设计上倾注了富有个性的创意，主张顺从"喜好"。

数寄屋门的造型始终与茶道的思想紧密相连，不允许偏离其伦理性。在自由的设计中也有某些精神上的约束。这样才属于源于茶道源流的设计。由于数寄屋的设计过于自由，所以往往会产生一些缺乏品位的作品。如果立足于茶道的造型原理，就不可能陷入这样的危险。本书中引用的京都的古老茶道世家的大门，虽然欠缺现代建筑的精练，但我认为从各种各样的风格中可以体会到数寄屋门应该具备的形态和其本质。

本书中所收录的实例未必都是读者喜欢的作品，也没有完全囊括各种风格，但是在形态、构成、细节部分的设计，以及素材的搭配和完成度上，每个实例中都倾注了设计者各种各样的心思。希望它们对读者的创作能有所帮助。

（中村昌生）

在隔断空间中

墙和门

随着住宅的现代化，人们越来越深切地感受到社区共同居住体的形态。而传统的日式住宅将居住空间用围墙围起来，看不到里面。各家各户的院子都被围墙围了起来，里边的风景无法传达给行人，也就无法让行人赏心悦目。这反映出了一定的非社会性。

后来，人们掀起了拆除围墙的运动。据说在有名的丹下邸所在的成城有这样的要求：在新建房屋时，不能砌高墙，必须让行人欣赏庭院。要建造日本风的开放式住宅，同时也要保持隐私。在这样的需求之上形成的便是开放式的丹下邸。宅邸周围没有围墙，但有着高低起伏的草坪。丹下先生是建筑师，他知道在开放式的住宅里如果没有间隔其实是难以居住的，所以设计了代替围墙的草坪。但在习惯把宅基地用墙围起来的日本，没有围墙似乎意味着谁都可以自由进入，所以隐私难免会受到侵犯。住宅的隐私性代表着安全。有的住宅的窗户小且位置高，除非相当接近，否则无法窥见里面。从整体上看，通过小而高的窗户，住宅的私密性得以保持。既然是住所还是应该保证隐私性。日本的传统房屋通过用墙把周围的用地围起来以保持隐私。而这种习惯是由气候和风土造成的，这一点毋庸置疑。

在夏季高温多雨、闷热难耐的日本，正如兼好法师所说，应该"以夏为旨"。通风良好的住宅才是符合日本风土的住宅。冬天虽然很冷，但只要有火盆、被炉、围炉，穿上厚衣服就能勉强撑过去。就这样，形成了日本的住宅。在那里，没有阻隔物就住不下去是理所当然的。也有人认为没有墙才是先进的住所。比如设置大面积的草坪、不设围墙的房子。经过房子前，一楼的护窗板也开着，二楼的窗户也开着，在这种房子中生活必然会很辛苦。只有忽略了隐私性大概才能在这样的住宅中长期居住吧。

当然，日本的房子也不是全部都是开放式的。本来建造住宅的目的是为了保护自己不受自然的伤害，度过安全的夜晚，所以将住宅围起来是很自然的状态。出于这样的需求最初形成的住宅没有窗户，只有出入口。为了更舒适地生活，后来还是开了窗户，以度过闷热的夏天。上流社会的寝殿造建筑和书院造建筑中都有位置很低的窗户。即使在这种情况下，也只有南边的会客室的房间最大限度地开放。将所有房间的窗户都开到很低的位置大概是现代社会的事情了。但即使有开放性的空间，只要将开放的部分用院子里的树木等遮挡起来，就算没有围墙，也能保护隐私。像这样，民居群落中一般没有围墙，而是散布着住宅，呈现出美丽的田园风光。在这一点上，散布在山间和田园的民居和城市中用围墙围起来的住宅形成了鲜明的对比。

在古代日本人的世界观中有这样一种观点：认为世界是充满真理的等质的世界。人们认为，只要消除自我，整个世界就会像等质的光明世界一样打开。这大概是沉浸在佛教思想中产生的想法，但现在这个思想已经不复存在了。

从平安时代的寝殿造建筑的构造来看，寝殿的外围柱之间只有蔀门，没有墙壁。只在门的旁边有一面墙，上面有一扇连子窗。这其实是木板墙壁，嵌在柱子与柱子之间，只是涂白了而已。如果把蔀门全部打开，内外似乎就成了一个整体，室内外几乎是等质的状态。在开阔的房间里，有幔帐、屏风、软障等，根据具体用途来布置，创造出必要的间隔。一扇推拉隔扇就能成功将房间隔开。所谓"隔开"，就是分隔开来，在那里放置遮蔽物。即使不遮挡也能隔开。就算只是用一根绳子进行分隔，绳子的这边和那边也会形成不同的区域。佛殿的内耳堂和外耳堂之间嵌着格子（细木条之间是通透的，不像蔀门那样嵌着木板），隔开了圣域和俗界，这被称为"结界"。结界作为隔开两个领域的象征物，被广泛使用。在店铺的收款处的桌子一

修学院离宫 下离宫东御门

角立着一处低矮的格子，是隔开店铺和收款处视线的屏障。茶庭飞石上放置着关守石，意思是不能从那里走过去。在地镇祭上环绕的稻草绳表示内部是圣域。像这样在等质的空间中画线，在精神上隔开的行为，也就是创造结界。在日本的传统住宅中，在一间屋子中用隔扇或木板门隔开以划分区域，门和窗所在的位置本身就是隔断。我小时候一踩门槛就会被骂，因为门槛具有结界的神圣意义。如果去掉所有的门窗，就成了一个单独空间，门槛就清楚地标明了区域。

前面说过，日本传统的住宅因为是开放式的，所以在外围设置围墙来保持隐私，一旦四周被围起来，其原则就是尽量不隔开庭院。在中世武士的宅邸中，加强警惕是最终目的。而在禅寺中，则是一边让每个房间都配置庭院，一边将它们与其他房间用墙隔开。这可以说是复合体的处理法，在一个房间中不会完全隔开。即使必须设置墙的情况下也不会完全隔开，会在一端留出镂空，使房间整体的空间呈水平连续的状态。房间的内外用门隔起来，这扇门又薄又轻，是移动式的，像在室内把房间互相隔开一样，建筑的外围、室内、庭院同样也是隔开的。

在日本的传统住宅中，如上所述，在建筑用地的四周设置了墙。因此，墙作为遮挡物，担负着重要的任务。墙是一种隔断，与隔开房间内外的隔扇和门窗等起着同样的作用。原本整个环境是连成一体的空间，人们为了建造房子，把它分割开，作为自己的土地。古时候日本人认为自己只是暂借土地作为自己的居所，即使暂时设置围墙，围墙也是很容易去掉的，最坚固的墙也不过是瓦顶板泥心墙的程度，不像西欧的城堡那样坚固。

由以上内容来看，用墙把四周围起来，之后开的门是唯一通向外界的出入口。前文说过房间内外是等质的，这只是理想的状态，实际上内外并不是完全等质的。庭院是人工化的自然，与人的追求相符合。仅靠门窗作为隔断是不够的，屋檐和外廊作为缓冲也起着一定的作用。庭院所表现的自然与墙外的自然相比，更像是属于内部的，围墙内外的等质感也比室内外的稀薄。因为房子和庭院是根据住在里面的人的性格和喜好来布置的，所以一旦进门，客人就被引入了和外面不同的世界。也就是说，门作为精神的拐点起着作用。门作为一个点，会带领人们转换情境，同时，对于无法进入室内的人来说，必须通过散发出室内的气息，让人感受到室内的气氛。对进门的客人来说，这是感受室内的前奏。要敞开心扉迎接客人，包容客人；对素不相识的人要保持适当的距离。

"数寄"和"空间"

　　从室町时代末期到桃山时代，在书院造建筑走向成熟的过程中，茶道兴起。

　　草庵茶室的前身是将书院一角围起来的举行茶事的空间。茶室是把沏抹茶的仪式完美地演绎出来的地方。即使只是观赏茶具，也需要精神集中。为了不受外界干扰，将身心集中在茶事上，举行茶事的空间最好是像民宅一样被围起来。虽说是围起来，但光线是必要的，只是单纯设置窗户的话光线太强烈，不适合喝茶。因此要通过连子窗和墙底窗处安置的竹帘进一步调节小窗的光线。光线一边被遮挡、一边透过来，经过房间的地板、天花板和墙壁的反射后，升华为笼罩在荫翳中的光，包容着让人心境平和的茶室空间。茶人们习惯了传统的开放空间，不满足于只局限在茶室里面，所以茶室的理想是既强调封闭性，又要保持空间的通透。

　　"透木"是指去掉枯枝、交叉的树枝和多余的长枝，去掉多的叶子，使整棵树的姿态舒展开来。这样做的话，通风就会变好，光线就能进入树的深处。这种状态被称为"通透"。夏天，通过微微敞开的地方进入室内的风和光令人神清气爽。夏天，在湿度高的日本，物体与物体之间留有缝隙是抵御酷暑的条件。日本人追求物体与物体之间不粘连而"分离"的这种细微的感受，我认为就是从这种体质性的感觉中产生的。这就是"透明"的实质，我认为数寄屋的"数寄"中包含着"透明"的内涵。它以全面开放的寝殿造建筑为开端，这是一种和"数寄屋"相反的空间意识，是在相互矛盾的两种空间的夹缝中鏖战而产生的空间手法。从立起的中柱下方穿过，一面使墙壁弯曲，与榻榻米产生联系；一面将客人和殿前空间隔开，使之连续。在地板旁边隔开一块地方。为了使用上的方便，在天花板上设计一些变化，比如可以使用嵌板天花板，这样可以营造出空间向深处延伸的感觉。虽然有外墙遮挡，但也营造出了外部向内渗透的感觉。这样的技法都是一边追求封闭，一边保持通透的技法。将这些技法融入书院造建筑，从而创造出更加优雅的空间，这不就是数寄屋吗？这种技法得到普遍认可，与茶室乃至茶室风格的建筑是有所不同的。

　　数寄屋的"数寄"（也写作"数奇"）原本的意思是"稀有""珍奇"。从收集珍奇的茶具开始，无论做什么事都能出乎人们的意料，让人们感受到智慧，这样的人被称为"数寄者"，"数寄屋"就是这些风流之人按照自己的想法建造的房子。当然，这种建筑是对书院造建筑的变形，引用了建造茶室的手法——一边遮挡、一边通透。由此诞生的数寄屋建筑充分发挥了对空间的巧妙运用，甚至散发着王朝文化的气息。

　　"数寄"这个词中似乎也包含着"喜欢"的意思。"喜欢某个人"是一种将全身心投入到对方身上的态度。"喜欢"正是使文化洗练、升华的根本原因。爱本来就是创造事物的原动力。创造东西的行为，就像母亲把孩子生下来一样。"正因为喜欢，才会成为高手"这句话意味着，不只是单纯的爱，而是对喜欢的事物一心一意投入，才有可能取得进步。"设计"这种行为当然是指创造以前没有的东西，必须要有新奇性，但只有新奇是不可以的，从某种意义上来说，只有冷静地把握事物的本质，才能将东西提升到一定高度，必须有这样的觉悟才行。忘记说"缝隙"了，"通透"中还存在着与对象之间设下一道屏障，远远地冷静地注视对方的意思，而存在与投入似乎是相反的，这两者如果不能共存，就不能成为真正的东西。即"不通透的"。

　　有时人们认为物与物不相称会产生趣味，但这种"趣味"在追求"通透"时是大忌。风流之人有时颇具"玩心"，他们在专心致志投入某一事物的同时保持着自我的追求。从这个意义上来说，这种"玩心"是建立在专心投入的基础上的，这是"通透"所必需的。但在专心致志投入的同时又保持自我的能力是更重要的。

数寄屋门

在前文中，虽然我觉得对于数寄屋的解释应该很明白了，但经过再整理，发现数寄屋既有书院造建筑般的坚固，又有王朝风格的华丽。它不像寝殿造建筑那样只是茫然地敞开着。数寄屋建筑是适当地遮挡，而空间本身必须平衡地保持"通透"。在数寄屋建筑中充满了令人眼花缭乱的新奇想法。设计者的态度是不断地琢磨推敲，他们必须充分利用材料的优点，在合理性的基础上对对象的本质进行还原。

材料的主体是树，也会适当地使用竹子等，但主体结构还是木结构，而且以针叶树作为主体。在温度变化剧烈的日本，随着温度的变化，树木会进行膨胀收缩（这是树的生存方式）。对于这种环境条件的变化，必须细心地加以考量，不能破坏树木原本的姿态。为了使材料之间不产生粘连感，也为了不因收缩而产生难看的缝隙，将一方放入另一方，由于两个材料的厚度的差异而形成的美观的空隙，使不同的构件清晰地浮现出来。这个缝隙若太大的话会显得粗糙，太小的话又过紧，如何恰当掌握分寸是十分重要的。木材表面刨过后产生的光泽十分美丽，木材相互组合形成的恰到好处的美感，这才是在细节上达到"通透"的行为吧。

如前文所述，数寄屋门必须与数寄屋主屋及庭院紧密结合，使内部的气氛渗透到外部，必须向外界呈现出阻隔与欢迎的看似互相矛盾的两面。正因为是"数寄屋门"，所以要比一般的门更有招客的氛围，门的内与外之间要有空间的流动感，要充满"通透"的感觉。而且门本身也必须有存在感。

将内部庭院的气氛直接表露出来的手法是最坦率、最直接的手法。另一种精致的手法是完全改变内在的气氛，而且让内在的情绪沉潜在建筑物的各个部分中。拿来完全不同的东西，以门为对立面尝试转换，出乎客人的意料固然好，但过于专注于此，而忘记了内在的流露，并不能称得上高超。仿佛是不经意间设计好的大门，走进大门，就能看到庭院中不断变换的景观；走进数寄屋的玄关，逐渐呈现出富有荫翳美的空间，只有在一切都有节奏地平衡流动的过程中，才能体现出数寄屋的韵味。

茶室的露地之所以能营造出山野村舍的氛围，是为了让人在行走的过程中产生脱离俗世、专心品茶的心情，对庭院的风景没有什么特别的要求。人们走在山间小路时，周围微暗，树木参天，树下有树叶堆积，人们能看到树干和树枝，仿佛形成了一个透明的空间。这种感觉正是山野风的建筑所追求的。但是在茶室建筑中，内露地比外露地显得更加华丽。数寄屋的庭院也有必要向更为人工、更华丽的方向努力。

步行走过桥，去往西芳寺的山路充满了自然之趣。门以及小路两边的青苔上都覆盖着红叶。虽然是禅寺的大门，但显示出了柔和的数寄屋风格。门外只有沿着围墙的低矮的橡树，只能看到门前的叠石和左右两边的小碎石，但橡树将里面的气氛烘托出来，让来访者产生联想。一进去，道路蜿蜒向前，这条路周边的庭院被周围的橡树所包围。精心剪裁的绿植、水井、从树丛间露出一角的等候室……正因为这些细节上的用心设计，才使得庭院显得更生动。如果从大到小的细节都不完善，那么也不会成为通透的庭院。

（西泽文隆）

清流亭 北门

数寄屋门的造型理念

数寄屋门存在的意义

数寄屋风格的设计不可忽视的特质就是反常识的独创性。当设计不再停留在单纯的"奇特"的意外性的表现上,而是达到了具有新奇的美和高格调的造型的境界时,才能作为"数寄屋风"得到世人的认可。

门,作为佛教寺院建筑的重要部分从中国传入以来,日本逐渐有了各种形式的门——都城的大门、宫殿的门、贵族宅邸的门……门的使用范围逐渐扩大,到了近世,其扩展到下级武士和平民的宅邸,逐步普及开来。

本来日本的风土特性要求房屋构造尽可能开放,优先考虑夏季的通风。这使得住宅保持必要的隐私性变得困难,因此需要将周围用围墙围住,作为出入口的门成为不可或缺的结构得到普及也是顺理成章的。在门墙的包围下,形成了包含开放性建筑在内的"庭院"空间,在那里,日本式庭院的空间概念以独特的造型构成产生。与其说门是独立的构造,不如说它作为日本式庭院空间的构成要素的存在意义更为重要,这一点在考察数寄屋门的时候尤其不能忽略。

在门的历史变迁中,其造型表现一贯追求的是"格调的表现"。从平安时代贵族宅邸的大门到江户时代武士住宅的大门,对规格的限制都是很严格的。数寄屋门的第一个特质可以说是反常识性的造型表现。造型的表现不仅是门,而且和整个宅邸相关。众所周知,数寄屋这一建筑理念本身就具有强烈的反桃山风书院造建筑的意义,而门因为其固有的象征性而突出。

千利休以后的数寄者,相对于书院造建筑,更倾心于露地草庵风格。他们成功地将田园山野村舍式建筑结构的主题提升到了艺术造型的领域。圆木的柱子和桁梁、竹制的椽子、茅草屋顶、涂土的墙壁……他们动员了非城市的、山野村舍的所有

和气邸 大门

堀口邸 大门

素材，将其融入书院造建筑的构造和表现中。

数寄屋门统一了数寄屋风格的设计基调，并且增添了新的特殊功能。众多的数寄屋建筑也呈现了众多匠心独具的门。但由于其结构的脆弱性，很多古建筑没有被保留下来，这也是不得已的。但是，通过少数遗留下来的建筑，以及后世沿袭下来的众多实例，我们很容易对数寄屋风格的造型理念进行还原和考察。

数寄和宫廷文化的结合

要说数寄屋门最具代表性的例子，毫无疑问，那就是桂离宫的御幸门和中门。关于桂离宫无须多言。桂离宫在文化史上的意义也得益于这两扇门的存在。甚至可以说它们象征着数寄屋风格设计的完成。门不光具有格调象征的表现功能，同时也是设计理念的象征。

两扇门都是茅草的，柱子是圆木的。特别是御幸门的柱子是带皮的圆木，与庭院内最大的茶屋松琴亭的结构基调相同。树皮以浓郁的色调包裹着柱子，粗糙而深邃，直截了当地表现出这里是山野村舍风格的美丽世界的入口。

然而，"山野村舍风的设计"是与近代茶道文化相结合而产生的新说法，并不是由利休等人在他们的时代突然创造出来的，但是这种基调风雅的情趣其实早就蕴藏在日本的风土文化史中。

《万叶集》第八章中有圣武天皇所作的和歌：

蓝色门窗红色柱，奈良的山有黑木，造好的房间怎么也坐不腻。（1638年）

松井邸 大门

看日庵 大门

据说这是圣武天皇参加大臣家中的宴会时吟咏的。在奈良时代初期已经有了采用带皮圆木的贵族宅邸，且圣武天皇对其赞不绝口。这样的记录非常值得注目。据说当时与圣武天皇同行的天皇的伯母也有同样的感受。

含苞待放的鸢尾花永远逆向铺葺在黑木造出的房子上。（1637年）

从上边的两首和歌可以看出，圣武天皇到访大臣宅邸的情形与八条宫智忠亲王在桂离宫迎接后水尾天皇和东福门院的情景非常吻合。大概是和歌学造诣颇深的智仁亲王、智忠亲王父子在对《万叶集》和歌了如指掌的基础上打造了桂离宫吧。而造访的后水尾天皇大概思古怀旧，同时也被新鲜造型的美所感动了。但是现存的御幸门是18世纪后期重建的，并不是17世纪中期后水尾天皇当时所看到的样子。不过虽然保留下来的建筑比建设当初的规模大，还是能感受到格调的余韵。

利休等草庵风茶室建筑的山野村舍设计主题，与平安时代兴起的宫廷文化相结合，意义重大。此时，从先锋位置到正统的主流存在，茶室建筑的文化史意义有了很大的进步。草庵风茶室最初是独立于书院造建筑的主要部分的，归为附属设施。因此任何新奇、与众不同的设计都是可以被接受的，但无法成为建筑造型的主流。然而，当其与宫廷文化相结合，便意味着具有了正统的文化性，并足以作为新的建筑样式发展下去。

桂离宫可以看作是宏伟华丽的纪念物，御幸门作为其象征承载着不灭的荣光。

非对称的构成

数寄屋建筑的造型理念的特性之一是非对称性。茶室不提倡对称的构成。但是，门出于其本来的功能意义，无法做到摒弃左右对称的结构。在重视格式表现的情况下，当然要求严密的对称性。前面提到的桂离宫的御幸门等，也没有破坏基本的对称性。但是，数寄者们在整个空间内的配置细节中采用了非对称性的构成，巧妙地打破了对称的表现。御幸门就是利用放在正面右前方的方形的石头来打破对称的。这些石头是台石。圆木和茅草门与厚重严谨的花岗岩切石的绝妙对比，打破了对称性，构成了一种新的绝妙的平衡。御幸门通过与周边的相对平衡打破对称性。而提到门本身被设计成非对称性的例子，立刻浮现在脑海中的是大和小泉的慈光院正门。慈光院是片桐石州为了供奉祖先菩提而建造的隐居之所，以拥有宏伟的借景庭院和茶室而闻名。慈光院有正门，往前前行一段距离之后还有楼门。据说楼门是从茨木城移建而来的，虽然楼门的风格稍显武家风范，但门檐由茅草铺成，可以从中看出书院造建筑的影响。这个楼门和接下来要细说的正门都与人们印象中的数寄屋风格相去甚远。很明显是贴合了武士阶层的喜好，注重实用性，但缺乏精雕细琢之感。这两座门与本书中列举的其他数寄屋门感觉风格迥异，但它们都出自石州之手，且是少数现存的石州的作品。慈光院的主建筑和庭院都体现了石州作为数寄者的追求，门的特殊设计其实也是石州所追求的数寄理想的体现。

正门是总宽4米左右、构造简单的带有顶的门，左右是不太高的土墙。令人吃惊的是，在门的中央竖起了柱子，向左半部分开口，右半部分则是墙壁。右半部分的墙壁的背面是一个很大的板门。上方架设着人字形瓦葺顶。一进入这个门，沿着铺着拳头大小的石头的石路走，然后直角左转，笔直前进，再直角右转，进入左手边的栋门。从栋门到楼门的路非常紧凑，没有缝隙。作为第一关门的栋门，在看似平淡的构造中隐藏着石州设计的精髓，踩着石头，我好几次产生过这样的感觉。

栋门呈现出的极端的反对称性，是数寄者大胆、坦率精神的表现。使用粗犷的方柱和沉重的瓦顶这种武将喜好的厚重严谨的材料构造，同时将板门引入一边。通过这种单纯的构造营造出明快的不对称造型，这种设计体现了数寄者石州的理想境界。自然地使用多节木材作为造材的书院、带有"卫生间"这一独特结构的主屋、以植栽为墙的庭院，都毫无保留地表现出石州的审美意识。建造慈光院时正值石州的花甲之年。充满自信和决断力的慈光院标志着石州艺术的完成。

数寄屋理念的继承和发展

江户时代中期以后的数寄屋设计并没有得到肯定的评价，甚至被极端地说成是非正统的，在某种意义上或许可以说是背负着沉重的命运。但是，在此期间被开发和继承的数寄屋建造技术非常先进，精细的技巧形成了任何人都无法否认的独特的文化性。

以先进的技术做后盾的数寄屋建筑的例子当然也展现了一系列数寄屋门。这一时期的数寄屋建筑与近代初期的数寄屋建筑的设计以及理念是相当不同的，几乎可以理解为独立的。有人认为江户时代末期的数寄屋造型理念偏离了正统，这种看法多少有些观念上的武断性，不能正确地定位文化史。18世纪以后注重技巧性的数寄屋的潮流，倒不如说是新的历史发展趋势。明治维新后，门户的阶层表现功能自然消失，取而代之的是对财富和文化的表现功能。

18世纪以后的数寄屋建筑对于技术性的高度要求，需要严格挑选的材料和技术熟练的工匠。明治、大正时代的茶道复兴是以丰厚的财力做后盾的。反过来说，这也是财富的表现。在对数寄屋门的认知中，人们常常会对其表现出财富的力量而感到不快。但是一般说来，形式表现上开放自由化的住宅大门完全可以采用现代的数寄屋风格设计。从可以随心所欲地建造这一意义上来看，可以说明治时代以后的数寄屋门回到了数寄屋建造的主道上。无论是多样的选材、复杂的构成，还是明快的结构、端庄的样态，所有令人眼花缭乱的设计都是现代的惊喜，是新文化的表现。

数寄屋门的现代意义

在现代数寄屋门的多样发展中，什么样的门才能被称为数寄屋门？数寄屋风格的本质是什么？这些问题往往会被人忽略。前面提到的反常识性、反对称性的规定，可能会产生时代性的偏差。但是，重新思考数寄屋门的特质，我觉得上面的规定是活的。再加上一点，就是与庭院式整体空间的协调与均衡吧。与数寄屋建筑样式同时产生的露地庭院的空间构成，是以作为通道的功能为基础的，原本数寄屋门是作为通路的终结点而存在的，它作为露地的一部分重视衔接上的和谐。即使是普通住宅的大门，当它脱离了形式的表现，作为门前空间的一部分而被打造的时候，可以说是已经具备了数寄屋门的精髓。

再附带一句，就是精心的打造和管理。近世美学的生命是"用心"。这不仅是设计的问题，也是从打造到管理的一贯要求。在工作中，无论怎样的细节都必须要求细致。从这个意义上来说，江户时代以来被打磨的工匠的技术传统是宝贵的，也是应该继续发扬的。这种传统的技术，从材料的生产和选择，到工具的制作等领域，都有极其广泛的基础。另外，在维持管理方面，数寄屋要求管理者对建筑有无限的热爱。使用的很多材料都脆弱易坏，以加工细致著称的数寄屋，如果管理疏忽，就会迅速毁坏。只有持续的细心管理，才能让数寄屋建筑的美长久闪耀着光辉。

像这样研究数寄屋门的特质，自然就能明白它在现代的造型意义最终归结为优秀的创造。最重要的是要保证创作的自由和工作中的细致。认为只能使用圆木柱子和竹子是对数寄屋门的误解。使用铝和塑料的数寄屋门一点也不奇怪。问题是能否依据数寄屋的造型理念来建造。利休以后的数寄者们都承认新的、美的理念，这种自由的想法正是数寄美学的根源。

（早川正夫）

数寄屋门的施工

数寄屋建筑

关于茶道的历史和数寄屋相关的哲学，专业的学者们已经进行了大量的研究和讨论，并拿出了很多文献，在此，我想从施工者的立场来探究数寄屋建筑的内容。

建筑物的规划、用地的布局、房屋的布局、建筑物的外形、屋顶的形状、材料的选择加工技术等，无论从哪个角度来看，"茶之心"都是最重要的，也是最基本的。

建筑家堀口舍己先生在了解"茶道"的性质的基础上，将其分成两个部分，其中之一是茶道的礼仪礼法、接待客人的方法等。另一个部分是理解并学会与禅思想相通的茶道的静寂精神，这被称为"读茶"。对于建筑师和作庭家来说，为了更深刻地理解茶道哲学，"读茶"是十分重要的事。但这是建立在丰富的修养和深厚的经验的基础上的，并不是一般的学习就能完成的。

在建筑物的规划、用地的配置、房屋布局的阶段，根据客户的喜好、生活习惯、社会地位、经济状况等提出意见和要求，理解并消化这些意见，这些对于建筑师来说是十分必要的。在进行布局的同时，必须考虑到建筑物的形状和屋顶的形状的协调，以及各部分材料的组合。另外，为了增加数寄屋建筑特有的美感，可在平面上多少加入一些空隙和"玩心"，使之更加精彩。

例如，即使在客堂间安装了檐廊，根据场所的不同还会另外设置屋檐。这是必要的，而且玄关内外也可以考虑同样的设计。壁龛也是一样的，即使布局相同，层次稍有不同，趣味也会有很大的差别。只是稍微深一点，就能显现出格调和沉稳感，壁龛里的装饰也会显得格外醒目。

在用原木建造数寄屋的时候，木匠为了便于工作，尽量使用横截面为圆形的材料。但是，单从材料上看，这样的木材很美很华丽，但组装完成后，感觉太过华丽，数寄屋原本的朴素之趣就丧失了。因此，人们选用带皮圆木来减弱华丽感，增加自然之趣。

虽然圆木的处理方法和加工技术会有一些难度，但必须尽量选择品相好的材料。不过这不是绝对的，有时"稍差的材料"（虽然是稍差的材料，但价格可能更高）经过巧妙的判断和设计，在加工之后反而能做出更具数寄屋特色的东西。当然，这必须是相当熟悉原木的木匠才能实现的。从最终结果来说，遇到有能力活用自然材料的木匠是非常重要的。

同样的设计，即使是同样的建筑费用，根据施工者的不同，也会产生好与坏的差别。这种差别在各种建筑中都有显现，但在数寄屋建筑中表现得更为明显。这是因为数寄屋建筑选用的天然材料的质感等在图纸上是无法解释和形容的，所以要依靠施工者的技术。

最能决定数寄屋建筑之美的是屋顶的形式。复杂的结构如果完成度不好，也会缺乏品位。像是切妻、寄栋、入母屋等屋顶形式，都要求尽可能呈现自然、不刻意的形状。屋檐的高度也要经过仔细考量。屋顶上铺葺的材料也要经过精挑细选，找到能表现数寄风情的才可以。但是在城市里有防火建筑的限制，所以在挑选材料的时候要更加注意。用美丽的磨瓦铺成的屋顶就很适合数寄屋建筑。栋瓦和素瓦则显得比较清秀。铜板其实也是很好的材料，铜锈色往往能与屋檐形成和谐古朴的组合。

在完成数寄屋建筑内部装饰的过程中起着重要作用的有纸拉门和隔扇。

纸拉门用纸的尺寸比以前大了，所以对组子（小方格）的间隔没有太大的限制，但是如果不特别注意，导致组子的形式过于复杂，就会降低格调。另外，选纸上也要注意，如果太粗糙的话会产生褶皱。因此需要在尽可能保持简单形式的情况下，坚持建造有品位的数寄屋建筑。

长濑邸 大门

  客厅的间壁、走廊的出入口处等几乎都采用隔扇。由于隔扇起到各种各样的作用，在数寄屋中会经常用到，在设计时特别需要花心思。隔扇的边缘根据室内的设计，可以使用漆涂、包裹布料等工艺；拉手的材质也多种多样，有铜、银等；底部还可以添加各种装饰，如镶嵌工艺品、添加雕刻等，但若底部有了装饰，边缘就不要漆涂了，过多的装饰反而会降低品位。隔扇纸几乎都是用整张纸制作的，所以大部分可以不用接缝贴的方式。但也有模仿古代的手法，将和纸切成十二张来拼合制作的，显得很有韵味。

  作为在隔扇纸上用木版手工印刷各种图案的纸商，京都有一家历史悠久的名店，名为"唐长"。这家店历史悠久，曾受到各个阶层的人们的喜爱。各个时代流行的图案数量庞大，被继承了下来，作为装饰美丽生活的隔扇纸的一手资料也是珍贵的存在。这些珍贵的图案有很多都适合装饰数寄屋建筑。根据店家在刷法、印刷材料、放置时间等的不同操作，同样的图案也能产生无限的种类。在数寄屋建筑的座敷中使用这种隔扇纸时要格外注意，最重要的是不要过于强调图案。图案显眼的话，座敷会显得吵闹，有可能会失去平静的韵味。乍一看好像是素色的，稍微靠近一点就能看到清晰的图案，这样的设计让客厅显得淡雅而秀丽，很是绝妙。

  在数寄屋建筑刚建成的阶段，其内部装饰还是不完善的，放入家具，进行各种细节上的调整，最后形成整体的和谐，也就是完成了室内装饰。建筑师在设计时，应该充分考虑到为将来的室内装饰留出余地。如果忽略了这一点，只在建筑整体的架构上下功夫，之后的装饰就会变得多余，也就是所谓的装饰过剩，无法达到整体的和谐程度。这件事是最值得注意的。

数寄屋建筑中的阴影

　　进入京都的数寄屋建筑的座敷，会注意到明亮轻快中有着颇具禅意的平静，那绝对不是阴沉的，而是可以让心灵得到洗涤的安静。如何达成这种效果？其实关键点是适当地制造阴影。

　　例如，在与座敷相邻的走廊、土间的上方安置屋檐（又称"遮云"），调节来自外部的强烈光线，使之变得柔和。客厅走廊的纸拉门、栏间产生的影子也可以为座敷增添些许的阴影效果，使座敷内呈现出明暗的层次变化。同样，如果壁龛内比室内其他地方稍微暗一点的话，整个房间会显得更加沉稳。最近有人在壁龛的墙壁上安置照明器具。如果壁龛的亮度要强过室内其他空间，感觉就像橱窗一样，失去了原本应有的氛围，有损品位。夏天一到，座敷里就会设置隔扇和帘子，由此产生的柔和的影子也是带来清凉感的一个办法。

　　茶室"如庵"有名的连子窗，以及从下地窗射入的光映在白色纸拉门上的影子，都是极富数寄情调的设计。像这样，在茶室的墙壁上配置了几个下地窗和连子窗，由此产生的阴影总是能为数寄屋建筑赋予一种侘寂的茶韵。适当地利用阴影就能成为有品位的沉稳的建筑物，亮度过大会偏离数寄屋本来的风情。

片山邸 大门

数寄屋门

　　走在京都的街道上，经常能看到充满茶道气息的美丽的数寄屋门。数寄屋门的姿态、材料、形状各有不同，但都具有共同的"京都特色"。我认为这是由于京都的传统和工匠们洗练的手法。在门的周围配置树篱等形式意外的设计有很多。这些设计都独具匠心，但也继承了京都的传统，更加强调了京都特有的美丽。

　　关于施工，由于形状和尺寸的限制少，所以非常考验工匠们的技巧。从以前开始，能将数寄屋门的各部分很好地组合在一起的话，建筑师就会被认为是独当一面的。门的材料的选择和整体的比例都很严格。门是宅邸的门面，一看到门人们就能大致想象到里面建筑物的样子，也能看出住在这里的主人的品格。所以对于建筑师来讲，门的建造是一项必须慎重对待、责任重大的工作。

　　从正门到玄关的正面的处理方法通常是要经过精心设计的。从正门往里走，一路上各式各样的铺路石充满古朴的趣味，两边通常会建造庭院，庭院中的风景让人心醉，从正门到玄关的过程完全不会枯燥。

　　构成数寄屋门的主要材料是木材。如果使用方形角材的话，为了使风格变得柔和一些，会采取倒角的手法。在适当的地方利用制造精密的木片也很重要，如果合理利用的话，比起全部用原木组装，会更多些精细的效果。柱子的设置，各部分的拼接都需要严格计算，适当考虑制造阴影，着力表现数寄者喜好的氛围。

　　在采用原木材料的情况下，对材料的鉴别是最重要的。必须充分发挥带皮原木等保留了自然创造的个性和气味的木材的特质，加工的过程中需要工匠高超的技术和天然的领悟力。天然原木给人带来自然的气息，但是人工的装饰性也不可少，适当的装饰有着锦上添花的效果。

　　数寄屋门的顶也有各种形式，有茅草葺、丝柏皮葺、柿木葺、瓦葺、铜板葺等多种不同的类型。但根据屋顶材料的不同，能呈现出的坡度是不同的，茅草葺是6寸，丝柏皮葺、柿木葺的是4寸以上，瓦葺是3寸5分以上，铜板葺是3寸以上，坡度达不到以上要求的话不能耐雨。如果是铺瓦的话，一般采用小瓦，80块比较合适。

　　如果是切妻造和寄栋造的顶就更需要注意，这两种顶会

木下邸 大门

使人产生视觉错觉,在施工时应该格外注意。门顶的高度合适才是有品位的数寄屋门。

设置在门内侧的招待处现在几乎消失了,取而代之的是把车库建造在门和围墙附近。随着类似这样的变化产生,建造数寄屋门的时候要考量的因素也随之发生变化,但不论新融入什么样的要素,数寄屋门追求的本质是不变的。只要坚持理念不变,并顺应时代的要求,一定能建造出符合潮流的数寄屋门。

要注意的是会破坏数寄屋门和围墙景观的东西,比如围墙顶端的"防盗遮拦物",会用到木头、竹子、金属等材料。虽然这种遮拦物是出于实用性,但是设计不当的话,会破坏数寄屋门和围墙整体形成的氛围。这点要格外注意,通过适当调整围墙的高度等设计,避免加设遮拦物或许是更好的解决办法。

贴竹手法

数寄屋门处的袖壁通常会采用贴竹子的手法。工匠通常会选择在京都西山周边生长的优质真竹,分成两半使用。材质坚硬、节间又长又厚的被认为是良材。但是在生产方法和以前大不相同的今天,良材难得。

贴竹是一项很费精力的工作,需要木匠找到竹子中最上乘的部分,削成宽度约1寸的4片或5片。另外,粘贴时也需要细致的处理,这十分考验工匠的技巧。由于贴竹的手法既耗材又耗时,所以最近容易被建筑师敬而远之。但是采用这种手法打造的数寄屋门有着难以比拟的古朴情调。

数寄屋建筑的魅力

数寄屋的样式诞生于封建时代,深受武家、贵族、僧人、町民等身份不同的各个群体的喜爱,虽然经过时代的变迁,但其样式基本上没有变化。至今仍盛行的"数寄屋"这一建筑样式持续了400多年,在世界建筑史上都是非常罕见的。

以日本的气候风土而产生的民居为源头的数寄屋,蕴含了千利休、古田织部、小堀远州等名人的充满禅意的创造精神,在经过反复淘汰和洗练的今天,从事现代建筑的一流建筑师和学者们也尝试了作为"现代数寄屋建筑"的各种新的设计和手法,赋予了其新的生命力。

数寄屋建筑可以发展到现在的魅力在哪里呢?它没有压迫感,不被格调拘束,新鲜明亮、轻快亲切,建筑的形式和设计非常自由,作为住宅极具日本特色,这是其被很多人喜爱的要素。

考虑到今后数寄屋建筑的发展,保护传统建筑的工作当然也很重要,但在不失去数寄屋特色和氛围的范围内,加入新的环保的材料和更有效的技法,在保持魅力的前提下有所创新,是建筑师应该做的重要工作。但是,即使说要做新的事情,也是在充分了解数寄屋的历史和基本知识的基础上的,如果没有基础的话就会沦为不伦不类的东西,久而久之数寄屋建筑的魅力就会消失。我们要特别注意和反省不伦不类的自称"数寄屋建筑"泛滥的事。

(上野富三)

门的各种形式

门的功能

关于"门",中国古代的字书《玉篇》中有"人所出入也,在堂房曰户,在区域曰门"的表述。另外根据日本最初的百科辞典《和名类聚抄》中的记载,门读作"加度",解说为"门所以通出入也"。也就是说,门可以说是在限定的区域的边界上设置的出入口。

位于神社入口处的鸟居可以说是没有门的门。但是,没有正殿,作为表现原始状态的神社而闻名的大神神社(以三轮山这座山本身为神体)的鸟居,附设了门,实现了限制进入神圣领域的门的本来功能。

进入平安时代,受宫殿和佛教建筑中的门和回廊的影响,代替划分神域的篱笆和鸟居,出现了楼门和回廊。失去了门的功能的鸟居,担负着让人意识到神圣领域的入口的象征性作用,不设置门的鸟居占据主流。

结构设计的发展

从结构形式来看,首先可以分为独立结构物的门和不独立的门。不独立的门,可以作为围墙和石墙的一部分。在城郭等的石墙上开设的"埋门",在土墙上设置的"城门",将围墙的一部分隔断或设置在大门旁的"潜门"等,多作为后门使用。另外,在江户时代末期的居住史研究书《房屋杂考》中还提到了"左右为筑地,没有屋顶的门",为"土门"。

另一方面,独立的门中,最简单的形式是只立两根柱子,在其间设门。这是被称为"墙中门"或"墙重门"的形式。《房屋杂考》中写道:"置于廊(主殿中的长廊,即中门廊)之墙壁之中,称为墙中门;无廊,只剩筑地则称为屏中门,亦称屏重门。……此屏重门之建造方法,多无屋顶,一说古画中有屋顶……"另外,江户时代平内家流传的建筑技术书《匠明》中也记载着门的分类是基于建造的位置。《上杉家本洛中洛外图》中描绘了1560年左右的京都的景观,其中描绘的宅邸主殿的前方确实有位于围墙之中的墙中门。

如果用水平横向连接件(横木)连接垂直件(柱子),则结构进一步加强。以前在柱子上贯穿两根贯(冠木)的东西叫作"钉贯门",只是横着架材的东西叫作"冠木门"。《房屋杂考》中也有"冠木门,将木横着放在两柱上",像是在鸟居上放上了笠木。现在把柱子用贯连接起来的形式,一般被称为冠木门。另外,不仅用两根柱子自立,还立起支撑柱,用飞贯和腰贯与柱子连接,谋求进一步的构造强化。

门在很多情况下都采取开门的形式。但是,其中也有安装了顶门的。将纱窗安装在横木上的门被称为"帘子门"。这种门不能充分发挥限制通行、遮挡视线等门本来所具有的功能,是十分轻巧的构造,是充满设计感的门。

屋顶在保护建筑物不受风雨影响的同时,也起到了保持建筑物整体形态的重要作用。因此,门在很多情况下也有顶。所有门中构造最简明的应该是"栋门"。这种门是用相当于臂木、肘木的"男梁""女梁"夹着两根柱子,采用横向连接所架设的冠木的构架法。放在男梁上的驼峰支撑着栋木,支撑着切妻造的门顶。因此,可以说栋门最显著的特征是采用了架构驼峰的方法。楼门则不使用门柱,只靠本柱独立,容易倒塌,现存的实例非常有限,仅有新药师寺东门(镰仓时代)等个别例子。在古书《匠明》中有记述:"宫门遗址,御所方、武家方、公家方所用",可以看出"宫门"自古以来就是上流阶级宅邸中使用的门。

帘子门 　　　　　　　　　冠木门  　　　　　　　　　上＝玲门　下＝围墙中门

在《匠明》中还提到了"木户门"，也是构造简单、充满设计感的门。关于木户门，在《房屋杂考》中也有记载，其原型是在城郭处设置的小门。门上设置格子，是为了注意敌军的动向。室町时代后期，木户门逐渐被应用在一般住宅之中。

前文也提到了楼门具有结构弱点。在此基础上，用支撑柱架起飞贯，使地贯与本柱连接并加固，就会形成"臂木门"的形式。如果本柱直接支撑栋木，在柱子的前后通过臂木架起出梁，在此之上设置门顶，这种门就是腕木门，经常作为日常的出入口使用。

如果腕木门规模变大，就成为"高丽门"。高丽门主要用于城门和寺院的大门等，其典型代表有金泽城的石川门、京都御所的多个门。为了不让平时处于开放状态的门淋雨，在本柱和门柱之间设置门顶，这是高丽门形态上的显著特征。据说门高较高是为了使骑马通行成为可能。普通的门会在柱子的下方也放入横向连接材料，以加强结构。但高丽门为使通行顺畅，没有进行如此设置。

引用了高丽门的基本形式并进行了更精细化的设计的是大德寺塔头龙光院的大门。从正面看好像是普通的平唐门，但背面的门檐被设计成弧状，并非平唐门的样式。这种设计是为了防雨。这个正门采取了高丽门的基本形式，但是又加以进一步创新，设计独特，充满魅力。是难以让人忘怀的门。

至今为止看到的添加在门上的支撑柱，正如字面意思一

鼠木户 　　　　　　　　　栋门

兜门 　　　　　　　　　　　　　　　　　　高丽门

样都是起辅助作用。有的门会设置好几个支撑柱，用以分担负荷，起到更稳定的支撑作用。

"药医门"是寺院等地常见的门的形式之一。其架构手法与楼门有共通之处，在由本柱和支撑柱支撑的男梁上，放置草绳束和驼峰支撑门顶。从侧面来看的话，可以看到本柱和支撑柱之间的结构，能很好地了解药医门的特征。

本柱前后的四根支撑柱（袖柱、脚柱）与本柱一起支撑门身的是"四脚门"。其架构法是将本柱置于前后支撑柱的中央。《匠明》中记载有的官宦人家的大门采取这种形式。另外，在《房屋杂考》中记述，四脚门是作为神社寺院的大门和高官宅邸的正门使用的规格最高的门。

这种门的门顶虽然有时也采用入母屋的形式，但还是切妻式的门顶居多。在四脚门的基础上建造的规模更大、更豪华的是"八脚门"。在四根柱子的前后配置八根支撑柱，柱子和支撑柱都是圆柱。常见的是柱间距离设为三间，中央的一间为通行用；但也可以看到柱间的三间都可以出入的形式。这种门多用于大型寺院，像东大寺的转害门等就是这种形式的。

以上，我们主要看了根据构造的方法分类的几种形式的门，也有根据门顶的形状进行分类的门。"唐门"就是典型的例子。这是一种门檐上设置了曲线状的唐破风的门。唐门在平安时代的文献中就有记载。现存最古老的唐门是法隆寺北室院的大门，是15世纪初建造的。

平唐门 　　　　　　　　向唐门 　　　　　　　　四脚门

钟楼门　　　　　　　　　楼门　　　　　　　　　上=扬土门　下=橹门

　　唐破风面向正面的称为"向唐门"，面向侧面的则称为"平唐门"。在《匠明》中对二者进行了区分。禅宗寺院的大门经常采用唐门。

　　乍一看与平唐门十分类似的门有"扬土门"。门上设置有曲线状的关板（柄振板），设置门檐，顶上铺有灰泥。《匠明》中记述："宫门遗址，公家重之，武家亦用"，并说明扬土门是仅次于四脚门的规格很高的门。在室町时代，这种门经常被用在上层武士的宅邸。这一点从当时的其他记录和画卷等资料中可以看出。但是，扬土门在顶部铺设灰泥的操作很难保持。法隆寺西园院的上土门是唯一现存的扬土门，但是屋顶上铺设之物已经换成了茅草。

　　也有门和生活空间一体化的例子。《一遍上人绘卷》中描绘的筑前某武士的宅邸以及四条京极释迦堂中排列着构造简单的"槽门"。《上杉家本洛中洛外图》中也描绘了在土墙的四周开了一个门，并架设门顶，也属于槽门。这些门都是作为自卫设施而构筑的。在近世的城郭中，出入口是最重要的防卫据点，所以在两侧狭窄的石墙之间建造了坚固的橹门，起到加强防护的作用。

　　城下町中是武将家臣们的宅邸。每个武士宅邸都有与主人身份、地位相符合的门。这些武士宅邸的门很多都属于"长屋门"，就是以建筑物的一部分作为门。门的左右设置与力窗和出格子窗，留出一定的空间，作为等候室等使用。原来位于加贺藩的武士宅邸的长屋门后被移到了东京大学的校园内。

　　也有多层门的形式，多应用于佛教建筑。古时平安京的朱雀门就是巨大的多层门。

　　多层门多为双层顶，这是出于造型上的考量。多层门的上层可供人攀登。中世以后，受到禅宗建筑的影响，人们开始在上层设置阁楼，可作为等候处等使用。

　　在多层门中，第一层没有屋顶的门被称为"楼门"。只有上层有门顶，常见的为入母屋式或切妻式。三间一户的形式很多。"钟楼门"是楼门的一种形式，是在上层悬挂梵钟，下面则作为通道开放，供人通行。

　　以上，细数了各种各样时代比较久远的门，基本确立了门的结构。茶室建筑和数寄屋建筑中的门很多都是以古老的门为原型的。猿户门、编笠门、梅见门等数寄屋建筑中的门按照古老的门的基本构成，加以草庵风格的设计重新打造，形成了侘寂风格的数寄屋门。

（京都工艺纤维大学助教）

参考文献：《文化遗产讲座：日本建筑》文化厅编
　　　　　《日本门墙史话》岸熊吉
　　　　　《门——京都》下村泰一

图书在版编目(CIP)数据

日本建筑集成：全九卷 / 林理蕙光编著. -- 武汉：华中科技大学出版社, 2022.12
ISBN 978-7-5680-8575-5

Ⅰ.①日… Ⅱ.①林… Ⅲ.①建筑史–日本–图集 Ⅳ.①TU-093.13

中国版本图书馆CIP数据核字(2022)第126369号

日本建筑集成（全九卷）

Riben Jianzhu Jicheng

林理蕙光 编著

出版发行：	华中科技大学出版社（中国·武汉）	电话：(027) 81321913
	华中科技大学出版社有限责任公司艺术分公司	(010) 67326910-6023
出 版 人：	阮海洪	

责任编辑：	莽 昱　康 晨　刘 韬	书籍设计：唐 棣
责任监印：	赵 月　郑红红	

制　　作：	北京博逸文化传播有限公司
印　　刷：	广东省博罗县园洲勤达印务有限公司
开　　本：	787mm × 1092mm　1/8
印　　张：	268.25
字　　数：	650千字
版　　次：	2022年12月第1版第1次印刷
定　　价：	4680.00元 (全九卷)

本书若有印装质量问题，请向出版社营销中心调换
全国免费服务热线：400-6679-118 竭诚为您服务
版权所有　侵权必究